人力资源和社会保障部职业能力建设司推荐

冶金行业职业教育培训规划教材

高速线材生产

主　编　袁志学　杨林浩

副主编　白朝霞　徐雪霞

北　京

冶金工业出版社

2022

内 容 提 要

本书为冶金行业职业技能培训教材，是参照冶金行业技能标准和职业技能鉴定规范，根据冶金企业的生产实际和岗位群的技能要求编写的，并经人力资源和社会保障部职业培训教材工作委员会办公室组织专家评审通过。

全书共分 8 章，主要内容包括线材的轧制原理，高速轧机线材生产工艺，孔型与导卫装置，轧辊及轧机调整，主控台，线材的控制轧制与控制冷却，精整，高速线材轧机产品的质量控制等。

本书也可作为职业技术培训教材或工程技术人员参考用书。

图书在版编目（CIP）数据

高速线材生产/袁志学，杨林浩主编 .—北京：冶金工业出版社，2005.4（2022.8 重印）

冶金行业职业教育培训规划教材

ISBN 978-7-5024-3648-3

Ⅰ.①高… Ⅱ.①袁… ②杨… Ⅲ.①高速轧机—线材轧制—技术培训—教材 Ⅳ.①TG335.6

中国版本图书馆 CIP 数据核字（2020）第 160760 号

高速线材生产

出版发行 冶金工业出版社		**电 话**	(010)64027926
地 址 北京市东城区嵩祝院北巷 39 号		**邮 编**	100009
网 址 www.mip1953.com		**电子信箱**	service@ mip1953.com

责任编辑 俞跃春 美术编辑 彭子赫 版式设计 张 青
责任校对 王永欣 李文彦 责任印制 李玉山
三河市双峰印刷装订有限公司印刷
2005 年 4 月第 1 版，2022 年 8 月第 8 次印刷
787mm×1092mm 1/16；14.75 印张；349 千字；218 页
定价 46.00 元

投稿电话 （010）64027932 投稿信箱 tougao@cnmip.com.cn
营销中心电话 （010）64044283
冶金工业出版社天猫旗舰店 yjgycbs.tmall.com
（本书如有印装质量问题，本社营销中心负责退换）

冶金行业职业教育培训规划教材
编辑委员会

主　任　姜　维　中国钢协人力资源与劳动保障工作委员会　常务副主任委员

副主任　吴　平　中国钢协人力资源与劳动保障工作委员会教育培训研究会
　　　　　　　　　主任委员

　　　　　　林　红　冶金工业教育资源开发中心（中国钢协职业培训中心）　主任

委　员

鞍钢集团公司教育培训中心(党校) 聂洪林　　　河钢集团 李炳军

安徽工业大学 张力强　　　　　　　　　　　衡阳华菱钢管有限公司 刘　锋

安徽冶金科技职业学院 张永涛　　　　　　　湖南华菱湘潭钢铁有限公司 郑生斌

安阳钢铁集团有限责任公司 魏晓鹏　　　　　吉林大学 付　坤

宝钢集团有限公司 刘兆华　　　　　　　　　吉林电子信息职业技术学院 陈国山

包头钢铁集团公司 白华裔　　　　　　　　　济源钢铁集团公司 李全国

包头钢铁职业技术学院　　　　　　　　　　　江苏沙钢集团有限公司培训中心 张修成

　（包钢教育培训中心）贾　震　　　　　　　津西钢铁公司 董劲松

北方工业大学 胡敦利　　　　　　　　　　　酒泉钢铁（集团）有限责任公司 侯万斌

本钢集团有限公司 张凤臣　　　　　　　　　昆明钢铁集团公司 苏亚涛

重钢集团有限责任公司 牟坚毅　　　　　　　昆明工业职业技术学院 邹红艳

东北大学 邸　旭　　　　　　　　　　　　　昆明冶金高等专科学校 王　资

方大特钢科技股份有限公司 万学军　　　　　莱芜钢铁集团有限公司 王学德

福建省三钢(集团)有限责任公司 苏　旭　　　辽宁科技学院 韩劲松

河北钢铁集团邯钢公司 张宪政　　　　　　　马钢（集团）控股有限公司 唐叶来

河北钢铁集团唐钢公司 刘彦雷　　　　　　　南京钢铁股份有限公司 蒋英勤

河北钢铁集团舞钢公司 韩少波　　　　　　　萍乡钢铁公司 董智萍

河北钢铁集团宣钢公司 庞建忠　　　　　　　萍乡萍钢安源钢铁有限公司 陈稚林

河北钢铁集团燕山钢铁有限公司 李长秋　　　山东钢铁集团莱钢分公司 孙成玉

河北工业职业技术学院 袁建路　　　　　　　山东钢铁集团有限公司 陈茂文

山东钢铁集团有限公司山钢日照公司 王乃刚　　武汉钢铁股份有限公司人力资源部 谌建辉

山东工业职业学院 吕　铭　　西安建筑科技大学 李小明

山东石横特钢集团公司 张小鸥　　西安科技大学 姬长发

陕西钢铁集团有限公司 王永红　　西林钢铁集团有限公司 夏宏刚

山西工程职业技术学院 张长青　　西宁特殊钢集团有限责任公司 彭加霖

山西建邦钢铁有限公司 赵永强　　新兴铸管股份有限公司 帅振珠

首钢迁安钢铁公司 张云山　　新余钢铁有限责任公司 姚忠发

首钢总公司 叶春林　　邢台钢铁有限责任公司 陈相云

太原钢铁（集团）有限公司 张敏芳　　盐城市联鑫钢铁有限公司 刘　燊

太原科技大学 李玉贵　　冶金工业教育资源开发中心 张　鹏

唐钢大学 武朝锁　　有色金属工业人才中心 宋　凯

唐山国丰钢铁有限公司 李宏震　　中国中钢集团 李荣训

天津冶金职业技术学院 孔维军　　中信泰富特钢集团 王京冉

武钢鄂城钢铁有限公司 黄波　　中职协冶金分会 李忠明

秘书组　冶金工业出版社

高职教材编辑中心（010 - 64027913，64015782，13811304205，dutt@ mip1953. com）

序

吴溪淳

改革开放以来，我国经济和社会发展取得了辉煌成就，冶金工业实现了持续、快速、健康发展，钢产量已连续数年位居世界首位。这其间凝结着冶金行业广大职工的智慧和心血，包含着千千万万产业工人的汗水和辛劳。实践证明，人才是兴国之本、富民之基和发展之源，是科技创新、经济发展和社会进步的探索者、实践者和推动者。冶金行业中的高技能人才是推动技术创新、实现科技成果转化不可缺少的重要力量，其数量能否迅速增长、素质能否不断提高，关系到冶金行业核心竞争力的强弱。同时，冶金行业作为国家基础产业，拥有数百万从业人员，其综合素质关系到我国产业工人队伍整体素质，关系到工人阶级自身先进性在新的历史条件下的巩固和发展，直接关系到我国综合国力能否不断增强。

强化职业技能培训工作，提高企业核心竞争力，是国民经济可持续发展的重要保障，党中央和国务院给予了高度重视，明确提出人才立国的发展战略。结合《职业教育法》的颁布实施，职业教育工作已出现长期稳定发展的新局面。作为行业职业教育的基础，教材建设工作也应认真贯彻落实科学发展观，坚持职业教育面向人人、面向社会的发展方向和以服务为宗旨、以就业为导向的发展方针，适时扩大编者队伍，优化配置教材选题，不断提高编写质量，为冶金行业的现代化建设打下坚实的基础。

为了搞好冶金行业的职业技能培训工作，冶金工业出版社在人力资源和社会保障部职业能力建设司和中国钢铁工业协会组织人事部的指导下，同河北工业职业技术学院、昆明冶金高等专科学校、吉林电子信息职业技术学院、山西工程职业技术学院、山东工业职业学院、安徽工业职业技术学院、武汉钢铁集团公司、山钢集团济钢公司、云南文山铝业有限公司、中国职工教育和职业培训协会冶金分会、中国钢协职业培训中心、中国钢协人力资源与劳动保障工作委员会教育培训研究会等单位密切协作，联合有关冶金企业、高职院校和本科院校，编写了这套冶金行业职业教育培训规划教材，并经人力资源和社会保障部技工教育和职业培训教材工作委员会组织专家评审通过，由人力资源和社会保障部职业能力建设司给予推荐，有关学校、企业的编写人员在时间紧、任务重的情况下，克服困难，辛勤工作，在相关科研院所的工程技术人员的积极参与和大力支持下，出色地完成了前期工作，为冶金行业的职业技能培训工作的顺利进行，打下了坚实的基础。相信这套教材的出版，将为冶金企业生产一线人员理论水平、操作水平和管理水平的进一步提高，企业核心竞争力的不断增强，起到积极的推进作用。

随着近年来冶金行业的高速发展，职业技能培训工作也取得了令人瞩目的成绩，绝大多数企业建立了完善的职工教育培训体系，职工素质不断提高，为我国冶金行业的发展提供了强大的人力资源支持。今后培训工作的重点，应继续注重职业技能培训工作者队伍的建设，丰富教材品种，加强对高技能人才的培养，进一步强化岗前培训，深化企业间、国际间的合作，开辟冶金行业职业培训工作的新局面。

展望未来，任重而道远。希望各冶金企业与相关院校、出版部门进一步开拓思路，加强合作，全面提升从业人员的素质，要在冶金企业的职工队伍中培养一批刻苦学习、岗位成才的带头人，培养一批推动技术创新、实现科技成果转化的带头人，培养一批提高生产效率、提升产品质量的带头人；不断创新，不断发展，力争使我国冶金行业职业技能培训工作跨上一个新台阶，为冶金行业持续、稳定、健康发展，做出新的贡献！

前　言

　　本书是按照人力资源和社会保障部的规划，受中国钢铁工业协会和冶金工业出版社的委托，在编委会的组织安排下，参照冶金行业职业技能标准和职业技能鉴定规范，根据冶金企业的生产实际和岗位群的技能要求编写的。书稿经人力资源和社会保障部职业培训教材工作委员会办公室组织专家评审通过，由人力资源和社会保障部职业能力建设司推荐作为冶金行业职业技能培训教材。

　　企业的发展动力来源于员工的较高素质，轧钢工的专业知识与技能的熟练掌握是企业高效率生产的根本保障。为了提高轧钢工的专业理论水平及操作技能水平，我们编写了这本《高速线材生产》培训教材。教材内容是依据《中华人民共和国职业技能鉴定标准——轧钢卷》，借鉴加拿大 CBE 理论和 DA-CUM 方法，根据高速轧机线材车间的实际情况和各岗位群技能要求确定的。

　　作为专业培训用书，在具体内容的组织安排上，我们力求简明、通俗易懂，理论联系实际，着重应用，便于学员掌握高速线材轧机的基本知识及技能操作；同时还兼顾了国家职业技能鉴定的相关知识点。

　　本书由袁志学和杨林浩任主编，白朝霞、徐雪霞任副主编。参加编写的有河北师范大学徐雪霞，河北工业职业技术学院袁志学、白朝霞、孟延军、张景进、戚翠芬、袁建路、关欣，邯郸钢铁集团有限责任公司杨林浩、王风愈、孙桂芬、崔丽芬，邯郸职业技术学院管理系许文芬。

　　由于编者水平所限，书中不妥之处，敬请广大读者批评指正。

编　者

目　　录

1 线材的轧制原理

1.1 概 述

轧制原理对于正确地进行工艺计算和孔型设计并正确分析、判断生产中经常发生的各种工艺问题是十分重要的。运用理论解决生产实践问题，可以避免盲目实践的倾向。然而，目前有关轧制理论的研究，大多局限于简单轧制过程。这种研究结果对于板、带生产有一定实际意义，但对线材生产来说就显得远远不够了。线材轧制是个复杂变形过程，金属在变形区内的变形由于多变量的参与会变得异常复杂。另外，一般的理论论述，多局限于求一般数学解，用以解决生产实际问题尚有较大距离。

关于轧制理论的一般性研究已有专门书籍论述，本章只对与线材生产关系比较密切的几个方面作一些简要分析和介绍。

通过两个旋转方向相反的轧辊之间的轧件，在高度上受到压缩，长度增加以改变其原来的断面尺寸和形状的过程称为轧制。经过多道次连续轧制最终将轧件变为所要求的断面形状和尺寸，并且通过轧制使成品轧件具有良好的综合机械性能，这些是线材生产工艺所要研究的主要内容。同时，在整个线材生产过程中力求优质、高产、低消耗和最佳经济效果则是线材生产工作者不断追求的目标。

轧辊将轧件拖入轧辊之间的现象称为咬入，咬入条件是建成轧制过程的首要条件。咬入靠摩擦力的作用来实现，因此钢的轧制变形是靠摩擦建立的。另外，摩擦还影响着轧制变形区内金属沿纵向和横向的流动情况、轧制能力的大小等，所以在研究线材生产工艺时必须对摩擦的特性及其作用有充分的认识。

在稳态轧制过程中，可以认为轧辊转数不变，同一半径的圆周上各点速度 v_R 为常数，但由于金属被压缩时向中性面两侧流动，使得轧件出口速度 $v_出$ 大于轧辊圆周速度 v_R，轧辊圆周速度 v_R 又大于轧件入口速度 $v_入$，其关系是：

$$v_入 < v_R < v_出 \tag{1-1}$$

在这种情况下轧件在出口侧和入口侧都有一个相对于轧辊的滑动量，出口侧的滑动量用前滑系数 S 表示：

$$S = \frac{v_出 - v_R}{v_R} \times 100\% \tag{1-2}$$

前滑系数 S 是连轧工艺设计中关键性的参数之一，其值在各孔型轧制方程式中误差较大，所以求解前滑系数 S 依然是连轧生产经常遇到的难题之一，为此本章对前滑系数 S 作了一些具体分析。

线材生产中另一个比较突出的现象是变形热。无论老式横列式线材轧机或新式的高速连续线材轧机，轧制温度的保持和控制都是保证工艺稳定的主要问题。线材细而长的特点使得温度变化比较突出。随着轧制速度的提高，变形热在线材生产中的作用愈来愈大，在一定条件下轧制变形热不仅可以补偿轧件热量的散失，甚至还有多余，因而造成轧制温度升高。轧制温度是轧制过程中的又一个重要参量。线材生产者都知道轧制温度的重要性。可惜迄今为止，有关这方面的论述还很缺乏,所以有关变形热的分析和讨论亦是本章重点之一。

线材连轧生产工艺的优越性已被公认,新建线材厂均采用连轧工艺,原来的横列式线材轧机也正在逐步为连续式线材轧机所替代,现代化的线材轧机向着更高速度的集体拖动的连轧机组发展着,这是由线材生产本身特点所决定的必然发展趋势。为了更好地运用不断出现的各种科技成果,促进线材生产更快地发展,就需要对连轧原理本身有一个透彻的理解,并提出运用这些理论的实施手段和方法。此外,其他方面的知识,诸如宽展、轧制力与轧制功等,本章也将简要地予以介绍和分析。

1.2   摩擦系数在轧制过程中的作用

1.2.1   摩擦系数使得轧件咬入轧机

1.2.1.1   轧件咬入轧辊的几种情况

既然轧辊咬入轧件建立起轧制过程是靠摩擦力的作用,那么摩擦系数的大小必然决定着可能的最大变形程度,这一点对于粗轧机能力的发挥和建成可靠的轧制过程是很重要的。在实际生产中,轧辊咬入轧件有以下几种可能:

(1) 轧件与轧辊接触后,顺利进入轧辊并完成轧制全过程。这是所希望得到的正常现象。

(2) 轧件与轧辊接触后,轧件不能进入轧辊,即不能咬入,也就不能进行轧制。

(3) 轧件与轧辊接触后被轧辊咬入,但不能完成轧制全过程,轧件突然停在轧辊中打滑而中止前进。

后两种情况多数发生在粗轧机列的前几道次;而最后一种情况又经常出现在开轧的第一道次。

1.2.1.2   咬入条件

A   摩擦力、摩擦系数与摩擦角

在分析咬入条件以前,需要了解一下摩擦力、摩擦系数和摩擦角的关系。

如图 1 - 1 所示,随斜面 OA 倾角 θ 的增加,当重力 P 沿 OA 方向下滑的分力 P_x 等于与其作用方向相反的摩擦阻力 T_x 时,该物体即产生下滑运动。此刻总反力 F 与法向反力 N 之间的夹角 β 称为摩擦角。

图 1 - 1   确定摩擦角

摩擦角与摩擦系数的关系如下:

物体下滑分力

$$P_x = P\sin\beta$$

摩擦阻力

$$T_x = fN = fP\cos\beta$$

当 $P_x = T_x$ 时,则可得

$$f = \tan\beta \tag{1 - 3}$$

通过以上讨论得出结论:摩擦角的正切等于摩擦系数。

B   咬着时的作用力分析

分清轧件对轧辊或者是轧辊对轧件的作用力与摩擦力,以及判别它们的作用方向,是一个很重要的问题。

a　轧件对轧辊的作用力与摩擦力

如图1-2所示,在辊道的带动下轧件移至轧辊前,使轧件与轧辊在 A 和 A' 两点接触,轧辊在两接触点受轧件的径向压力 N' 的作用,并产生与 N' 垂直的摩擦力 T'。因轧件企图阻止轧辊转动,故 T' 的方向应与轧辊转动方向相反。

b　轧辊对轧件的作用力与摩擦力

根据牛顿定律,两个物体相互之间的作用力与反作用力大小相等、方向相反,并且作用在同一条直线上。因此,轧辊对轧件将产生与 N' 力大小相等、方向相反的径向力 N 以及在 N 力作用下产生与 T' 方向相反的切向摩擦力 T,如图1-3所示。径向力 N 有阻止轧件继续运动的作用,切向摩擦力 T 则有将轧件拉入轧辊辊缝的作用。

图1-2　轧件对轧辊的作用力与摩擦力　　　　图1-3　轧辊对轧件的作用力与摩擦力

C　平辊咬入轧件的条件

a　用力表示的咬入条件

在生产实践中,有时因压下量过大或轧件温度过高等原因,轧件不能被咬入。而只有实现咬入并使轧件继续顺利通过辊缝才能完成轧制过程。

为判断轧件能否被轧辊咬入,应将轧辊对轧件的作用力和摩擦力作进一步分析。如图1-4(a)所示,作用力 N 与摩擦力 T 分解为垂直分力 N_y、T_y 和水平分力 N_x、T_x。垂直分力 N_y、T_y 对轧件起压缩作用,使轧件产生塑性变形,有利于轧件被咬入;N_x 与轧件运动方向相反,阻止轧件咬入;T_x 与轧件运动方向一致,力图将轧件拉入辊缝。显然 N_x 与 T_x 之间的关系是轧件能否咬入的关键,两者可能有以下三种情况[见图1-4(b)]:

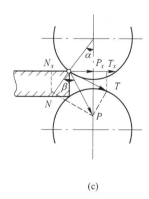

(a)　　　　　　　　　　(b)　　　　　　　　　　(c)

图1-4　作用力与摩擦力的分解

若 $N_x > T_x$，则轧件不能咬入，见图 1 - 4(b)；

若 $N_x < T_x$，则轧件可以咬入，见图 1 - 4(c)；

当 $N_x = T_x$ 时，轧件处于平衡状态，是咬入的临界条件，见图 1 - 4(a)。若轧件原来水平运动速度为零，则不能咬入；若轧件原来处于运动状态，在惯性力作用之下，则可能咬入。

b　用角度表示的咬入条件

由图 1 - 4 可得到

$$T_x = T\cos\alpha = fN\cos\alpha$$

$$N_x = N\sin\alpha$$

当 $T_x > N_x$ 时

$$fN\cos\alpha > N\sin\alpha$$

$$f > \tan\alpha$$

$$\tan\beta > \tan\alpha$$

$$\beta > \alpha$$

这就是轧件的咬入条件。

当 $T_x < N_x$ 时，同样可推得 $\beta < \alpha$，轧件不能咬入轧机。

当 $T_x = N_x$ 时，同样可推得 $\beta = \alpha$ 是轧件咬入的临界条件。

由此可得出结论：咬入角小于摩擦角是咬入的必要条件；咬入角等于摩擦角是咬入的极限条件，即可能的最大咬入角等于摩擦角；如果咬入角大于摩擦角则不能咬入。

通常将咬入条件定为

$$\alpha \leqslant \beta \qquad\qquad (1-4)$$

在连轧机组内，α 角可以取得较大的数值。一方面由于在压下量较大的前几道次轧制速度比较低，一般小于 1m/s，这时摩擦系数较大，所以允许咬入角也就较大；另一方面，除第一道次属于自然咬入外，其余连轧道次在咬入时都存在一个附加的推力 T'，这时的咬入条件为：

$$T' + T\cos\alpha \geqslant P\sin\alpha \qquad\qquad (1-5)$$

例如，某线材厂采用 ϕ420mm 连轧机组（铸铁轧辊），其咬入角高达 27°，轧机仍能正常工作。

D　孔型对咬入的影响

轧件在孔型中咬入时，因孔型侧壁的作用，使轧辊对轧件作用力的方向较平辊咬入时发生变化，故咬入条件也不同。现以矩形断面轧件在箱形孔型中轧制为例，对孔型中轧制的咬入条件加以分析。

轧件开始进入孔型时，最先与孔型侧壁接触并实现咬入，这是咬入的第一阶段；随后轧件继续前进，到轧件前端接触孔型槽底开始进入咬入的第二阶段，直至轧件前端出辊缝建立稳定轧制阶段为止。

在第一阶段，经过推导可得孔型中咬入的咬入条件为：

$$\alpha \leqslant \frac{\beta}{\sin\varphi} \qquad\qquad (1-6)$$

一般孔型侧壁斜角 φ 为 2° ~ 22°，无论如何 $\varphi < 90°$，故 $\sin\varphi < 1$。可见，与平辊咬入条件 $\alpha \leqslant \beta$ 相比，孔型中的咬入能力是平辊咬入能力的 $1/\sin\varphi$ 倍。侧壁斜度越小，咬入能力改善程度越大。

当轧件与孔型侧壁接触并满足式(1 - 6)的条件时，轧件开始进入辊缝。当轧件前进到前端接触孔型槽底时，开始咬入的第二阶段。设在槽底接触点对应的咬入角为 α_2，则类似平辊咬入条件，若能满足

$$\alpha_2 \leqslant \beta$$

就能继续进行轧制。但应注意到此时轧件与轧辊从侧壁接触点开始到前端接触孔型槽底,已有相当大的接触面,并已产生相当大的剩余摩擦力来促进第二阶段的咬入,因而第二阶段的咬入,一般不会有什么困难。

以上讨论的仅为轧件最先与孔型侧壁接触时的咬入条件。若方轧件宽度小于箱形孔型槽底宽度,轧件不与侧壁接触,此时的咬入条件与简单轧制时的咬入条件完全相同,孔型侧壁对轧件没有夹持作用。

E 稳定轧制的条件

轧件完全充填辊缝后进入稳定轧制状态。如图 1 – 5 所示,此时径向力的作用点位于整个咬入弧的中心,剩余摩擦力达到最大值。继续进行轧制的条件仍为 $T_x > N_x$,它可写成:

$$T\cos\frac{\alpha}{2} \geqslant N\sin\frac{\alpha}{2}$$

而

$$\frac{T}{N} \geqslant \tan\frac{\alpha}{2}$$

由此得出

$$\beta \geqslant \frac{\alpha}{2} \quad \text{或} \quad \alpha \leqslant 2\beta \tag{1 – 7}$$

上式是继续进行轧制的条件。

这说明,在稳定轧制条件已建立后,可强制增大压下量,使最大咬入角 $\alpha \leqslant 2\beta$ 时,轧制仍可继续进行,如图 1 – 5 所示。这样,就可利用剩余摩擦力来提高轧机的生产率。但是实践和理论都已证明,这种认识是错误的,因为这种观点忽略了前滑区内摩擦力的方向与轧件运动方向相反这一根本转变。在前滑区内摩擦力发生了由咬入动力转变成咬入阻力的质的变化。大量实验研究还证明,在热轧情况下,稳态轧制时的摩擦系数小于开始咬入时的摩擦系数,其最大咬入角为 1.5 ~ 1.7 倍摩擦角,即 $\alpha = (1.5 \sim 1.7)\beta$。

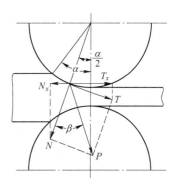

图 1 – 5 稳定轧制阶段
α 和 β 的关系

F 改善咬入的措施

(1) 轧辊刻痕、堆焊或用多边形轧辊的方法,可使压下量提高 20% ~ 40%。在线材生产工艺中一般不主张采用这些手段,除非在不得已的情况下,如轧机数量不足,不可能增加轧制道次,或者因为轧机相对于坯料断面尺寸过小,以及工艺布置的先天缺陷等。此外,强化轧制工艺还有一个缺点,即它必然导致轧槽和轴承的加速磨损,恶化承载部件的受力条件,最终使工艺稳定性遭到破坏。所以现代线材轧机多采用较小压下、较多道次的生产工艺,即选择适中的延伸系数。

(2) 清除炉尘和氧化铁皮。一般在开始几道中,咬入比较困难,此时钢坯表面有较厚的氧化铁皮。实践证明,钢坯表面的炉尘、氧化铁皮,可使最大压下量降低 5% ~ 10%。

(3) 在现场不能自然咬入的情况下,撒一把沙子或冷氧化铁皮可改善咬入。

(4) 当轧件温度过高,引起咬入困难时,可将轧件在辊道上搁置一段时间,使钢温适当降低后再喂入轧机。

(5) 使用合理形状的连铸坯,可以把轧件前端制成楔形或锥形。

(6) 强迫咬入,用外力将轧件顶入轧辊中,由于外力的作用,轧件前端压扁,合力作用点内移,从而改善了咬入条件。

(7) 减小本道次的压下量可改善咬入条件。例如:减小来料厚度或使本道次辊缝增大。

上述改善咬入的方法在生产实践中,往往几种方法可以同时使用。

1.2.2　摩擦系数对前滑的影响

1.2.2.1　剩余摩擦力的产生

轧件咬入后,金属与轧辊接触表面不断增加,假设作用在轧件上的正压力和摩擦力都是均匀分布,其合力作用点在接触弧中点,如图 1-6 所示。随轧件逐渐进入辊缝,轧辊对轧件作用力的作用点所对应的轧辊圆心角由开始咬入时的 α 减小为 $\alpha - \delta$,在轧件完全充填辊缝后,减小为 $\alpha/2$。

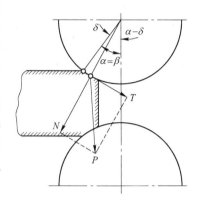

图 1-6　轧件在 $\alpha = \beta$
条件下充填辊缝

为便于比较,我们暂且假定轧件是在临界条件下被咬入。在开始咬入瞬间,合力 P 的作用方向是垂直的。随轧件充填辊缝,$\alpha - \delta$ 角减小,摩擦力水平分量 $T\cos(\alpha - \delta)$ 逐渐增大,正压力水平分量 $N\sin(\alpha - \delta)$ 逐渐减小,合力 P 开始向轧制方向倾斜,其水平分量为

$$P_x = T_x - N_x = fN\cos(\alpha - \delta) - N\sin(\alpha - \delta) \quad (1-8)$$

P_x 由开始时的零逐渐加大,到轧件前端出辊缝后,即稳定轧制阶段为

$$P_x = fN\cos\frac{\alpha}{2} - N\sin\frac{\alpha}{2} \quad\quad\quad (1-9)$$

这说明随着轧件头部充填辊缝,水平方向摩擦力 T_x 除克服推出力 N_x 外,还出现剩余。我们把用于克服推出力外还剩余的摩擦力的水平分量 P_x 称为剩余摩擦力。

前已述及,在 $\alpha < \beta$ 条件下开始咬入时,有 $P_x = T_x - N_x > 0$。即此时就已经有剩余摩擦力存在,并随轧件充填辊缝而不断增大。

由于轧件充填辊缝过程中有剩余摩擦力产生并逐渐增大,只要轧件一经咬入,轧件继续充填辊缝就变得更加容易。

由剩余摩擦力表达式可看出,摩擦系数越大,剩余摩擦力越大;而当摩擦系数为定值时,随咬入角减小,剩余摩擦力增大。

1.2.2.2　前滑

A　前滑的产生

当轧件在满足咬入条件并逐渐充填辊缝的过程中,由于轧辊对轧件作用力的合力作用点内移、作用角减小而产生剩余摩擦力,此剩余摩擦力和轧制方向一致。在剩余摩擦力的作用下,轧件前端的变形金属获得加速,使金属质点流动速度加快,当在变形区内金属前端速度增加到大于该点轧辊辊面的水平速度时,就开始形成前滑,并形成前滑区和后滑区。在后滑区金属相对辊面向入口方向滑动,故其摩擦力的方向不变,仍是将轧件拉入辊缝的主动力,而在前滑区,由于金属相对于辊面向出口方向滑动,摩擦力的方向与轧制方向相反,即与剩余摩擦力的方向相反,因而前滑区的摩擦力成为轧件进入辊缝的阻力,并将抵消一部分后滑区摩擦力的作用。结果使摩擦力的合力相对减小,使轧制过程趋于达到新的平衡状态。

B　前滑的定义

在轧制过程中,轧件出口速度 v_h 大于轧辊在该处的线速度 v,这种 $v_h > v$ 的现象称为前滑。

前滑的定义表达式见式(1-2)。

1.2.2.3 中性角 γ 与轧件打滑

剩余摩擦是前滑产生的原因。也可以说前滑是稳态轧制时的必然现象,因为当中性角 γ = 0 时,前滑 S = 0,整个接触弧都是后滑区,摩擦力的方向完全指向轧制方向,如果此时某一个工艺参数发生变化,轧件承受的水平分力的合力 $\sum T_x$ 可能出现负值,轧件就会被卡在变形区内打滑使轧制不能进行。

轧制条件不变时,变形区内水平合力 $\sum T_x$ 是摩擦系数 f 和单位压力 p 的函数,在一般轧制情况下中性角 γ 起着调节 $\sum T_x$ 的作用,当 $\sum T_x < 0$ 时,中性角 γ 减小,后滑区增大,改变摩擦力分布,建立新的平衡。只有在摩擦系数突然降低,中性角 γ 自动减小到零仍无法使 $\sum T_x \geq 0$ 建立新的平衡时才出现打滑或断续打滑事故。轧件在轧辊间打滑现象是非常危险的,因为打滑过程中,变形区外轧件由于辐射和冷却水的作用降温很快,而变形区内轧件则因为摩擦作用降温较缓。当变形区轧件温度降至850℃附近时,摩擦系数达到最大值(不同钢种的摩擦系数最大值所对应的温度亦不同),

图 1-7 摩擦系数和轧制温度的关系

如图1-7所示。此时可能重新建立起轧制过程,与此同时,变形区以外的轧件温度已经远远低于850℃。变形抗力则又因温度降低而急剧升高。在这种情况下极易发生轧辊折断或其他设备事故。因此,轧钢工作者在工艺设计时要充分考虑到避免出现这种现象,在强化咬入的楔头轧制时也常使允许咬入角 $\alpha \leq 1.2\alpha_{\max}(\alpha_{\max} = \beta)$。

轧制中产生打滑的原因是局部摩擦系数突然降低。打滑多数发生在开轧道次。这是钢坯表面的炉内氧化铁皮没有很好清除的结果,片状氧化铁皮与轧辊间摩擦系数小于金属基体与轧辊间的摩擦系数,所以当钢坯表面保留较大面积的炉内氧化铁皮进入变形区时就可能发生突然打滑的卡钢现象,或断续打滑现象。为了避免出现开轧道次打滑卡钢,应在加热炉和粗轧机组之间设置高压水除鳞设备。进入轧机前的除鳞处理不仅可以保证轧制的顺利进行,并可以改善产品表面质量。不过目前除鳞装置尚未普遍采用,通常在开轧道次采用小压下量以避免打滑轧卡,即开轧道次不充分利用摩擦潜力,设计时使咬入角小于0.8倍摩擦角:

$$\alpha_{初} \leq 0.8\beta \tag{1-10}$$

上面简单介绍了摩擦系数在轧制变形中的作用,它决定着可能的变形程度,这对粗轧机组能力的发挥和建成稳定可靠的轧制过程是十分重要的。

1.2.2.4 摩擦对于前滑的影响

仍以简单轧制过程为例来说明。轧辊转数不变,在变形区内金属流动速度是一个变量,如图1-8所示。

后滑区 A 的金属流动速度小于轧辊圆周速度,前滑区 B 的金属流动速度又大于轧辊圆周速度,只有中性点 Y 处的轧件和轧辊无相对运动。后滑区的金属在轧辊表面摩擦力的作用下被拉向出口一侧,所以摩擦力的方向是向前的。反之,前滑区的金属流动速度大于轧辊圆周速度 v_R,这时由于轧辊表面摩擦力的作用,金属向前运动受到阻碍,所以摩擦力的方向是向后的。在稳态轧制过程中后滑区的摩擦力不仅用来克服轧辊的推出力,还有一部分用于平衡前滑区摩擦力。如前所述,当平衡遭到破坏时,中性角 γ 起着自动调节的作用,当 γ 角变化时,前滑值亦随之发生

变化。中性角 $\gamma = 0$、前滑 $S = 0$ 时，摩擦系数为
建成稳态轧制过程的最小极限值。另外，如果
用图像表示轧辊与轧件之间的摩擦力绝对值，
则得到如图 1-9 所示的以中性点为最大值的
山形分布。

图 1-8　变形区内轧件速度变化图

1—轧件表面速度；2—轧件中心速度；3—轧件平
均速度；4—表面和中心速度差沿变形区的变化

图 1-9　摩擦力和单位压力的分布图

Ⅰ—轧辊表面的摩擦力分布；Ⅱ—在轧辊与
轧材间垂直方向上的单位压力分布

1.2.3　摩擦系数对单位变形抗力的影响

当变形区内某点金属由于单位压力 p 的作用而发生塑性变形时，也同时受到摩擦阻力 T 阻
止金属相对于轧辊流动，为使变形连续进行，就必须克服纵向阻力 T，因此在下一个变形点上的
垂直方向就必须施加 $p + T$ 的压力。所以，在轧制过程中沿变形区长度方向的垂直压力分布呈屋
顶形，如图 1-9 所示。

上述分析说明，除中性点外，轧件与轧辊之间在变形区内均有相对滑动。实际上，对于厚、宽
比较大的轧件，当使用表面比较粗糙的轧辊进行热轧时，不仅在中性点，而且在其附近，轧件与轧

图 1-10　热轧时不均匀变形图

(a)速度分布；(b)纵纹的变形

辊之间产生粘着,出现在很大范围内没有相对滑动的区域。线材轧制过程就是这种带粘着的轧制过程,如图 1-10 所示。

在有粘着的情况下,变形呈现出严重的不均匀性,轧制前的垂直断面由于附加剪变形的作用而成为曲面,H. H. 塔尔诺夫斯基绘出了存在粘着区情况下的变形状态图,如图 1-11 所示。

图中区域 I 是非塑性区,在这个区域内金属与轧辊形成整体而进行刚体回转,金属与轧辊表面接触部分呈粘着状态。区域 II 是使轧件获得延伸和剪变形的塑性区,此区域的金属与轧辊和粘着区金属作相对运动,此区域中剪变形应力超过屈服剪应力。区域 III 和 IV 是在轧制方向上被弹性压缩的区域,称之为弹性楔。

图 1-11 热轧变形状态图

很多实验研究表明,在一定热轧情况下,粘着区的长度接近于变形区长度,即为全粘着;还应指出,在张力参与条件下,前后张力均起着缩短粘着区长度的作用。粘着区的存在说明金属滑移现象是构成轧制变形的主要变形形式。

1.2.4 摩擦对于宽展的影响

了解到轧件在变形区内的变形规律,就能够正确解释生产中所发生的各种变形特征。上述分析只考虑了沿变形区长度方向的变形特点。摩擦对于宽展的影响也是很大的,在有宽展的情况下,变形区内的金属除了纵向变形(延伸)外,还向横向流动。金属横向流动使得整个变形区摩擦力的分布发生了变化,其原因可以用最小阻力定律解释,如图 1-12 所示。

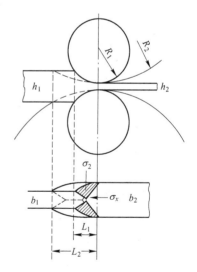

随着变形区长度 L 与轧件宽度 b 之比值的增加,用于克服横向金属流动摩擦力的面积比例亦增加,用于克服纵向摩擦力的面积则相对减小,这种情况可以用来解释在有宽展条件下轧制建成时的摩擦系数小于开始咬入时的摩擦系数的原因。同时说明高、宽比较大的轧件在轧制过程中容易发生打滑卡钢的道理。反过来摩擦系数又影响宽展。许多实验研究结果都证明,宽展随摩擦系数的增大而增加,这是因为随着摩擦系数的增加,金属纵向流动比横向流动更困难的缘故。

图 1-12 L/b 与受力关系图

1.2.5 外摩擦对轧制生产的其他影响

由于在压力加工过程中,不可避免地要在工具与变形金属间产生摩擦力。这种摩擦力对金属的变形过程有很大的影响,其他方面的不利影响有:

(1)改变了应力及变形的分布。加工时,由于摩擦的存在而改变了金属在变形时的应力状态,结果导致变形的不均匀。

(2)降低工具的使用寿命。由于摩擦力使金属的变形抗力增加,因而在保证金属变形量的条件下,必然会导致工具内引起很大的应力;同时还会因摩擦的存在而提高工具表面的温度,使工具的强度降低,特别是对于经过淬火及低温回火处理的工具,强度的降低尤为显著;此外,摩擦力还会引起工具的磨损,摩擦系数越大,磨损的程度亦越显著,从而使工具的使用寿命也降低了。

(3) 降低了加工产品的质量。摩擦对所有的加工产品,不仅使表面的质量降低,而且也使加工产品的内部质量降低。首先摩擦使得轧辊表面逐渐变得粗糙,造成轧件的表面质量变差;其次是当接触表面的摩擦增加时,在接触面阻止金属质点流动的能力就越强,其侧表面的鼓形将越严重,金属变形的不均匀程度也将更为显著。因此,当变形终了时,会使加工产品组织结构不均匀,其结果会导致产品的机械性能也不均匀。所以,减小接触表面的摩擦,对提高表面质量和内在质量是有利的。

上述几个方面,是外摩擦在金属塑性变形过程中的不良影响,应尽可能采取措施来减小。

1.2.6 常用的摩擦系数计算公式

常用的计算摩擦系数的公式有:

(1) 艾克隆德公式

$$f = C(1.05 - 0.0005T) \qquad\qquad (1-11)$$

式中 T——轧制温度,℃;

C——材质系数,钢轧辊 $C=1$,铸铁轧辊 $C=0.8$。

艾克隆德公式的缺点是没有考虑到轧制速度的影响因素。A. 盖莱依对该公式进行了修正。

(2) A. 盖莱依公式

$$f = C(1.05 - 0.0005T) - 0.056v \qquad\qquad (1-12)$$

式中 v——轧制速度,m/s;

T——轧制温度,℃。

该公式亦不理想,只适用于 $v = 5$m/s 的条件下。

(3) 轧制速度高于 20m/s 时的摩擦系数公式。很多研究者的实验表明当轧制速度高于20m/s 时摩擦系数变化甚微,可近似视 f 值为:

$$f = 0.355C(1.05 - 0.0005T) \qquad\qquad (1-13)$$

1.3 宽展

1.3.1 宽展的概念

金属在轧制过程中,轧件在高度方向上被压缩的金属体积将流向纵向和横向。流向纵向的金属使轧件产生延伸,增加轧件的长度;流向横向的金属使轧件产生横向变形,称之为横变形。我们通常把轧制前、后轧件横向尺寸的绝对差值,称为绝对宽展,简称为宽展,以 Δb 表示。即

$$\Delta b = b - B \qquad\qquad (1-14)$$

式中 B、b——分别为轧前与轧后轧件的宽度,mm。

1.3.2 研究宽展的意义

(1) 根据给定的坯料尺寸和压下量,来确定轧制后产品的尺寸,或已知轧制后轧件的尺寸和压下量,要求定出所需坯料的尺寸。这是在拟定轧制工艺时首先遇到的问题。要解决这类问题,首先要知道被压下的金属体积是如何沿轧制方向和宽度方向分配的,亦即如何分配延伸和宽展的。因为只有知道了延伸和宽展的大小以后,按照体积不变条件才有可能在已知轧制前坯料尺寸及压下量的前提下,计算轧制后产品的尺寸,或者根据轧制后轧件的尺寸来推算轧制前所需的

坯料尺寸。由此可见,研究轧制过程中宽展的规律,具有很重要的实际意义。

（2）另外,宽展在实际生产中和孔型设计时得到了广泛的应用。例如,宽展量 Δb 是确定孔型宽度或来料宽度的主要依据。如图 1-13 所示圆钢成品孔的情况,当椭圆形轧件进入圆形成品孔轧制时可能出现以下三种情况:

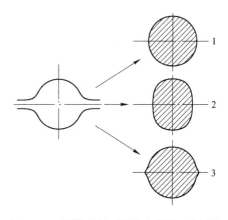

图 1-13　圆钢轧制时可能出现的三种情况
1—正常;2—充不满;3—过充满

第一种情况:宽展出来的金属正好充满孔型,说明宽展量或来料宽度选择得正确。

第二种情况:孔型没有充满,轧件不圆。说明宽展量预定得过大,或来料宽度选择小了。

第三种情况:孔型过充满,轧件出耳子,说明宽展量预定得小或来料宽度选择大了。

以上第一种情况最理想。故型钢轧制过程中的主要矛盾就是轧件的未充满和过充满。

（3）此外,准确确定宽展量,对于实现负公差轧制,改善技术经济指标亦有着重要的意义。

1.3.3　宽展的种类

在不同的轧制条件下,坯料在轧制过程中的宽展形式是不同的。根据金属沿横向流动的自由程度,宽展可分为自由宽展、限制宽展和强迫宽展。

1.3.3.1　自由宽展

在平辊上或在沿宽度方向上有很大富裕空间的扁平孔型内轧制矩形或扁平形断面轧件时,在宽度方向金属流动不受孔型侧壁限制,可以自由地展宽,此时轧件宽度的增加叫自由宽展。

1.3.3.2　限制宽展

坯料在轧制过程中,被压下的金属与具有变化辊径的孔型两侧壁接触,孔型的侧壁限制着金属横向自由流动,轧件被迫取得孔型侧边轮廓的形状。在这样的条件下,轧件得到的宽展是不自由的,使横向移动的金属质点,除受摩擦阻力的影响之外,还不同程度地受到孔型侧壁的限制。

采用限制宽展进行轧制,可使轧件的侧边受到一定程度的加工。因此,除能提高轧件的侧边质量外,并可保证轧件的断面尺寸精确,外形规整。

1.3.3.3　强迫宽展

坯料在轧制过程中,被压下的金属体积受轧辊凸峰的切展而强制金属横向流动,使轧件的宽度增加,这种变形叫做强制宽展。

1.3.4　影响宽展的因素

在孔型中轧制,如果存在不均匀变形,将造成强迫宽展或宽度拉缩。不同的侧壁斜度也不同程度地阻碍金属的横向流动。此外,前后张力在连轧过程中对宽展的作用亦不可忽视。到目前为止,虽然有不少学者从事这方面的研究,但仍然不能精确地决定不同条件下的宽展量。但是由于线材生产专业性强,不同机列所采用的孔型系统乃至尺寸范围大体一致,加工条件亦基本类同,所以有很多生产实践中的宽展数据,可以作为孔型设计的依据。这样处理比较实用和准确。

虽然各因素对宽展的影响目前还不能用数学方程式定量地表达清楚,但并不意味着了解影响宽展的各主要因素就失去了意义;相反,对影响宽展的因素在生产中所起的作用理解得愈深刻,就愈能迅速揭示和正确解决轧制过程中所发生的各种工艺问题。例如,生产中钢种的更换,轧件温度变化等都是经常遇到的问题。往往是在稳定的生产工艺过程中,突然某一条件发生变化而使稳定过程遭到破坏,中间事故增多,成品规格超差,这时就需要采取适当措施,进行轧机调整使之过渡到一个新的稳定轧制过程。能否预见到轧制状态的变化,或者一旦发生变化能够迅速完成这种调节过程,都是和对宽展规律认识的深度分不开的。下面介绍影响宽展的主要因素。

1.3.4.1　压下量 Δh 的影响

压下量是影响宽展的主要因素之一,没有压下量就无从谈及宽展。实验表明,随着压下量的增加,宽展也增加。这是因为一方面随高向移位体积加大,宽度方向和纵向移位体积都相应增大,宽展也自然加大。另一方面,当压下量增大时,变形区长度增加,变形区形状参数 $l/\bar{h}$ 增大,使纵向金属流动阻力增加,根据最小阻力定律,金属质点沿流动阻力较小的横向流动变得更加容易,因而宽展也应加大。如图 1 - 14 所示, Δb 和 Δh 基本上是线形关系,即 $\Delta b = \beta \Delta h$ 。

1.3.4.2　轧辊直径的影响

如图 1 - 15 的实验曲线表明,随轧辊直径增大,宽展量增大。原因是随轧辊直径增大,变形区长度增大,由接触面摩擦力所引起的纵向流动阻力增大,根据最小阻力定律可知,金属在变形过程中,随着纵向流动阻力的增大迫使高向压下来的金属易于横向流动,从而使宽展增大。

图 1 - 14　压下量对宽展的影响　　　　　图 1 - 15　宽展系数与轧辊直径的关系

此外,研究轧辊直径对宽展的影响时,还应注意到轧辊辊面呈圆柱体,沿轧制方向是圆弧形的辊面,对轧件产生有利于延伸的水平分力,使摩擦力产生的纵向流动阻力影响减小,因而使延伸增大,即使在变形区长度等于轧件宽度时,延伸也总是大于宽展。由图 1 - 16 可看出,当在压下量 Δh 不变的条件下,轧辊直径加大时,变形区长度增大而咬入角减小,轧辊对轧件作用力的纵向分力减小,即轧辊形状所造成的有利于延伸变形的趋势减弱,因而也有利于宽展加大。

由以上两个原因可说明 Δb 随轧辊直径增大而增加,所以,轧制时,为了得到大的延伸,我们一般采用小辊径轧制。

在实际生产过程中,各机列的轧辊名义尺寸不变,但轧辊的重车是经常的。不过由于每次重车量都比较小,只相当于轧辊直径的1%左右,所以带来的影响甚微,一般可不予考虑。但当由报废辊换新辊,即由最小直径换成最大直径时,辊径差为 6% ~ 10%。在这种情况下各道的 Δb 及导卫安装尺寸都应作适当调整。

1.3.4.3 摩擦系数 f 的影响

摩擦系数 f 和宽展成正比,这是因为摩擦系数 f 增加时,金属纵向流动所受的阻力比横向流动所受到的阻力增加得快,这就是说,凡是影响摩擦系数的因素对宽展都有影响。例如由图 1-17 所示的轧制温度、轧制速度和摩擦系数的关系可见,在一定的轧制温度条件下,摩擦系数随轧制速度的提高先是上升,而后下降,这就影响了宽展;在一定的轧制速度条件下,在 800℃ 之前,随着温度升高,摩擦系数 f 增加,在 800 ~ 900℃ 范围内摩擦系数 f 达最大值,此后随温度升高 f 值逐渐降低。线材生产轧制温度均大于 850℃,所以其规律是随着温度升高,摩擦系数 f 值下降,宽展减小,延伸增加。老式横列式线材轧机,由于采用套轧法,头尾温度差高达 150℃ 以上,最终造成成品宽度尺寸波动幅度大,使通条尺寸精度无法保证,盘重受到限制。低温钢轧制亦带来同类问题,特别是多条同轧时其中某一根温度过低,最终反应在成品宽度尺寸的不一致,这种轧件的宽度随轧制温度变化的数量是调整工需要细心掌握的规律。

图 1-16 轧辊直径对宽展的影响

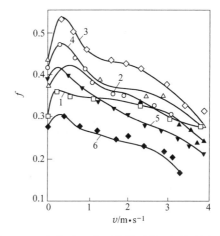

图 1-17 在各种温度下摩擦系数 f 与轧制速度的关系
1—735℃;2—820℃;3—902℃;4—1020℃;
5—1100℃;6—1212℃

轧辊材质也影响摩擦系数 f 值,钢轧辊的摩擦系数 f 值大于铸铁轧辊的摩擦系数 f 值。在一般生产过程中虽然轧辊材质并不经常变换,但轧槽更换却是频繁的,新槽和旧槽由于光洁度不同,摩擦系数 f 值差异较大。在连轧机组中,调整工要充分注意换槽所带来的影响,对于连轧道次,一般希望同时更换轧槽。在横列式轧机中,个别道次轧槽的更换对摩擦系数 f 值的影响不是很大,整个轧制的稳定状态一般不至于被破坏;但如果集中多道次同时换槽,就要考虑因摩擦系数 f 值普遍下降所带来的累计的断面波动,愈接近成品孔则对成品尺寸的影响也就愈大。

1.3.4.4 钢种

生产过程中,钢种的更换对摩擦系数 f 值影响很大。在编制作业计划时应尽量避免频繁调换钢种。不同钢种的摩擦系数的差异情况如图 1-18 所示的实验曲线和如表 1-1 所示的化学成分对照表。

图 1 - 18　摩擦系数与各曲线、轧制速度之间关系的实验曲线

表 1 - 1　各曲线对应的化学成分

曲线号	各曲线对应的钢种化学成分/%							
	C	Mn	Si	S	P	Ni	Cr	Cu
1	0.17	0.40	0.35	0.040	0.014	0.12	0.10	0.20
2	0.21	0.65	0.21	0.154	0.016			
3	0.21	0.96	1.12	0.028	0.013	8.50		
4	0.12	0.85	0.37	0.012	0.018	8.50	1.798	
5	0.79	1.38	0.65	0.025	0.03	3.2	0.20	

　　一般情况(在水平机架上轧制)是,当由低碳钢换为高碳钢时,为避免孔型过充满,各道次辊缝值应该由粗轧向后逐架适当缩小。由图 1 - 18 可以看出,在正常轧制温度(大于 950℃)条件下高碳钢和低合金钢(曲线 1、3、4、5)的摩擦系数 f 值高于低碳钢(曲线 2),相应的宽展也增大。另外变形抗力增大使前一道次轧件高度亦增大,翻钢(90°)轧制时,前一道次轧件的高度成为本道次轧件的宽度,使得轧件容易过充满。在这种情况下,具体如何处理,应视具体条件而定,各机列都有其固有的规律。

1.3.4.5　轧制速度

　　当轧制速度超过 2 ~ 3m/s 时,摩擦系数 f 值随着速度增加而急剧下降,如图 1 - 18 所示。这就影响到宽展,因摩擦系数 f 减小,宽展亦随之减小。

　　图 1 - 18 还表明,低速时摩擦系数 f 随 v 的增加而提高。当 $v > 0.5m/s$ 时,随着速度的提高摩擦系数 f 减小,即宽展量 Δb 减小,延伸系数增加。

1.3.4.6　轧制道次的影响

实验证明,在总压下量相同的条件下,轧制道次越多,总的宽展量越小。从轧制一道的宽展和轧制若干道时的宽展来看,可用下式表示

$$\Delta b > \Delta b_1 + \Delta b_2 + \cdots + \Delta b_n$$

由图 1–19 可以看出,轧制一道的 2 号与 5 号,轧件在压下量相近的情况下,比轧六道的 3 号和 4 号轧件的宽展量大得多。因此,不能按照钢坯和成品的厚度计算宽展,必须逐道计算,否则会造成错误。

根据 M. A. 扎罗辛斯基的研究,得出下列关系:

$$\Delta b = C_2 (\Delta h)^2 \tag{1-15}$$

即绝对宽展 Δb 与绝对压下量 Δh 的平方成正比。例如总压下量 $\Delta h = 10\text{mm}$,则用一道次轧制,其宽展为

$$\Delta b_1 = C_2 (\Delta h)^2 = C_2 (10)^2 = 100 C_2$$

若改用两道次轧制,每道次压下量为 5mm,则其宽展为

$$\Delta b_2 = \Delta b' + \Delta b'' = C_2 (5)^2 + C_2 (5)^2 = 50 C_2$$

显然　　　　　　　　　　$\Delta b_1 > \Delta b_2$

图 1–19　轧制道次对宽展的影响

1.3.4.7　张力对宽展的影响

实验证明,后张力对宽展有很大影响,而前张力对宽展影响很小。原因是轧件变形主要产生在后滑区。在后滑区内随着后张力的增大,宽展减小,这是因为在后张力作用下使金属质点纵向流动阻力减小,必然使延伸加大、宽展减小。在 $\alpha > \beta$ 条件下轧制时,由于工具形状的影响,在后滑区靠近入口端形成的拉应力区内,宽展量 Δb 小的原因也可以由此解释。

1.3.4.8　孔型形状对宽展的影响

孔型形状对宽展量 Δb 影响也是很大的。型钢轧制时,经常利用孔型形状达到强迫宽展和限制宽展的目的。

轧件在孔型中轧制的基本特点是沿宽度方向上压下量的不均匀性,这种变形不均匀性对宽展的影响可以用"闭合周界"定则定性地加以说明,如图 1–20 所示。大家知道,由于轧件的整体

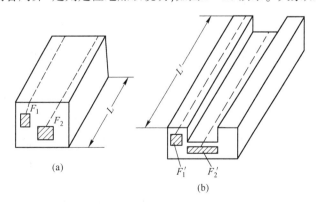

(a)　　　　　　　　　　(b)

图 1–20　不均匀变形的封闭模型图

(a)矩形坯料;(b)在切深孔型中轧后形状

性,不论不均匀变形的特征如何,金属在整个横断面上的延伸率 μ 保持不变。现在我们取一矩形坯料,如图 1-20(a)所示,在深切孔型中进行轧制[见图 1-20(b)]来说明这个问题。

从不同压下量的部分各取一个闭合单元体,则轧制后轧件体积不变。又因为随着轧件的变形,整个截面上所发生的延伸率各部分是相同的,故可写出下式:

$$\frac{F_1}{F_1'} = \frac{F_2}{F_2'} = \mu$$

式中 F_1,F_2——单元体轧制前截面积,mm^2;

         F_1',F_2'——单元体轧制后截面积,mm^2。

设分离出来的单元体的断面在变形前为 $h_1 b_1$,变形后为 $h_1' b_1'$,根据"闭合周界"定则得

$$\frac{h_1 b_1}{h_1' b_1'} = \frac{L'}{L} = \mu \tag{1-16}$$

从式(1-16)可得出如下结论:

当 $\frac{h_1}{h_1'} = \mu$ 时,则 $\frac{b_1'}{b_1} = 1$,无宽展;

当 $\frac{h_1}{h_1'} > \mu$ 时,则 $\frac{b_1'}{b_1} > 1$,有宽展;

当 $\frac{h_1}{h_1'} < \mu$ 时,则 $\frac{b_1'}{b_1} < 1$,宽展为负值,即发生宽度拉缩。

第一种没有宽展的情况符合宽度很大的板材轧制。在线材生产中经常见到的是发生宽展的第二种情况。宽展为负值的第三种情况在异型孔型中轧制时才会出现。现在我们就用"闭合周界"定则定性地解释在不同孔型中轧制时宽展系数差异很大的原因:

(1) 方进椭圆孔型。如图 1-21 所示,Ⅰ 区的 $\frac{h_1}{h_1'} > \mu$,此时有较大的宽展发生,又因最小阻力定律,此处金属最容易向横向流动,加之椭圆孔表面过渡平滑,阻碍金属向横向流动的阻力较小,所以这

图 1-21 方轧件进入椭圆孔型变形图

类孔型的宽展系数就较大。Ⅱ 区的 $\frac{h_1}{h_1'} < \mu$,这说明该区域的金属全部向纵向流动,是获得延伸的主要部分,并有拉缩边部宽展的作用。

(2) 菱形轧件进入方孔型。如图 1-22 所示,菱形轧件进入方孔型和方形轧件进入椭圆孔型相反,Ⅰ 区的 $\frac{h_1}{h_1'} < \mu$,不仅不存在自由宽展,而且在宽展方向有被拉缩的现象。但 Ⅱ 区金属将被迫向横向移动。由于 Ⅱ 区金属远离边部,依最小阻力定律,横向流动的金属量就少一些。加之方孔型的斜壁阻止宽展的作用比较大,最终使得这种孔型系统的宽展系数比较小。

同理,椭圆轧件进入方孔型的宽展亦较小。圆形轧件在椭圆孔型中轧制时的宽展系数小于方形轧件在同一孔型轧制时的宽展系数。在同一孔型系统内大断面的宽展系数小于小断面的宽展系数。

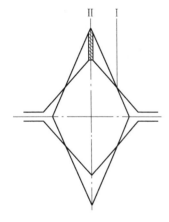

图 1-22 菱形轧件进入方孔型变形图

1.4　连轧与张力

连轧生产线材工艺的优越性已被公认,新建厂均采用连轧工艺装备;原来的横列式、半连续式的工艺装备也正在逐步为连轧装备所取代。现代化的线材轧机正向着更高速度的集体传动的连轧机组发展。在连轧生产中,张力影响其他工艺参数,其他工艺参数亦决定着张力,因此,张力是纽带,张力调节是最敏感的调节量,研究连轧,必须研究张力。所以对连轧与张力的研究有着重要意义。

1.4.1　连轧的基本概念

连轧生产的发展,促进了连轧理论的建立和发展。以"秒流量相等"条件为基本原理,引用轧制理论中有关公式,经过数学演绎建立了综合的连轧数学模型,即连轧理论的数学表达式。但随着生产和科学技术的发展,"秒流量相等"条件,已不适应用电子计算机控制连轧生产的要求,因为它只能在稳态时才成立,而连轧过程总是在动态下进行的。如头尾轧制,中间连轧的不断调节等,均要求建立一个能反映连轧动态过程各工艺参数之间相关联的数学表达式。

所谓连轧是指轧件同时通过数架顺序排列的轧机进行的轧制,各轧机通过轧件而相互联系、相互影响、相互制约。从而使轧制的变形条件、连轧的运动学条件和连轧的力学条件具有一系列的特点。

1.4.1.1　连轧的变形条件

为保证连轧过程的正常进行,必须使通过连轧机组各架轧机的金属秒流量保持相等,此即所谓连轧过程秒流量相等原则,即

$$F_1 v_{h1} = F_2 v_{h2} = \cdots = F_n v_{hn} = 常数$$

或
$$B_1 h_1 v_{h1} = B_2 h_2 v_{h2} = \cdots = B_n h_n v_{hn} = 常数 \tag{1-17}$$

式中　$F_1, F_2, \cdots, F_n$——通过各架轧机的轧件断面积;

　　　　$v_{h1}, v_{h2}, \cdots, v_{hn}$——通过各架轧机的轧件出口速度;

　　　　$B_1, B_2, \cdots, B_n$——通过各架轧机的轧件轧出宽度;

　　　　$h_1, h_2, \cdots, h_n$——通过各架轧机的轧件轧出厚度。

如以轧辊速度 v 表示,则式(1-17)可写成

$$F_1 v_1 (1 + S_{h1}) = F_2 v_2 (1 + S_{h2}) = \cdots = F_n v_n (1 + S_{hn}) \tag{1-18}$$

式中　$v_1, v_2, \cdots, v_n$——各架轧机的轧辊圆周速度,m/s;

　　　　$S_{h1}, S_{h2}, \cdots, S_{hn}$——各架轧机的轧件前滑值。

在连轧机组末架速度已确定的情况下,为保持秒流量相等,其余各架的速度应按下式确定,即

$$v_i = \frac{F_n v_n (1 + S_{hn})}{F_i (1 + S_{hi})} \quad i = 1, 2, \cdots, n \tag{1-19}$$

如果以轧辊转速表示,则式(1-18)可写成

$$F_1 D_1 n_1 (1 + S_{h1}) = F_2 D_2 n_2 (1 + S_{h2}) = \cdots = F_n D_n n_n (1 + S_{hn}) \tag{1-20}$$

式中　$D_1, D_2, \cdots, D_n$——各机座的轧辊工作直径,mm;

　　　　$n_1, n_2, \cdots, n_n$——各机座的轧辊转速,r/min。

秒流量相等的条件一旦破坏就会造成拉钢或堆钢,从而破坏了变形的平衡状态。拉钢可使轧件横断面收缩,严重时造成轧件断裂;堆钢可造成轧件引起设备事故。

1.4.1.2　连轧的运动学条件

前一机架轧件的出辊速度等于后一机架的入辊速度,即

$$v_{hi} = v_{Hi+1} \tag{1-21}$$

式中　　v_{hi}——第 i 架轧件的出辊速度;

　　　　v_{Hi+1}——第 $i+1$ 架的轧件入辊速度。

1.4.1.3　连轧的力学条件

前一机架的前张力等于后一机架的后张力,即

$$q_{hi} = q_{Hi+1} = q = 常数 \tag{1-22}$$

式(1-17)、式(1-21)、式(1-22)即为连轧过程处于平衡状态下的基本方程式。应该指出,秒流量相等的平衡状态并不等于张力不存在,即带张力轧制仍可处于平衡状态,但由于张力作用各架参数从无张力的平衡状态改变为有张力条件下的平衡状态。

在平衡状态破坏时,上述三式不再成立,秒流量不再维持相等,前机架轧件的出辊速度也不等于后机架的入辊速度,张力也不再保持常数,但经过一过渡过程又进入新的平衡状态。

实际上连轧过程是一个非常复杂的物理过程,当连轧过程处于平衡状态(稳态)时,各轧制参数之间保持着相对稳定的关系。然而,一旦某个机架上出现了干扰量(如来料厚度、材质、摩擦系数、温度等)或调节量(如辊缝、辊速等)的变化,则不仅破坏了该机架的稳态,而且还会通过机架间张力和出口轧件的变化,瞬时地或延时地把这种变化的影响顺流地传递给前面的机架,并逆流地传递给后面的机架,从而使整个机组的平衡状态遭到破坏。随后通过张力对轧制过程的自调作用,上述扰动又会逐渐趋于稳定,从而使连轧机组进入一个新的平衡状态。这时,各参数之间建立起新的相互关系,而目标参数也将达到新的水平。由于干扰因素总是会不断出现,所以连轧过程中的平衡状态(稳态)是暂时的、相对的,连轧过程总是处于稳态→干扰→新的稳态→新的干扰这样一种不断波动着的动态平衡过程中。

1.4.2　连续式线材轧机的传动方式

二辊无扭连轧机组因传动方式不同,分为两种形式:一种是平立交替单独传动的线材连轧机;另一种是集体传动的45°高速无扭线材连轧机组,前者已逐渐被后者所取代。

单独传动的线材连轧机组,有以下3个主要缺点:

(1)控制系统复杂。在没有活套形成器的连续式线材轧机中均采用张力轧制,张力的大小又影响着轧件尺寸的波动。为了达到微张力轧制的目的,减少变化幅度,以保证给定转速的稳定,对单独传动的电气系统提出了严格要求。这种轧机多采用直流电动机,以保证调速范围宽;并尽量采用反应速度快、工作稳定的调节系统和整流装置。要想绝对保持各机架间的速比关系是做不到的,因为各个电机的特性参数不可能一致,加之各架轧机变形负荷各异。要求电气系统应尽量减少静态转速降,不使张力超出允许值,保证连轧生产正常进行,一般静态速降控制在0.2%左右。静态速降允许值由张力允许值决定,可以通过计算求得。

在单独传动的连轧机中,除了张力参与引起一系列参量变化外,又加进一个震荡的速度变量。生产调整中为了保证连轧生产的正常进行,不得不对后一架增加一个额外的速度增量,加大机架间给定的秒流量差。所以这种连轧机组无法实现微张力的稳态轧制过程。张力加大的后果是增加轧件尺寸波动幅度,显然对提高产品质量是不利的。集体传动就不会发生这种震荡干扰。集体传动的优越性已为实践所证明。

（2）机架间距大于集体传动。这受设备本身条件所限制。架间距离大，不仅使整套设备占地面积大，而且也影响到轧件头、尾部尺寸超差的长度。这对于提高产品尺寸精度，提高金属收得率显然也是不利的。基于此，目前线材连轧机组也向着尽量缩小架间距离的方向发展，已出现的最小间距为 450~600mm。

（3）轧制速度不能提高到 35m/s 以上。高生产率就要求高速度。所以这类型式的轧机必然被更为优越的型式（高速无扭精轧机组）所代替。

此外，由于设备吨位大，控制系统复杂，用于设备制造和控制方面的投资就较多。由于上述多方面的缺点，这类轧机已不再制造，原有的装备也正在考虑用新型线材轧机更新改造，向更高质量更高效率的方向发展。

1.4.3　连轧与连轧状态

张力轧制和自由轧制对比，工艺参数有如下变化：

（1）张力使得前一架前滑系数增大，前滑增量 ΔS 随张力增加而递增。

（2）第二架前滑系数减小，这是因为后张力使中性角减小的缘故，也可以理解为剩余摩擦力的减小。这种前滑系数一正一负的变化结果使第一架轧件出口速度 v_1 增加，第二架 v_2 出口速度减小，秒流量 Q_1 增加，Q_2 减小。所以随着张应力增加，起始速度差 Δv 和秒流量差将向减小的方向发展。

（3）宽展 Δb 随张应力 σ 值的增加而减小。从最小阻力定律可判断 Δb_1 和 Δb_2 均趋于递减。又因为宽展主要发生在后滑区，所以相对来说 Δb_2 较 Δb_1 减小的幅度要大。宽展的变化引起轧件断面积的变化。由于 Δb_2 递减比率大于 Δb_1 递减比率，故第二架轧件断面积递减比率大于第一架轧件断面积的递减比率，其结果亦使架间秒流量差向平衡方向发展。

（4）张力参与还影响着变形抗力的变化，其变化幅度主要取决于轧机刚度、轧辊长度及轧辊直径。对于线材精轧机来说，因轧制断面小，变形抗力也就比较小，而且其绝对值在生产过程中基本稳定，所以在工程计算时可忽略不计，即按自由轧制状态计算即可。

（5）张应力直接产生相对应变 ε，ε 亦起着补偿起始秒流量差的作用。

综上所述，上述参量的变化结果使 Δv 逐渐随着应力 σ 的增大而趋于零，这个过程就是连轧的动态过程。当 $\Delta v = 0$ 即标志着稳态过程的建成。整个动态过程时间以 t_k 表示；此时张力就是稳态张力值，各参数的定性变化规律如图 1-23 所示。

上述分析表明，连轧动态过程起始于速度差，动态向稳态的转化是多种参数围绕张力发生变化的综合结果，而应变所引起的、用于补偿起始速度差的速度增量只是其中的一个分量。所以单纯采用极限应变量来推导极限秒流量差，或者单纯用极限应变量来说明堆拉率的最大允许值都是不确切的。实践证明，建成稳态连轧的堆拉率 ΔC 值可以大大超过运用极限应变所推导出的最大允许 ΔC 值的范围。

张应力在弹性范围内符合上述规律，现在进一步分析连轧动态过程中有无可能出现塑性状态下的稳态连轧过程。当满足如下条件时，答案是肯定的，即张应力等于屈服极限，秒流量差是正值，即

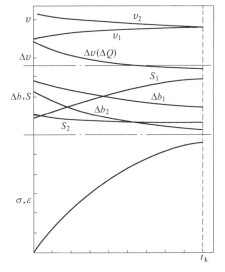

图 1-23　张力参与下各参量的变化关系图

$$\sigma = \sigma_s \text{ 时 } \quad \Delta Q > 0$$

秒流量差大于零,促使张力继续加大,但其边界条件是张应力要小于强度极限 σ_b,即:

$$\sigma_b > \sigma > \sigma_s$$

此时塑性伸长是变形的必然形式。塑性伸长 Δl_s 使秒流量差 ΔQ 趋于减小直至 $\Delta Q = 0$,达到稳态过程为止。但应该注意的是,随着塑性伸长,轧件断面将减缩,在同等应力情况下总张力值将减小。如前所述,总张力 P 下降使秒流量差向着正值变化。如果此时 Δl_s 的增量不能抵消原来的速度差,加之由于 P 下降引起的 ΔQ 增加,则张应力将持续上升,直至拉断轧件,稳态连轧过程无法建成。

还应说明,热轧时由于弹性模量下相对应变量大,有利于建成塑性条件下的稳态连轧过程,生产实践也充分证明了这一点。不过为了保持轧件断面尺寸的相对稳定性,实际调整操作中不希望出现这种稳态,在进行连轧设计时也应避免发生这种情况。

上述分析没有涉及到张力对轧辊转速可能带来的影响,这对集体传动的连轧机组是适用的,但对单独传动或机组之间的连轧过程就会有影响。中间张力使后一架轧机转矩增加,转速下降,使前一架轧制转矩减小,转速上升,这种变化的本身亦利于稳态过程的迅速建成。所以可以认为,在生产条件固定、产品专业性强的连轧机组,因不要求严格的调速性能,选用软特性的交流异步电机优于同步电机。这种认识对于现有的线材生产装备更新改造具有一定的现实意义。

1.4.4 多机架连轧及其影响系数

设一组连轧机由几架轧机组成,其中各机架间轧件稳态张应力值分别为 $\sigma_{1,2}, \sigma_{2,3}, \cdots,$ $\sigma_{n-1,n}$。

当稳态连轧过程建成时,应该遵循秒流量相等的原则,即 $Q_0 = Q_1 = Q_2 = \cdots = Q_n$。现在分析一下多机架连轧的动态过程和动态时间。为了便于说明问题,假设当轧件离开第二架尚未达到第三架时,在第一架和第二架之间已经建成稳态过程。如果第三架的入口速度 v_2' 大于第二架的出口速度 v_2,其速度差 $\Delta v_{2,3}$ 使第二架和第三架之间的轧件产生张力 σ_2'。如前所述,张力 σ_2' 使第二架的前滑系数和轧件的宽展发生变化,即 S_2 增加,Δb_2 减小,其结果是秒流量 Q_2 发生变化。又由于 S_2 的增加幅度大于 Δb_2 减小的幅度,Q_2 将增大。因为轧件是一个连续性整体,Q_2 的增量必然传递给第一架轧机,使第一架与第二架的稳态过程被破坏。新的速度差等于原始给定的速度差加上由第二架与第三架之间的张力传递过来的速度差。数学表达式可以写成:

$$\Delta v_{1,2}' = \Delta v_{1,2} + y_2 \Delta v_{2,3}$$

y 为后一对连轧对前一对连轧的影响系数。同理,多机架连轧时,第一对连轧的最终速度差为:

$$\Delta v_{1,2}' = \Delta v_{1,2} + y_2 \Delta v_{2,3} + y_3 \Delta v_{3,4} + \cdots + y_{n-1} \Delta v_{n-1,n} \qquad (1-23)$$

第二对连轧的最终速度差为:

$$\Delta v_{2,3}' = \Delta v_{2,3} + y_3 \Delta v_{3,4} + y_4 \Delta v_{4,5} + \cdots + y_{n-1} \Delta v_{n-1,n} \qquad (1-24)$$

第三对连轧的最终速度差为:

$$\Delta v_{3,4}' = \Delta v_{3,4} + y_4 \Delta v_{4,5} + \cdots + y_{n-1} \Delta v_{n-1,n} \qquad (1-25)$$

依此类推,也就是说当最后一对连轧还没有建成稳态过程时,以前各对连轧将始终处于动态过程之中。多机架中各对连轧的秒流量差最终必然全部叠加在第一对连轧中。随着连轧架次的增多,叠加无疑将增大到无法建成稳态连轧的地步。正因为出于这样的推理,过去一直认为成组多机架连轧无法保证最后成品精度,甚至无法建成稳态连轧过程,这就是为什么在许多著作中都强调单机传动的连轧优越性,认为只有这样才能获得微张力调节上的自由。这种论点一直到20世纪60年代后期才为实践所突破。当人们认识到单机传动的调节复杂与困难时,转而向集体传动迈进还是有所顾虑的。不是一下子从单机传动的连轧过渡到集体传动的连轧,而是把一个精轧机组人为地分作两个部分,用两个电机分别传动前六个机架和后两个机架,以期保持一个单机调整上的自由,利于获得较精确的成品尺寸,这就是德国施罗曼45°高速线材轧机设计的理论基础。这样做显然比过去单机传动前进了一步,但仍然无法彻底解决动态速降和静态速降所带来的干扰,使控制系统复杂化。但是施罗曼公司的尝试的确向人们提示了成组集体传动的可能性。现代化的高速无扭线材轧机就是这种机型继续发展的结果。那么我们再分析一下这种连轧机组应该怎样进行工艺设计。如前所述,如果在每一对连轧中给定一定数量的秒流量差,其结果是恶化了连轧动态过程。这样看来,集体传动的唯一办法是保持秒流量相等的工艺设计。这种设计具体应该怎样进行,需要遵循一个什么样的原则呢?有的学者认为,在第一对连轧中还是应该给定一定数量的秒流量差或拉钢率,拉钢率应控制在1%~2%之间。之后,每隔4~6架轧机再考虑一个比第一对秒流量差要小一些的拉钢率(如0.5%~0.6%),其中间各架可完全按秒流量相等的原则进行设计。但是要注意的是成品架次一定要保持秒流量相等的原则。现在我们来分析一下为什么要这样做。这样考虑时稳态连轧过程是怎样建成的,为什么这种设计的结果可以避免架间堆钢事故而能保持微张力轧制。

还是从第一对连轧分析入手。第一对连轧因为存在给定的拉钢率 ΔC,从第二架咬入轧件开始,张力逐渐增大。如前所述,张力产生的结果,使自由轧制情况下的各参量发生变化。变化的结果是向秒流量趋于平衡的方向发展,即第一架秒流量 Q_1 增大,第二架秒流量 Q_2 减小。暂且不考虑 Q_1 增大,只考虑 Q_2 减小了一个 ΔQ_2 的量。当第二对连轧(2~3架间)按自由状态下秒流量完全相等的原则设计时,因 ΔQ_2 的递减值就相当于第三架秒流量的增加。因此,在第二架与第三架之间将产生一个张力 $\sigma_{2,3}$,此值反过来又影响 $\sigma_{1,2}$,使之增加。但可以肯定,$\sigma_{2,3} < \sigma_{1,2}$,其影响程度依次缩小,即当只给定第一对连轧拉钢率时,以后各对连轧间张力将逐渐递减。为了避免发生可能的堆钢事故,每隔4~6架再重新给定一个新的拉钢率是应该的。这种设计方法,会得到比较理想的微张力轧制状态,如图1-24所示。1-2架连轧建立后,如无后面各架连轧的影响,其张力将很快达到稳态,如图1-24中虚线所示。但当第2~3架有张力参与时,此张力又使1~2架张力值增加,但时间稍有滞后,其余类推,直到第 $n-1$~n 架之间的张力达到稳定后整个连轧机组才能达到稳态。

图1-24 第一对轧机的秒流量差对
以后各架张力之影响图

各对连轧间的张力值逐渐减小,在最后几个架次间处于微张力轧制。正因为这种自动调节的微张力轧制性能,使集体传动的连轧机组获得十分令人满意的结果。如果各参数给定在最佳范围内,作者认为在多架次集体传动条件下完全可以得到轧件头、中、尾宽度方向极小的尺寸差,即完全可以略去头尾剪切工序。

1.4.5 连轧机的调整与控制

对于几个机架的连轧机的稳态过程,在任何一个位置上的秒体积流量都是常数:

$$Fv = C$$

此时如果轧件厚度、宽度、变形抗力、轧辊转速、轧件温度等其中任何因素发生变化,就会破坏已经形成的稳态过程。与此同时,各架间的张力、前滑、Δh、Δb 也将随之发生变化,此时轧件将重新处于动态过程,并在新的条件下向新的稳态过程过渡。例如,第一架压下量 Δh_1 减小,则第一架出口断面积 F_1 增大,$\sigma_{1,2}$ 减小或由拉钢转变为堆钢。又由于进入第二架的轧件厚度增加,使 Δh_2 增加,轧制压力 P_2 增加,宽展 Δb_2 亦相应增大,这样使第二架轧件面积 F_2 减小。依此类推,这种影响将一直波及到最后一架。在新的动态过程中如果不发生堆死或拉断事故,最终必将重新建立起新的稳态过程。像这种因一个变量变化相应引起一系列参数变化的特点,是连轧机调整区别于自由轧制时的关键。在连轧过程中没有一个变量能够单独存在,所以连轧机调整时必须熟知这种连锁的影响,切不可贸然或直观从事。

如果在设计时,力能参数计算得比较准确,还能推导出各变量间的关系式,并获有多变量完整的实验数据,那么用于自动控制的数学模型就可以建立了。

由于某些干扰,如孔型磨损、温度波动以及化学成分不均匀等在生产过程中是不可避免的,所以动态过程是绝对的。这些自然干扰因素在大多数的情况下能够自动得到调节,有时候需要人为地进行调整,以期获得稳定的生产工艺秩序。一套连轧机投入运行后,由于对某参数出现计算上的误差,给调整带来困难时,通常采取调节辊径的办法来调节各架秒流差的关系。

在调整实践中有如下规律:

(1) Δh 变化对下一道影响最为明显,对以后的架次影响逐渐削弱乃至消失;

(2) Δh 减小则使后一道次的拉钢减小;

(3) Δh 增大则使拉钢增加,使以后各道次的断面减少。

孔型轧制的重要特点是每道次之后进行翻钢,线材由于断面较小,轧制压力不大,一般对轧件高度的变化可忽略不计,即连轧张力只考虑对轧件宽度的影响。所以调整时只要控制好轧件宽度就可以达到预期目的;当然,正确的孔型设计是先决条件。

连轧中还有一个现象,即始终有一个前端和后端长度不参与连轧的动态过程,而处于自由轧制状态。当机架间张力过大时,会出现前后端轧件宽度大大超过中间轧件的宽度。为了得到符合要求的中部尺寸,前后端的轧件宽度就可能溢到孔型外部而造成过充满(耳子),这种轧件会造成"肥头",导致下一道次不进。所以微张力设计和调整乃是连轧生产所追求的目标。

为了把轧制过程调节成微张力的,通常采用改变压下量 Δh 的手段来改变轧件断面积,使之秒流量趋于相等。如果工艺设计基本正确,这种调节范围应是足够的。例如,$\phi 6.0 mm$ 线材,若使其直径改变 $\pm 0.1 mm$,其断面面积变化率为 6.6%,从这一点可以看到调整工作的重要作用。调整工作是工艺设计的继续和补充。

多架连轧线材轧机在轧制过程中由于张力的参与而产生了自动调节性能。

1.5　轧制压力

1.5.1　轧制压力的概念

轧制过程中通常金属给轧辊的总压力的垂直分量称为轧制压力或轧制力。

轧制压力是解决轧钢设备的强度校核,主电机容量选择或校核,制订合理的轧制工艺规程等方面问题时必不可缺少的基本参数。轧制压力可以通过直接测量法或计算法获得，直接测量法是用测压仪器直接在压下螺丝下对总压力进行实测而得的结果。计算轧制压力的公式如下：

$$P = \bar{p}F \qquad\qquad (1-26)$$

式中　$\bar{p}$——金属对轧辊的（垂直）平均单位压力；

　　　F——轧件与轧辊接触面积的水平投影，简称接触面积。

由上式可知，决定轧制时轧件对轧辊压力的基本因素一是平均单位压力，二是轧件与轧辊的接触面积。在不同轧制条件下，轧制压力波动在很大范围内，例如，线材精轧机在轧制温度850～950℃，轧制速度8～20m/s 时，轧制压力为5～10t；线材粗轧机在轧制温度1000～1200℃，轧制速度3～6m/s 时，轧制压力为20～40t。中型轧机在轧制温度900～1200℃，轧制速度3～6m/s 时，轧制压力为50～100t；连续带钢轧机在轧制温度800～1100℃，轧制速度5～20m/s 时，轧制压力为500～2000t。

1.5.2　影响轧制压力的因素

（1）轧件材质的影响。含碳量高或合金成分高的材料，因其变形抗力大，轧制时单位压力也大，所以轧制力也就大。

（2）变形温度的影响。随着温度的增加，钢的变形抗力降低，所以轧制压力降低。

（3）变形速度的影响。热轧时，随着轧制速度的增加，变形抗力有所增加，平均单位压力将增加，故轧制压力增加。

（4）外摩擦的影响。轧辊与轧件间的摩擦力越大，轧制时金属流动阻力愈大，单位压力愈大，需要的轧制力也愈大。在光滑的轧辊上轧制比在表面粗糙的轧辊上轧制时所需要的轧制力小。

（5）轧辊直径的影响。轧辊直径对轧制压力的影响通过两方面起作用，当轧辊直径增大，变形区长度增长，使得接触面积增大，导致轧制力增大。另一方面，由于变形区长度增大，金属流动摩擦阻力增大，则单位压力增大，所以轧制力也增大。

（6）轧件宽度的影响。轧件越宽，接触面积增加，轧制力增加；轧件宽度对单位压力的影响一般是宽度增大，单位压力增大。

（7）压下率的影响。压下率愈大，轧辊与轧件接触面积愈大，轧制力增大；同时随着压下量的增加，平均单位压力也增大。

复习思考题

1-1　什么叫咬入，咬入问题在实际生产中有何意义？

1-2　轧辊咬入轧件的必要条件是什么？

1-3　稳定轧制的条件是什么？

1-4　影响咬入的主要因素有哪些？

1-5　孔型形状对咬入有什么影响？

1-6　轧辊工作直径 $D = 500mm$，轧件压缩量等于2mm，求咬入角为多少？

1-7　轧辊直径 $D = 650mm$ 的轧机，假定为平辊轧制，当轧件原始高度 $H = 100mm$，轧后高度 $h = 70mm$ 时，求咬入角？

1-8　为什么说作用在轧件上的推力不是咬入的主要条件，推力是否有利于咬入，为什么？

1-9   轧制生产中,通过哪些措施可以改善咬入条件?

1-10 什么叫宽展,它有几种类型?

1-11 宽展在轧制生产中有何意义?

1-12 为什么在轧制情况下,增加摩擦系数会使宽展增大?

1-13 若总压下量为200mm,轧制道次分别为8道和3道,哪种情况下总宽展量大些,为什么?

1-14 什么叫前滑,它是如何产生的?

1-15 理解造成"肥头"的原因。

1-16 连轧机组调整时要掌握的规律有哪些?

1-17 掌握连轧的基本概念。

1-18 掌握张力对轧制过程自调节作用的意义。

1-19 掌握张力轧制时工艺参数的特点。

1-20 理解连轧时,后一对连轧对前面连轧的影响。

1-21 了解现代化高速无扭线材轧机精轧机组设计时遵循的原则。

1-22 轧制压力的概念,确定轧制压力有哪些方法?

1-23 轧制过程中对轧制力影响的因素有哪些?

1-24 若轧辊圆周速度 $v = 3\text{m/s}$,前滑值 $S_h = 8\%$,求轧件出辊速度。

1-25 掌握连轧的基本概念。

2 高速轧机线材生产工艺

2.1 高速线材轧机的产品

2.1.1 线材的定义

自 20 世纪 60 年代中期高速线材轧机及轧后控制冷却技术问世以来,随着线材生产技术本身的日臻完善和相关技术的进步,高速线材轧机的产品在品种规格范围、盘重、尺寸精度、表面及内在质量上比以往的线材轧机产品均有长足的进步,能更好地满足经济和技术发展的需要。

2.1.1.1 线材的概念

线材是热轧材中断面尺寸最小的一种,由于轧钢厂需将线材在热状态下圈成盘卷并以此交货,故又称之为盘条。

2.1.1.2 高速线材的规格

高速线材轧机以其合理的孔型系统和高适应性的机电设备及布置方式,使其产品规格范围远比常规线材轧机的大。一些带有盘条作业线的高速轧机生产直径的范围为 5.5 ~ 60mm,一般高速轧机产品规格的范围为 5.5 ~ 30mm。

2.1.1.3 高速线材的品种及断面形状

在产品品种上,高速线材轧机不但能生产碳素结构钢盘条,还能生产几乎所有钢种的盘条;除能生产圆断面光面盘条外,还可以生产相应断面的螺纹盘条,边长为 5 ~ 16mm 的方断面盘条和内切圆直径为 5 ~ 16mm 的六角盘条。

2.1.1.4 高速线材的大盘重

轧制过程中轧件温降是制约线材产品盘重的决定性因素,高速线材轧机具有普通线材轧机几倍甚至十几倍的轧制速度,完全解决了轧制过程中轧件的温降问题。连续式高速线材轧机从理论上讲可以生产无限大盘重的线材,但实际生产中坯料太长不好,断面受终轧速度限制。20 世纪 60 年代中期高速线材轧机的产品盘重通常在 400 ~ 700kg,如今大多数高速线材轧机的产品盘重为 1000 ~ 2500kg。大盘重的产品不仅增加了用户的效益和提高了再加工的效率,同时也提高了高速线材轧机本身的生产效率和成材率。

2.1.1.5 高速线材产品的高精度

高速线材轧机以其精确的孔型设计,合理的张力及活套控制,单线无扭高速连续轧制方式,以及足够的轧机刚性结构和耐磨的轧辊材质,保证了产品具有普通轧机所难以保持的断面尺寸精度。通常高速线材轧机的产品断面尺寸精度能达到 ± 0.1mm(对 $\phi 5.5 \sim 8.0$mm 的产品而言)及 ± 0.2mm(对 $\phi 9.0 \sim 16$mm 产品及盘条而言),断面不圆度不大于断面尺寸总偏差的 80%。近年来又出现了成圈前的规圆设备,能把断面尺寸偏差控制到 ± 0.05mm。但尽管高速线材轧机能够生产高精度的产品,由于社会需求的线材并不都要求有这样高的断面尺寸精度,实际生产中为合理使用轧辊轧槽和分别满足各种断面尺寸精度的需要,通常把产品断面尺寸精度控制在 ± 0.1 ~ ± 0.3mm。

2.1.1.6　高速线材产品的高质量

多种形式的轧后控制冷却技术是高速线材轧机不可分割的组成部分,当今轧后控制冷却工艺与设备可以对所有钢种,甚至非铁基合金线材进行控制冷却,从而得到能满足不同需要的金属显微组织和性能。近年来通过轧制中的水冷和相应的变形分配所形成的控制轧制工艺,与轧后控制冷却相配合,使高速线材轧机对产品显微组织及力学性能的控制水平更高。高速线材轧机产品性能的高度均一性是其重要特点,目前普遍可以达到同根线材抗拉强度波动不大于 ± 2.5% ,同牌号线材抗拉强度波动不大于 ± 4% 。

经控制冷却的线材,其表面的次生氧化铁皮量比常规轧制的产品少得多,仅为产品质量的 0.2% ~ 0.6% ,而且是易于酸洗清除的 FeO 组织。

2.1.2　线材的用途

线材不仅用途很广而且用量也很大,它在国民经济各部门中占有重要地位。据有关资料统计,各国线材产量占全部热轧材总量的 5.3% ~ 15.3% 。美国约占 5% ,日本约占 8% ,英国约占 9% ,法国约占 14% ,我国约占 20% 左右。线材的用途概括起来可分为两大类:一类是线材产品直接被使用,主要用在钢筋混凝土的配筋和焊接结构件方面。另一类是将线材作为原料,经再加工后使用,主要是通过拉拔成为各种钢丝,再经过捻制成为钢丝绳,或再经编织成钢丝网;经过热锻或冷锻成铆钉;经过冷锻及滚压成螺栓,以及经过各种切削加工及热处理制成机器零件或工具;经过缠绕成型及热处理制成弹簧等等。

表 2 - 1 所列是由线材制成的各类用途金属制品。

表 2 - 1　线材制品及用途

钢　　种	制　品　名　称　及　用　途
低碳钢	混凝土配筋、镀锌低碳钢丝、制钉、螺丝、金属网、电缆、通讯线
中、高碳钢	螺丝、自行车辐条、胶管钢丝、发条、钢丝床、伞骨、衣架、钢丝绳、预应力钢丝、钢绞线
焊接用钢	焊条、焊丝
弹簧钢	弹簧、钢丝
滚珠轴承钢	滚珠、滚柱
冷顶锻用钢	铆钉、螺栓、螺帽
不锈钢	防腐金属网、不锈钢焊条、耐热及非磁弹簧、高级铆钉、医用缝合针
工具钢	量具、刀具、模具、制针、钟表用钢丝、工具、琴弦
低合金钢	螺纹钢筋

2.2　高速线材轧机生产的工艺特点

通常高速线材轧机的工艺特点可以概括为连续、高速、无扭和控冷,其中高速轧制是最主要的工艺特点。大盘重、高精度、性能优良则是高速线材轧机的产品特点。

2.2.1 高速线材轧机的高速度轧制

2.2.1.1 高速度轧制的意义

在高速线材轧机的轧制速度取得突破性进展以后,人们仍在追求实现更高的轧制速度。因为轧制速度高,生产效率就高,成本就能降低。所以速度就是效益。以目前共存的几代轧机为例比较如下:从产量来看,一套轧制速度为100m/s的机组年产量为27.5万t,而一套50m/s的机组年产量为16万t,前者为后者的1.7倍左右。

从使用坯料情况看,受第一架入口速度的限制,当出口速度一定时,延伸系数即已确定。因此,轧制速度为100m/s的机组其坯料断面面积是50m/s机组的2倍。后者受连铸坯断面不能过小的限制,有可能需采用初轧坯,使成本大大增加。

从投资情况来看,上一套轧制速度为100m/s的高速线材机组比上二套50m/s高速线材机组的投资低。

总之,提高轧制速度是很有意义的。

2.2.1.2 无扭精轧是保证高速的前提条件

高速无扭精轧工艺是现代线材生产的核心技术之一,它是针对以往各种线材轧机存在诸多问题,综合解决产品多品种规格、高断面尺寸精度、大盘重和高生产率的有效手段。唯精轧高速度才能有高生产率,才能解决大盘重线材轧制过程的温降问题。精轧的高速度要求轧制过程中轧件无扭转,否则轧制事故频发,轧制根本无法进行。因此高速无扭精轧是现代高速线材轧机的一个基本特点。

1966年9月加拿大钢铁公司哈密尔顿厂的第一套现代高速线材轧机投产时,精轧速度达到43.3m/s,而以往线材轧机的最高精轧速度只有36m/s。经过几十年的发展,现代高速线材轧机的精轧速度已达140m/s(巴西贝尔戈-米内拉黑色冶金公司)。高精轧速度已成为现代线材轧机的一个重要标志。

2.2.1.3 高速轧机线材生产技术中"高速"对工艺的要求

A 实现高速首先是设备的保障

精轧机、夹送辊、吐丝机要能适应高速运转。对无扭轧制来说,限制轧制速度的主要因素是设备。近几年来为了达到更高的轧制速度,精轧机都在进行强化,例如,轧机精度高了,辊轴粗了,润滑油量加大了,轧机间距拉开了。

B 在工艺上保证高速的主要条件是轧件精度

高精度、高质量的轧件是保证不产生轧制故障的最根本条件。通常应保证进入精轧机的轧件偏差不大于±0.30mm。当成品精度要求小于±0.15mm时,进入精轧的轧件偏差不应大于成品尺寸偏差的2倍。轧件偏差值是指轧件全长(包括头尾),特别是头部的最大偏差。头部不良引起的故障最多。

要保证轧件精度,必须严格控制钢坯尺寸精度。钢坯尺寸的波动会影响轧件尺寸及机座间的张力,特别对粗轧前几道影响较大。为此近几年粗轧机组都采用单独传动,以便及时灵活地调节轧制速度,保证微张轧制。

轧件温度也是影响高速轧制的重要因素,要保证轧件精度,必须保证轧件温度均匀稳定,所以要求加热温度均匀、控冷设施灵敏。

要保证轧件精度,轧机机座的刚度、精度都必须达到相当高的水平。轧机精度提高后,槽孔加工误差、轧机部件间不可控制的配合间隙将占去标准规定偏差的一大部分,必须减少这部分造成的偏差损失,使偏差损失不大于偏差值的三分之一。因为生产线材的轧制压力不大,机件弹性变形量并不大,所以线材轧机的精度比刚度更重要,高刚度的追求应当适度。

轧机间的张力对轧件精度影响极大,应尽可能实现无张力和微张力轧制。在预精轧必须实现无张力,在中轧和粗轧通常认为设置3个活套即可。这要看粗、中轧的控制水平。如果各道张力都不大,活套少些也足以保证轧件精度。

椭圆–立椭,椭圆–圆孔型系统消差作用较好,所以近几年粗、中轧也尽可能地采用椭圆–圆孔型系统。

C　轧机的工装导卫是高速工艺的重要保证

导卫的精度与轧件头部的质量关系很大,要保证轧件头部的尺寸及形状必须从导卫入手。

2.2.2　控轧及轧后控制冷却

2.2.2.1　高速度轧制必须实行控轧

这是人们对"高线"的又一认识。轧件在高速线材轧机精轧机组的总延伸系数约为10,轧件出口速度如达140m/s,其进口速度也不过14m/s左右。14~16m/s仍属低速范围,通常小型轧机轧制速度达18m/s。高速线材轧机精轧以前都是低速轧机。但是当轧制速度达到10m/s时轧件温度不再下降,超过10m/s时轧件温度升高。高速线材轧机多道次逐次升温给生产工艺造成了重大影响。当轧制速度超过75m/s时,由于成品温度高,水冷段事故增多。轧制速度过高还会出现水冷段的冷却达不到控冷要求。所以在精轧前增加水冷箱,甚至全线增加水冷,实行控轧,降低开轧温度实行低温轧制。轧制中的大幅度降温与降低开轧温度,为在轧制过程中实现控制中、低碳钢线材的金相组织创造了非常有利的条件。开轧温度低,奥氏体晶粒小,还可使部分道次在未再结晶区轧制。低温轧制又是节能措施。控轧既是高速线材轧机的客观要求,又是它的突出优点和特点。低温轧制目前实行得不多,主要受原轧机强度和电机能力的限制。

2.2.2.2　为了得到高质量的线材产品必须采用轧后控制冷却工艺

由于高速线材轧机以高速连续的方式生产大盘重的线材产品,终轧温度比普通线材轧机更高,采用传统的成盘自然冷却将使产品质量恶化。为避免传统成盘自然冷却造成的二次氧化严重、轧后线材的力学性能低并严重不均匀,高速轧机生产线材采用轧后控制冷却工艺。

控制冷却是分阶段控制自精轧机轧出的成品轧件的冷却速度,尽量降低轧件的二次氧化量,可根据钢的化学成分和使用性能要求,使散卷状态下的轧件从高温奥氏体组织转变成与所要求性能相对应的常温金相组织。

尽管早在20世纪40年代轧后控制冷却工艺已在某些线材轧机的生产中应用,但由于当时老式线材轧机的产品盘重都不大,自然成盘冷却问题尚不突出,而且用户对产品的要求也不太高,线材轧后控制冷却未被广泛采用,轧后控冷技术也没有得以完善。高速线材轧机问世后,大盘重自然冷却使产品质量恶化的问题就极为突出了,这就使轧后控制冷却工艺被广泛采用,并随用户对产品日益提高的要求而逐渐完善。轧后控制冷却工艺已成为高速线材轧机不可分割的组成部分,是高速线材轧机区别于老式线材轧机的特点之一。

2.2.3　高速线材轧机的高质量控制

高速线材轧机中的无扭精轧机是生产线材工艺最完备的轧机,它比以往任何轧机都更合理。

高速线材轧机工艺灵活、控制手段齐全,适应线材品种、规格十分广泛,能生产各种高质量的线材。在车间设计的质量控制上需要各工序都具备生产高质量线材的能力,即:

(1)保证原料质量。要求原料段具有原料检测、检查与清理修磨的手段,使投入的原料具有生产优质线材的条件。

(2)采用步进式加热炉,以保证灵活的加热制度。

(3)在单线生产时粗轧采用平 - 立机组,减小轧件刮伤。

(4)尽可能使用滚动导卫及硬面轧辊,保证轧件表面质量。

2.3 国产与引进高速线材轧机工厂的实例

2.3.1 沈阳线材厂

沈阳线材厂45°无扭高速线材轧机是我国自行设计制造的国产高速线材轧机的代表。该厂原为复二重式线材轧机,四线轧制。1986 年进行改造后,产品为 ϕ5.5 ~ 12mm,盘重为 500kg,轧制速度为 50m/s,年产量为 25 万 t。

沈阳线材厂45°无扭高速线材轧机主要设备及平面布置如图 2 - 1 所示。

图 2 - 1 沈阳线材厂工艺平面布置简图

1—上料台架;2—推钢机;3—加热炉;4—出钢机;5—出炉辊道;6—ϕ420mm 粗轧机组;7—ϕ800mm 圆盘飞剪;8—中轧剪辊道;9—中轧前事故剪;10—ϕ360mm 中轧机组;11—预精轧前活套台;12—卡断剪;13—ϕ300mm 预精轧机组;14—ϕ500mm 圆盘飞剪;15—精轧前活套台;16—45°无扭精轧机组;17—穿水冷却装置;18—夹送辊;19—吐丝机;20—散卷运输辊道;21—集卷机;22—拉卷机;23—压卷机;24—收卷车

沈阳线材厂根据原工艺设备实际状况,较为成功地将现代高速线材生产工艺与旧轧机的改造结合起来,创造了适合我国国情的高速线材轧机形式,对我国旧线材轧机的改造提供了实践依据。其主要特点如下:

(1)该厂保留了原来的粗轧五机架连轧机组。轧机布置为半连续式,粗轧五机架为第一段连轧;中轧、预精轧、精轧以至吐丝机为第二段连轧。在中轧、预精轧与精轧之间设有两个活套作为缓冲,粗轧与中轧之间通过辊道将两段间已脱头的轧件衔接起来。

(2)除了预精轧机、夹送辊、吐丝机采用直流电机外,其余各轧机均采用交流异步及同步电动机传动。由于中轧与精轧为交流电机驱动,虽然采用的是串级调速,中轧也仅能在小范围内微调,而精轧则基本不调速,所以在轧制条件波动和变化时,为保证连轧关系主要靠预精轧调速为主,并利用预精轧前后两个活套进行缓冲调节。当生产不同规格时,利用精轧不同的出口机架,实现出口速度的调节。

（3）在该套轧机设备中采用了我国线材厂常用的圆盘式切头飞剪。这种飞剪具有我国特色，普及性高。

2.3.2　马钢高速线材厂

马钢高速线材厂是我国第一家全套引进高速线材轧机的生产厂，也是引进高速线材轧机技术、装备比较成功的一例。

该轧机引进时，在设备选型上充分考虑了设备的先进性、经济性和实用性，并且在引进硬件的同时引进了软件。硬件中除了全套生产主辅设备、公用设施等，还包括了备品备件，特殊工具及必要的材料等。软件中除了设计技术资料、施工安装、试车及生产的技术文件、资料和图纸、操作维修手册、技术诀窍、专利技术等资料；还有国外培训、专家指导等。这些软件也为我方生产技术人员加快消化引进技术及掌握操作技能奠定了基础。

该厂生产技术人员参加了建厂的全过程，包括：最初询价、技术谈判、合同谈判、基建施工、设备安装、调试试车、热试轧以及转入正式生产的各阶段。该厂在生产准备工作中还重视人员的培训、引进技术的消化、掌握、岗位操作练兵等。1987年5月该厂热试轧一举成功，并很快就轧出了符合国际先进标准的多种规格、多种钢种的优质线材。在试轧的第二个月就达到设计的最大轧制速度100m/s，第三个月就创造了双线轧制达120m/s的速度，成为当时世界上较高轧制速度的线材轧机。

图2-2所示为该厂主要设备及工艺平面布置图，其有关数据如下：

图 2-2　马钢高速线材厂工艺平面布置图

1—步进式上料台架；2—钢坯剔废装置；3—钢坯秤；4—组合式步进加热炉；5—钢坯推出机；6—钢坯夹送辊；
7—分钢器；8—钢坯卡断剪；9—七架水平二辊式粗轧机；10—飞剪；11—四架水平二辊式中轧机；12—侧活套；
13—卡断剪；14—四架平-立紧凑式预精轧机；15—飞剪及转辙器；16—侧活套；17—卡断剪；18—碎断剪；
19—十架45°无扭精轧机组；20—水冷段；21—夹送辊；22—吐丝机；23—斯太尔摩运输机；
24—集卷筒；25—成品检验室；26—打捆机；27—电子秤；28—卸卷机；29—废品卷取机

产品：$\phi5.5 \sim 16$mm；

坯料：130mm × 130mm，长16m；

轧制速度：100m/s；

轧制线数：2；

年产量：40万t；

盘重：2t；

粗中轧机组：$\phi560 \times 4 + \phi475 \times 3 + \phi475 \times 1 + \phi410 \times 3$；

预精轧机组：平-立悬臂式 $\phi285 \times 4$；

精轧机组：摩根-西马克型 $\phi210.5 \times 2 + \phi158.8 \times 8$；

控制冷却线：斯太尔摩型（辊道式）；

设备状况:引进西马克全新设备。

现将该套轧机装备特点简要介绍如下:

(1)步进式钢坯上料台架。该台架可在运行中把并齐放置的钢坯逐根分开,便于观察钢坯表面缺陷和把钢坯逐根移到入炉辊道上。在辊道另一侧设有废坯剔出装置,把不合格的钢坯收集到废料收集槽中。

(2)单机传动分组控制的加热炉辊道。入炉辊道分为进料组、称量组和炉内组。各组之间均有自动联锁控制,保证了钢坯在上料、称量、炉内各处的准确定位,而且避免了因钢坯相撞引起设备损坏。辊道可逆向运转,便于异常情况的处理,操作灵活、方便。

(3)钢坯加热炉采用了意大利皮昂特公司提供的步进梁、步进底组合式加热炉。该炉型避免了步进梁式炉和步进底式炉的缺点,而兼两者之优点。钢坯在炉内受到四面加热,断面加热均匀,加热质量得到可靠保证,从而为轧钢生产优质产品提供了必要的先决条件。其生产能力额定为120t/h,连续为136t/h,峰值为140t/h。该炉自动化程度高,装有微机化仪表和计算机监控系统,有100条对应产量、钢种的加热曲线。它还具有结构合理、设计先进、密封好、烧损小、能耗低等优点。

(4)平–立交替悬臂辊环式的紧凑型预精轧机。各机架间有立活套,机组前后各有一水平活套。实现了单线、无扭、无张力轧制,改善了进入精轧机组的轧件的断面形状和尺寸精度,使精轧机组成品尺寸精度得到保证。

(5)"西马克–摩根"(SMS–MORGAN)重载型45°无扭精轧机组。该机组由10架轧机组成,集体传动,具有温轧能力(进精轧机温度可低到925℃),轧制力为普通型轧机的1.5倍。它具有噪声低、振动小、运行及操作安全可靠之优点。可轧出高精度的线材产品。

(6)延迟型斯太尔摩(辊式运输)控制冷却系统。该系统带有"佳灵"(OPTIFLEX)风量分配装置,它可对散卷线材实现均匀冷却,使线材在全长上和同一圈内的强度波动值很小,属斯太尔摩控冷工艺的较新技术。风机风量可在0~100%范围内分级调节。该运输机的辊道速度亦可调节,上部还设有可启闭的保温罩盖。所有这些都为线材控制冷却提供了最佳条件,使线材产品获得用户期望的性能。

(7)采用卢森堡CTI厂提供的单轨顺钩式运输设备。钩式小车为单独电机传动,其运行、停止皆由PLC计算机系统控制。操作灵活可靠,运行稳定,是目前世界上较好的一种线卷运输机。线卷在运输过程中完成检查、取样、切头尾、修整、压紧打捆、称重、挂标牌及卸卷等精整工序。

(8)德国施密茨厂提供的卧式打捆机,压紧力大,速度快,打捆质量好。

(9)专用数控辊环磨床,凹槽铣床和磨轮修整机床为国际上闻名的德国温特产品。设备性能好,可加工和修磨高精度的光面及螺纹辊环孔槽。

(10)每条轧制线配有5台不同类型的剪机,完成剪断、碎断、切头、切尾等功能。当轧线各机组出现故障时,剪机可及时地在该事故区前面将轧件剪断或碎断,避免轧件再进入事故区,减轻事故的危害。

(11)轧机采用椭圆–圆孔型系统和新型的进出口辊式导卫装置。该系统使轧件在轧制过程中变形均匀。提高了轧辊使用寿命,改善了轧件表面质量,使用一套孔型可轧制多种规格的产品。

(12)采用双层结构的主跨厂房。从加热区上料台架到集卷筒的轧制设备皆安装在+5m的平台上。油库、液压润滑站、各类管线、电缆、斯太尔摩风机设备、切头废钢处理设施及氧化铁皮沟等,布置在±0地平至±5m平台之间,其优点是施工、安装及生产维护检修方便和充分利用场地。

（13）电气设备由德国西门子公司提供主辅传动直流电机，AEG 公司提供计算机主控制系统、逻辑控制和可控硅传动装置。

整个电气控制采用以分散的 87 台微机组成分级控制的计算机系统，对生产全过程进行自动控制，其主要功能为：

1）主控功能。直流主、辅传动速度基准值的设定；轧制程序、冷却程序的存储，数据显示；活套控制；故障监测及报警；轧辊寿命管理；物料跟踪；生产班报记录。

2）逻辑控制功能。交流传动、电磁阀、润滑油和液压设备的控制；监视联锁，以及提供故障显示。水冷、风冷段以及打捆机的控制。

3）传动控制功能。对轧机、剪机等直流传动电机的控制、监测和故障显示。

该系统具有编程简单、操作灵活、易于掌握、维修方便，且成本低、可靠性高、组件标准化、硬件互换性强、备品备件省等优点。

（14）齐全的车间电讯系统。采用了德国 E 型对讲系统。该系统有一个中心交换台和 27 个对讲站，为德国专利，具有单工、双向、选呼、组呼、集呼、扩呼、优先权等技术性能。为了便于观察加热炉内和轧线各点关键生产部位的生产实况，以提高生产效率，全线共设置了 9 台工业电视摄像机，13 台工业电视监视器。

（15）为了保证安全生产，整个轧线采用了安全防护措施，高速运转的设备都有安全罩密封，并且采用了安全联锁装置。

2.4　粗、中轧工艺和设备

2.4.1　粗、中轧的生产工艺

2.4.1.1　粗、中轧的主要功能

粗轧是使坯料得到初步压缩和延伸，得到温度合适、断面形状正确、尺寸合格、表面良好、端头规矩、长度适合工艺要求的轧件。通常输送给中轧的轧件断面为 $\phi50mm$。

中轧的作用是继续缩减粗轧机组轧出的轧件断面。

2.4.1.2　粗、中轧机组的布置方式

A　采用水平二辊串列式轧机布置

这种形式的粗轧机组应用较普遍，尤其适合于以碳素结构钢和低合金钢为主的轧制和多线轧制。其工作机座多采用闭口式轧机，亦有采用预应力轧机和短应力线轧机的。为实现水平二辊轧机扭转轧制，在轧件需要扭转的部位设置滚动出口扭转导卫装置。水平二辊串列式粗轧机组一般纵向轧制线固定，采用工作机座横移的方式更换轧槽。

B　采用平 – 立交替串列式轧机布置

这种布置形式的轧机其轧件无扭转轧制，特别适合高牌号合金钢线材的生产。因为合金钢的扭转变形抗力大而且塑性差，易于在扭转轧制时出现轧制事故和扭转裂纹而造成轧废，而对于价格较为昂贵、轧制批量又较小的合金钢线材生产，任何轧废将严重影响其经济效益，因此无扭轧制对于合金钢线材的粗、中轧就显得必要了。平 – 立交替串列式轧机也常被多品种单线高速线材轧机所采用。

C　采用短中心距紧凑式轧机布置

这种形式的粗轧机组是 20 世纪 80 年代初期发展起来的，当时连铸坯已被普遍认为是线材

生产的合理原料,而且连铸技术的日臻成熟,也使人们认识到(120mm × 120mm) ~ (150mm × 150mm)断面的连铸方坯是连铸生产的合理断面,同时增大线材盘重以提高线材轧机的生产效率也是各线材生产厂家所希望的,因此在 20 世纪 70 年代建设的线材轧机普遍使用 100mm × 100mm 的轧制坯或连铸坯,现在都力图改用(120mm × 120mm) ~ (150mm × 150mm)断面的连铸坯,而且希望这种原料条件的变更不引起轧线设备的大变动,其中最理想的途径是在加热炉不做大改造和中轧机组不变的情况下,用一种新型的大变形量的粗轧机组在原来的位置上替代原粗轧机组,以适应钢坯断面的加大。为满足这种需要,首先由美国摩根公司开始,随后有摩哥斯哈玛、伯利恒钢铁等公司相继推出原理相同而结构大同小异的几种短中心距紧凑式轧机。

2.4.1.3　粗轧阶段采用轧件扭转和小张力轧制

因为粗轧阶段一般采用的是二辊水平轧机,所以轧件通过扭转导卫扭转 90°;轧件断面尺寸较大,对张力不敏感,设置活套实现无张力轧制十分困难也极不经济,所以粗轧阶段采用小张力轧制。

2.4.1.4　对粗、中轧轧后的轧件要求

为保证成品尺寸的高精度,为保证生产工艺稳定和避免粗轧后工序的轧制事故,通常要求粗轧轧出的轧件尺寸偏差不大于 ±1mm;为减少精轧机的事故一般要求中轧轧出的相应轧件断面尺寸偏差不大于 ±0.5mm。

2.4.1.5　粗轧后切头、尾

粗轧后的切头切尾工序是必要的。轧件头尾两端的散热条件不同于中间部位,轧件头尾两端温度较低,塑性较差;同时轧件端部在轧制变形时由于温度较低,宽展较大,同时变形不均造成轧件头部形状不规则,这些在继续轧制时都会导致堵塞入口导卫或不能咬入。为此在经过 7 道次粗轧后必须将端部切去。通常切头切尾长度为 70 ~ 200mm。

2.4.1.6　以马钢高速线材厂为例说明粗中轧的工艺过程

粗、中轧机组工艺布置如图 2 – 3 所示,粗轧 7 道次,中轧 4 道次。顺轧制方向机架号依次为 1 号、2 号、3 号、…、7 号、8 号、9 号、…、11 号。其中一、二两道次的孔型分别为箱形孔和椭圆孔,轧件连续平轧两次,然后扭转 90°进入第三架轧机的近似圆形孔。其后,各架的孔型依次为椭圆、圆、椭圆、圆……,椭圆孔轧制后,均扭转 90°进入下架圆形孔。对于平 - 立交替布置的粗、中轧机组则不存在轧件扭转的情况。

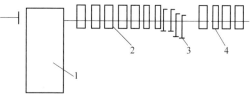

图 2 – 3　粗、中轧机组工艺布置
1—步进式加热炉;2—粗轧机组;3—切头剪;4—中轧机组

2.4.2　粗、中轧区的设备布置与参数

2.4.2.1　出炉拉料辊的作用

将由出钢机自加热炉推出或由炉内出炉辊道送出的钢坯继续从加热炉里拉出,并以大于第一架粗轧机轧入的速度将钢坯推入第一架粗轧机进行轧制;一旦钢坯被粗轧轧辊咬入,拉料辊即

停止强制送进,仅作为托辊以与轧入相同的速度继续将钢坯送入粗轧机;当粗轧机组出现故障时,拉料辊将已切断而尚未轧入的钢坯退回加热炉。

2.4.2.2　出炉分钢器的作用

将出炉的钢坯分别依次导入多线线材轧机的各条轧线,并尽可能提高轧槽利用率。分钢器不仅有对钢坯的分别导向作用,而且要解决一条轧线上正在轧制但尚未全部出炉的钢坯对准备送往另一条轧线的钢坯出炉的干扰问题。为此,通常分钢器具有将钢坯前端沿垂直于轧制线方向平面横移的导向功能,和在钢坯前端被轧入后能将炉内的钢坯尾部抬起,使下一根钢坯能向出炉位置移动的抬升避让功能。

2.4.2.3　轧机

虽然国内各高速线材厂的粗、中轧机各有特点,但轧机主要结构如牌坊、轧辊及其轴承、上辊平衡机构、压下机构、轧辊轴向压紧及调节机构等在原理上是大同小异的。在这里主要以二辊水平式轧机为例,介绍轧机各主要构成部分。马钢高速线材厂的二辊水平轧机如图2-4所示。

图 2-4　二辊水平轧机

1—机架(牌坊);2—上轴承座;3—下轴承座;4—侧向压紧夹板;5—压下装置;6—拉杆;
7—轧辊;8—轧辊扁头;9—机架夹紧装置;10—轧辊托架;11—托架滑道;
12—上辊平衡装置;13—防护罩盖

　A　机架(牌坊)

机架由两个框架状的轧机牌坊联结而成。轧机牌坊的敞开部分叫做"窗",在这个"窗"中安装轧辊的轴承座。

通常高速线材粗轧机采用闭式机架,这是因为闭式轧机具有刚性大的优点。二辊机架牌坊通常由铸钢铸造而成,也可用厚钢板焊接而成,后者的强度与刚性较好,并且具有体积小,重量轻的优点。

B　轧辊

a　轧辊基本结构分为3个部分

即辊身、辊颈、辊头,如图2-5所示。辊身是轧辊与轧件直接接触的工作部分,型钢轧机的轧辊辊身是圆柱体,上面车有孔槽。辊颈是轧辊的支撑部分,轧辊是依靠辊身两侧的辊颈而支撑在轴承上。辊身和辊颈交界处由于断面变化可能成为应力集中的地方,容易断裂。所

图2-5　轧辊各部分名称

以,为了提高轧辊强度,交界处应有适当的过渡圆角。轧辊的辊头具有连接传动接轴、传递轧制力矩的作用。

b　轧辊直径

粗轧机组轧辊辊身直径一般为轧件平均高度的4~5倍,这不仅是为了有足够的强度和刚度以及咬入能力,也是为了轧制时的变形渗透,以避免轧件端部出现由表面变形造成的双叉鱼尾状,而在继续轧制时发生顶撞入口导卫的故障。例如,大多以(120mm×120mm)~(160mm×160mm)断面钢坯为原料的线材粗轧机组的前4架轧机轧辊辊身直径为ϕ530~650mm,后3~5架轧机轧辊辊身直径为ϕ450~480mm(均指新辊)。

为保护正常轧制所必需的强度、刚度及咬入能力等条件,高速线材轧机中轧机组轧辊辊身直径为:单线或双线轧机D=350~380mm;三线或四线轧机D=420~480mm。轧辊辊身长通常为轧辊直径的1.8~2.0倍,对于悬臂辊轧机辊环宽约为辊环直径的0.45倍。

C　轧辊平衡装置

轧辊平衡装置起着平衡上辊及其轴承座重量的作用。有些高线厂使用了Jarret缓冲器(见图2-4),这是一种平衡弹簧,具有体积小,寿命长和使用方便等优点。

D　轧辊水平调整装置

轧辊的水平调整包括轧机中心线的标高调整和上、下辊间距的调整。轧机中心线的标高通过改变下轧辊轴承座底部的垫块厚度来调整;上下辊的最大间距(即备用轧辊在安装进入机架前的辊间距值)是由改变上辊平衡器的垫片厚度来设定。随着轧辊轧槽使用后的重新加工,轧辊直径递减,下轴承座底部的垫块须逐渐垫高,而上辊平衡器的垫片则相应地要降低,以补偿辊径减小对轧机中心线标高的影响。这两种垫片的设定安装均在生产准备车间进行。在现场如发现下辊不水平或轧辊总成的高度过高,即上轴承座的上端过于接近机架窗口上沿,则可能是上述垫块高度设定不正确所致。

E　轧机的压下装置

轧机的压下装置是实现上辊压下,调整辊缝的机构。压下装置的形式有电动压下、液压压下、气动压下和手动压下几种。在高速线材轧机上多采用电动压下或者气动压下形式,辅以手动压下。电动和气动压下装置的压下调整速度快、省时省力,用于辊缝的粗调;而手动压下是用于对辊缝进行微量的精确调整。不论采取何种方式,均要求调整后,轧辊两侧的辊缝相等。

粗轧机轧辊径向调整量较大,一般为轧辊直径的15%左右。

F　轧辊的轴向调整装置

轴向调整的目的是使轧辊沿轴向移动,实现上下轧辊的孔型对中一致,消除错辊现象。轴向调整装置采用轴承座端头调节螺栓和侧压板两种。调整方法是以某一个轧辊为基准,给另一个轧辊以作用力,使其沿轴向移动达到孔型对中一致。使用滚动轴承时,以增减轴承箱中止推垫片

的厚度来调节轧辊的轴向位置。

粗轧机组的轧辊轴向调整量为 ±2 ~ 3mm,这样的调整量对于在线材粗轧中无不均匀的轧辊轴向磨损的对称轧制,足以满足装配时的轧辊孔型对中调整。

2.4.2.4　导卫装置及导槽

导卫是引导轧件在轧制过程中始终按预定的方位进出孔槽的装置。导卫装置按用途可分为滑动导卫、辊式入口导卫、辊式出口扭转导卫等。滑动导卫用于方、圆轧件的导向;辊式入口导卫用于扶持椭圆轧件以正确方位(立椭圆的状态)进入轧槽;辊式扭转导卫用于水平布置的椭孔机架出口轧件的扭转导向(扭转90°)。平 – 立交替布置的粗、中轧机组不需扭转导卫。粗轧机组前几架的间距较大,因而设置有过桥导槽;此外,在剪机和机组之间也设置有过桥导槽来实现轧件导向。

如图 2 – 6 所示的是某高速线材厂生产线的粗轧机组导卫在轧机上的布置安装情况:椭圆轧件来料,经 A 机架辊式入口导卫的导卫副,进入 A 机架轧制成圆轧件;之后圆轧件通过 A 机架的滑动出口导卫、过桥导槽及 B 机架的滑动进口导卫进入 B 机架轧制,轧成椭圆轧件;椭圆轧件经 B 机架出口的辊式扭转导卫扭转90°后再进入下面的辊式进口导卫和下架轧机……。

图 2 – 6　导卫与轧机的布置

2.4.2.5　冷却水系统

轧槽和辊式导卫的导辊都长时间与高温轧件直接接触,故需要充足的冷却水带去热量,以保护轧槽表面和保证轧机的正常运行。操作工要定期点检冷却水压和各供水点的畅通情况。

2.4.2.6　导辊润滑系统

粗、中轧机辊式导卫的润滑通常采用油雾或油气润滑。油雾和油气润滑,是使用充分清除了水分、灰尘等异物的压缩空气将油雾化,然后使这种油雾与空气的混合物强制性地通过专门管路输入轴承内部的润滑方式。两者都具有省油、润滑效果好等优点,而后者又具有避免油雾外逸污染的优点。实际生产中,如果润滑油气供给不正常,就会损坏导辊轴承。现场统计数据表明:在导卫、导辊采用超硬合金制造后,导卫的更换常常不是因为导辊本身的寿命问题,而是由轴承寿命来决定的,因此,生产中经常检查导卫、导辊的润滑情况就尤为重要。

2.4.2.7 换辊装置

粗、中轧机换辊基本上有三种方式:
(1) 采用整机架换辊的方式;
(2) 采用 C 形钩换轧辊的方式;
(3) 采用专用换辊小车换轧辊的方式。

整机架换辊应用广泛,它的优点是换辊时间短,轧机作业率高,缺点是设备投资大,需要准备一定数量的备用机架,在准备车间事先将轧辊及导卫装置预装好。C 形钩换辊装置结构简单、成本低,以往设计的轧机一般采用此种装置,但不足之处是轧辊与机架的装配和轧辊辊头与传动轴的装配过程中操作较困难和费时。换辊小车方法是将上、下轧辊及其轴承座当作一个整体来更换(见图 2 - 7),由于小车使用方便,定位准确,操作时不会因吊运轧辊失误造成辊头与机架窗口等撞击而损伤设备,故得到普遍采用。换辊小车由轧辊托架滑道和驱动装置构成,结构如图2 - 7所示。

图 2 - 7 粗、中轧机的换辊小车
1—推拉螺杆;2—换辊小车;3—轧辊托架;4—安装前的轧辊;5—驱动机构;
6—轧辊托架滑道;7—定位销;8—安装后的轧辊

不同规格的轧机使用不同规格的换辊小车,因此,每一种规格的机架须配置一台换辊小车。

2.4.2.8 剪机

在粗、中轧区,按照其工艺布置特点,一般设有两台剪机:一是加热炉与第一机架间的事故卡断剪;二是粗轧机组后的飞剪。

A 事故卡断剪

事故卡断剪的作用是当轧制过程中出现事故时将已经进入粗轧机组的钢坯切断并阻止钢坯继续进入粗轧机,以防止事故扩大。在试轧时,为节约原料,也使用卡断后的短坯轧制。

粗轧机前事故剪一般为摆动剪,通常依靠电动、气动或液压驱动使上下剪刃摆动闭合,但切入钢坯,完成卡断动作的动力是借助于轧机对钢坯的拖拽力。因此,在钢坯还未咬入第二机架之前,不能启动该事故卡断剪,否则可能因轧件无足够的拖拽力,而造成剪刃卡在钢坯内切不断钢坯。

　　B　飞剪

　　飞剪布置在粗轧机组后面,剪切轧件的头部和尾部,切头、尾长度一般为 70~200mm,以便轧件顺利轧入中轧机组,避免在粗轧后的轧制过程中出现轧制事故;在粗轧以后出现轧制事故时,用这个剪子将粗轧机组轧出的轧件连续切成小碎段,以防止事故扩大。对于易切削钢等容易劈裂的钢种则进行多次切头。飞剪事故的剪切动作为自动控制或主控台手动控制。

　　切头及碎断剪通常由三部分组成,即:剪前的夹送辊装置,用于将粗轧机组轧出的轧件尾部继续送到飞剪处切成碎段;飞剪,用于切断运行中的轧件;切头及碎段收集装置。

2.4.2.9　现场操作柜

　　在粗、中轧机组机旁,设有现场操作柜,以进行机旁的操作控制。在操作柜上一般布置有轧机事故停车、冷却水开关、机架横移和固定以及传动接轴点动爬行旋转等各种操作控制开关。

2.5　预精轧的工艺和设备类型及参数

2.5.1　预精轧的生产工艺

2.5.1.1　预精轧的作用

　　预精轧的作用是继续缩减中轧机组轧出的轧件断面,为精轧机组提供轧制成品线材所需要的断面形状正确、尺寸精确并且沿全长断面尺寸均匀、无内在和表面缺陷的中间料。

2.5.1.2　对预精轧轧后轧件尺寸的要求

　　高速无扭线材精轧机组是以机架间轧辊转速比固定,通过改变来料尺寸和不同的孔型系统,以微张力连续轧制的方法生产诸多规格线材产品的。这种工艺装备和轧制方式决定了精轧的成品的尺寸精度与轧制工艺的稳定性有紧密的依赖关系。实际生产情况表明精轧 6~10 个道次的消差能力为来料尺寸偏差的 50% 左右,即要达到成品线材断面尺寸偏差不大于 ±0.1mm,就必须保证预精轧供料断面尺寸偏差值不大于 ±0.2mm。如果进入精轧机的轧件沿长度上的断面尺寸波动较大,不但会造成成品线材沿全长的断面尺寸波动,而且会造成精轧的轧制事故。为减少精轧机的事故一般要求预精轧来料的轧件断面尺寸偏差不大于 ±0.3mm。

2.5.1.3　预精轧机组采用无扭轧制

　　预精轧的 2~4 个道次,轧件断面较小,对张力已较敏感,轧制速度也较高,张力控制所必需的反应时间要求很短,采用微张力轧制对保证轧件断面尺寸精度和稳定性已难以奏效了。自 20 世纪 70 年代末期高速线材轧机预精轧采用单线无扭无张力轧制,对应每组粗轧机设置一组预精轧机,在预精轧机组前后设置水平侧活套,而预精轧道次间设置垂直上活套。这种工艺方式较好地解决了向精轧供料的问题。

　　实际生产情况说明,预精轧采用 4 道次单线无扭无张力轧制,轧制断面尺寸偏差能达到不超过 ±0.2mm,而其他方式仅能达到 ±0.3~0.4mm。

　　20 世纪 80 年代后期,专营线材轧机的几个大公司把高速无扭精轧机技术移用于预精轧,即用一组集体传动的无扭悬臂辊轧机实现短机架间距无扭微张力轧制,同样为了工艺稳定,辊环采用高耐磨材料制作。这样的工艺和设备条件,改变规格是通过调整中轧来料断面实现的。推出这种预精轧技术的有摩根 V 型预精轧机组和德马克平 – 立预精轧机组。

2.5.1.4 设置轧件水冷装置

对于高速线材轧机,在预精轧阶段由于轧制速度已较高,轧件的变形热已大于轧件在轧制及运行过程中传导及辐射的散热量,轧件温度在此阶段开始升高,随轧速的增加轧件温度也急剧升高。为避免轧件由于温度过高金属组织与塑性恶化,造成成品缺陷,也为了防止轧件由于温度过高屈服极限急剧降低而过于软,软的小断面轧件在穿轧运行中易发生堆钢事故。在精轧轧出速度超过85m/s的线材轧机的预精轧阶段,有的就设置轧件水冷装置对运行中的轧件进行冷却降温。

2.5.1.5 切头、尾

为保证轧件在精轧的顺利咬入和穿轧,预精轧后轧件要切去头尾冷硬而较粗大的端部,切头长度一般为500~700mm。

当预精轧及其后步工序出现事故时,预精轧前的轧件应被阻断,预精轧机后的轧件要碎断,以防止事故扩大。

2.5.1.6 以马钢高速线材厂为例说明预精轧的工艺过程

马钢高速线材厂选用4机架组成的预精轧机组,如图2-8所示。顺轧制方向机架号依次为12号~15号。

图2-8 预精轧机组的工艺流程图
1—水平活套器;2—卡断剪;3—立活套器;4—中间水冷箱

轧制工艺过程如下:来自中轧机的圆轧件(双线),通过分线导槽分别导入A线和B线预精轧机组。当轧件被咬入12号机架后,该轧机自动降低速度,轧件在侧活套扫描器中形成活套。当轧件被咬入13号机架后,该轧机自动降低速度,在12号与13号之间,轧件在起套辊的辅助下形成立活套。13号~14号、14号~15号与此相同。活套量的控制是通过活套扫描器检测信号和活套控制器输出信号来修正各架电机的转速实现的。从15号机架出来的轧件,穿过中间水冷箱,进入精轧区。当一根轧件快轧完时,活套收小防止甩尾。这是通过自动控制上一机架降低速度来实现的。

2.5.2 预精轧机的设备类型、参数与布置

2.5.2.1 预精轧机

预精轧机:
(1)形式:

12 号 H   13 号 V   14 号 H   15 号 V

水平式   立式   水平式   立式

（2）结构特点。辊环直径为10″辊环悬臂轧机（ϕ255～285mm），前后机架轧辊轴线互成90°，并且轧辊轴的两个支撑轴承同在辊环的一侧，辊环悬臂安装（见图2-9），机架为铸钢结构。

图 2-9　辊环悬臂示意图

（3）轴承。辊环端为油膜轴承，稀油循环润滑。另一端为双列锥柱轴承，可承受轴向推力。

（4）减速箱。有平行轴传动箱和垂直轴传动箱。均由斜齿轮传动。

（5）润滑。采用稀油循环润滑。

（6）传动方式。各机架由直流电机单独传动。

（7）传动形式。电动机→齿轮联轴节→减速箱（13V、15V 为螺旋伞齿轮传动，12H、14H 为斜齿轮圆柱齿轮传动）→中间联轴节→轧辊轴。

2.5.2.2　辊环

内孔以轧辊轴为支撑，外圆周上刻有孔槽，直接与轧件接触作为变形用工具的环形工件称辊环。上下轧槽构成一个完整的孔型。

辊环上一般刻有 1～2 个轧槽（见图2-10）。

两个轧槽之间有一个间隔带，以保证辊环的强度。轧槽数是根据孔型的宽度而定的。在实际生产中，每次只使用一个轧槽。当轧制到一定吨位时，轧槽磨损后就要更换下来重新车削或修磨。有两个轧槽的辊环，两槽可交替使用。

轧辊轴的工作面和锥形衬套的内表面是锥度相同的圆锥面，锥套的外表面是一个圆柱面，与辊环内孔接触（见图2-11）。

图 2-10　辊环上的轧槽

图 2-11　辊环安装示意图

对锥面的粗糙度和形状尺寸，有非常严格的要求，通过"着色"检查，如果接触面积低于75%，此轧辊轴或锥套就需要修复或报废。辊环安装是通过锥形衬套被液压顶紧后产生的径向力把辊环固定在轧辊轴上的。

辊环安装时，保证被使用轧槽的中心线应与轧制中心线重合。

2.5.2.3 导卫

预精轧机区的导卫有两种:一种是滚动导卫,一种是滑动导卫。所谓滚动导卫,就是轧件靠导辊来夹持,轧件与导辊之间是滚动摩擦,导辊中的轴承采用油气润滑。滚动导卫具有许多优点:

(1)轧件擦伤小;

(2)轧件夹持较稳;

(3)不易"粘铁";

(4)使用寿命长;

(5)适用于高速轧制等。

在椭-圆孔型系统中,滚动导卫主要用在椭圆轧件进圆孔的机架上。椭圆轧件在圆孔中轧制,如果没有夹持,就容易产生倒钢。其他机架装的都是滑动导卫(见图2-12)。

图 2-12 导卫布置

2.5.2.4 侧活套器

侧活套器的技术参数有:

(1)水平活套与轧制线水平夹角为35°;

(2)活套量为300mm;

(3)气缸气压为0.6MPa;

(4)气缸行程为585mm。

在11号与12号之间有一水平活套器。水平活套器为钢焊接结构。它是由底板、横梁、导槽盖、保护罩、侧板、导向辊、活套检测器和气缸组成,如图2-13所示。侧活套的作用是在中轧机末架和预精轧机之间实现无张力轧制。

图 2-13 侧活套器

在整个轧制过程中,固定 11 号机架的速度,11 号机架称为基准机架。活套控制从 11 号机架沿下游方向进行调节。轧件到来之前,导槽盖是放下的,它与底板构成一方截面弧形导槽。轧件穿过此槽被咬入 12 号机架,同时,活套检测器从导槽盖上一检测孔测到红钢,导槽盖立即被气缸抬起,12 号机架的轧制速度相应地降低,轧件在侧向分力 F_2(见图 2 – 13)的作用下隆起从而形成活套。活套扫描器连续控制活套量的大小,活套量控制在 300mm 左右。当轧件的尾部被10 号机架后光电管测到时,开始收尾控制,将活套收掉,导槽盖放下(恢复原来状态),完成一根钢的整个轧制过程。

2.5.2.5　立活套器

在预精轧机每架之间装有立活套器。在立活套器的进出口处各有两个导向辊,在入口侧有一个气缸驱动的摇臂式起套辊,如图 2 – 14 所示。当无轧件时,起套辊位置在轧线之下。来自上一轧机的轧件被活套检测器检测到信号之后,进入下一机架。与此同时,下一机架作相应的降速,同时起套辊升起帮助形成立活套。这些过程都是由程序计算机来控制完成的。为了防止甩尾,在轧件尾部通过某架轧机之前,相邻的上游机架必须降速,收小活套。当 12 号机架前的活套检测器检测到轧件尾部时,12 号机架的轧制速度降低,使 12 号与 13 号机架之间活套逐渐减小,同时起套辊落下复位。在此同时,13 号机架速度被“封锁”,以免改变下游机架的速度。当 12 号与 13 号机架之间的活套扫描器检测到轧件尾部时,13 号机架的轧制速度降低……。各架重复上述过程,从而完成整个预精轧区的各个立活套的收套过程。

图 2 – 14　立活套器

技术参数:

活套量为 300mm

气缸行程为 200mm

气缸气压为 0.6MPa

2.5.2.6　卡断剪

卡断剪是由机座、刀杆、刀片和气缸组成的。

技术参数:

刀片材质为 X30WCrV53

刀片寿命约为 0.5a

最大剪切断面为 638mm²

最低剪切温度为 900℃

剪切强度为 150Pa

气缸行程为 70mm

气缸气压为 0.6MPa

卡断剪位于水平活套器和预精轧机组
12 号之间。当预精轧机发生轧制故障时,气
缸动作,通过连杆机构将刀刃卡在轧件上,
靠轧件向前拽的力量,而把刀刃搋入轧件,
将轧件卡断(见图 2 – 15),阻止后面的轧件
继续进入轧机。当预精轧机需要换辊、换导
卫或班中检查时,应将卡断剪闭合,防止轧
件进入轧机,确保生产安全。

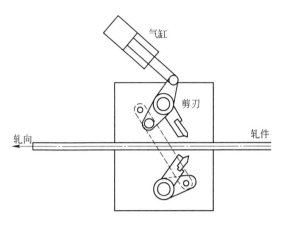

图 2 – 15　卡断剪机

2.5.2.7　中间水冷箱

在预精轧机之后,装有大约长 5m 的中
间水冷箱。箱内装有 4 个冷却喷嘴,1 个清
扫喷嘴。冷却水压力为 0.6MPa,清扫水压
力为 1.2MPa,降温能力约 50℃。

这个水冷箱主要用于降低轧件的温度。以利于精轧机内小断面轧件的顺利穿行;降低中轧
温度而改善成品组织性能;分担了轧后水冷段的降温负荷。

2.5.2.8　机旁操作柜

机旁操作柜是在脱离主控台的控制下,用于现场进行换辊、换导卫、试轧小样、处理轧制故障
时使用的控制柜。其主要有以下功能:轧机状态控制(在现场或在主控台)、机架选择、点动爬
行、冷却水控制、紧急停车、卡断剪控制、信号灯指示。

2.6　精轧的工艺和设备类型及参数

2.6.1　以马钢高速线材厂为例说明精轧机组的生产工艺特点

2.6.1.1　工艺设备布置

在预精轧机的中间水冷箱之后,布置的设备有飞剪、转辙器、碎断剪、夹尾器、水平活套台、气
动卡断剪、精轧机组。轧后为控冷区的水冷段,如图 2 – 16 所示。在这个区段,与预精轧机相同,
都是单线轧制。

图 2 – 16　精轧区工艺设备布置

2.6.1.2　工艺过程

来自预精轧机的轧件在飞剪处切头(切头长度 800mm 左右)后,轧件被抬高 35mm,经转辙器、夹尾器、水平活套器、卡断剪进入精轧机组。当轧件被精轧机组第一机架咬入,精轧机自动降速,轧件在水平活套台形成活套。套量为自动监视控制。轧件经过无扭微张力轧制成 $\phi5.5 \sim 16mm$ 的线材。当轧件尾部脱离 15 号后,夹尾器夹住轧件防止甩尾。

如果精轧机本身或精轧以后区域出现故障,则飞剪动作。后续的轧件经过转辙器导向碎断剪碎断。

2.6.1.3　轧制事故的自动监测系统和测径仪

A　轧制事故自动监测系统

由于种种原因,在精轧机内会发生堆钢事故。为保护辊环和轧机设备不遭损坏,堆钢之后该系统立即自动启动飞剪和卡断剪,阻止更多的轧件进入轧机,这是通过两种方法实现的。

(1)热金属检测器。在精轧机 16 号前、25 号后及水冷段入口处各有一个热金属检测器,如图 2 – 17 所示。

当 A 测到轧件时,计算机存储一个信号,当 C 测到轧件时,再给出一个信号。如果 A、C 信号的时间差与该速度下轧件通过这段距离计算出的所需时间相符,说明轧制正常。否则,表明轧机间已有堆钢,需立即启动剪机,阻止后面的轧件进入轧机。

图 2 – 17　精轧机热金属检测
器示意图

A、B、C—热金属检测器

热金属检测器 B 瞄准点偏离轧线,在轧制正常情况下,是测不到轧件的。一旦在废品箱内堆钢,B 就能测到轧件,立即启动剪机,阻止来料。

上述自动检测和控制,都是通过计算机来实现的。

(2)报警用尼龙线,俗称"钓鱼线"。为保险起见,在精轧机内与轧制线平行拉一根细尼龙线,一头固定,一头拴在重锤上。无论是在轧机间还是在废品箱中堆钢,红钢都会将钓鱼线烧断,重锤落下,发出信号,立即启动剪机碎断来料。

B　测径仪

随着轧制速度的不断提高和盘重的增加,操作工迫切地需要立即知道所轧成品的断面尺寸和形状。因为一旦出废品(耳子、尺寸超差等),就会造成几吨甚至十几吨的废品。而测径仪则能够为操作工提供成品信息。

测径仪安装在精轧机的出口处。它有一数字显示器和图像显示屏,可直接为操作工提供成品尺寸和断面形状信息。

2.6.1.4　孔型布置

孔型具体布置如下:

机架号	16 号	17 号	18 号	19 号
孔型形状	椭	圆	椭	圆

机架号	22 号	23 号	24 号	25 号
孔型形状	椭	圆	椭	圆

以椭-圆孔型系统轧制多规格产品,为使每个偶数道次均可作为成品道次(本机组可以在25号、23号、21号、19号机架直接轧出各种规格的成品),相邻偶道次即圆孔型间的轧制延伸系数为近似值,其间差异率不大于1.1%。在相邻的椭孔及圆孔间变形分配上有两种做法:一种是椭孔变形较大,道次延伸系数为1.27左右,而圆孔变形较小,道次延伸系数为1.23左右,其指导思想在于以较小的变形保证圆孔轧出成品的尺寸精确性;另一种是椭孔变形较小,道次延伸系数为1.22左右,而圆孔变形较大,道次延伸系数为1.28左右,其依据的道理是圆孔限制宽度作用强,延伸效率高,金属无效的附加流动少,附加摩擦小,而单位延伸变形能耗低,当采用高耐磨材质的轧辊时,变形量的大小不是影响成品尺寸精度的主要因素。生产实践说明这两种变形量的分配在轧制稳定和产品尺寸的精度上并无差异。

2.6.1.5 特点

(1)该机组实现了无扭轧制。机组中,轧辊轴与水平面交角45°,相邻轧机辊轴交角90°,取消了扭转装置,实现了无扭轧制,为高速情况下的稳定轧制提供了条件。

(2)传动比设计与孔型设计的精确配合,是机组内微张力轧制的前提。固定道次间轧辊转速比是在单独调整速度传动动态性能已满足不了高速轧制条件的情况下,保证连续轧制正常的唯一可选择的途径。合理的孔型设计和精确的轧件尺寸计算,配合以耐磨损的轧槽,是保证微张力轧制和产品断面尺寸高精度的基础条件。

(3)在轧机设计中,取消了接轴或联轴器,采用精密螺旋伞齿轮与轧辊齿轮轴直接啮合连接,代替了普通轧机上的万向接轴。设备精度高、刚性好。从而减小了线材尺寸的波动。

(4)精轧机组采用直径为142~210mm的碳化钨辊环。碳化钨材料具有极好的耐磨性能,热冲击性能也相当好。孔槽几乎无磨损,保证了生产过程中轧件红坯尺寸的稳定,简化了轧机调整工作。

(5)采用小辊径碳化钨辊环另一个特点是变形效率较高。相对于老式线材精轧机所用的较大辊径,其轧制力及力矩较小,变形效率较高(即宽展小而延伸大),常给予较大变形量,一般平均道次延伸系数为1.25左右。

(6)轧件的冷却。高速无扭线材精轧机组为适应微张力轧制,机架中心距都尽可能小,以减轻微张力对轧件断面尺寸的影响。在短机架中心距的连续快速轧制中,轧件变形热造成的轧件温升远大于轧件对轧辊辊环、导卫和冷却水的热传导以及对周围空间热辐射所造成的轧件温降,其综合效应是在精轧过程中轧件温度随轧制道次的增加和轧速的提高而升高。当精轧速度超过85m/s之后轧件温度将升至1100~1200℃,轧件的σ_s值急剧降低至10~30MPa,轧件刚性很低,在精轧道次间和出轧后到吐丝机的穿越过程中稍有阻力即发生弯曲堆钢,甚至吐丝时未穿水冷却的头尾段因过于柔软而不规则成圈,无法收集。为适应高速线材精轧机轧件温度变化的特点,避免因轧件温度升高而发生事故,当精轧速度超过80m/s时,在精轧前和精轧道次间专门设置轧件水冷,使精轧轧出的轧件温度不高于950℃。精轧前及精轧道次间进行轧件穿水冷却,用以实施对轧件变形温度的控制是进行控轧的重要手段。

由于精轧机具备上述一些优点,给操作和调整带来了许多方便,并提高了产品质量(成品尺寸偏差不大于±0.1mm)。

2.6.2 以马钢高速线材厂为例说明精轧机组的设备类型、参数与布置

2.6.2.1 无扭悬臂精轧机

型式:8″×2/(6″×8),10架45°悬臂无扭重载型摩根轧机。

　　结构特点:一个整体焊接结构的 10 机架底座。各机架轧辊轴线分别与水平呈正负 45°布置,相邻机架互成 90°。轧件可进行无扭轧制。

　　每架机架由两个铸钢箱体组成,一个齿轮传动箱体,另一个带有齿轮的轧辊轴的凸缘箱体。伞齿轮传动一对圆柱齿轮,分别与轧辊轴上的齿轮相啮合以实现两辊轴同步运转。

　　轧辊轴安装在偏心套内。通过人工调整螺杆、螺母,实现偏心套在箱体支撑孔的偏转,从而调整两辊轴间距,作对称于轧制线的辊缝调整。调整工作是在防护罩外面进行,既安全又简便。辊环径向胀紧,因而在换辊时辊环就高度精确地安装在辊轴上,故不需要进行轴向调整。

　　轧辊轴悬臂端由多层滑动轴支撑。另一端由精密滚珠轴承支撑。传动齿轮轴由精密的减摩轴承作径向和轴向支撑。

　　上、下伞齿轮长轴通过圆柱齿轮增速,同步运转,分配上、下长轴不同转速。再通过五对不同速比的伞齿轮传动,以 10 种速比将主电机传动分配在 10 架轧机上(见图 2 - 18)。

图 2 - 18　精轧机传动示意图

　　主要技术参数:

机架间距:	800/750mm	
	8″机架	6″机架
辊轴距:	215 ~ 189.5mm	161.4 ~ 143.4mm
偏心套偏心距:	14.3mm	9mm

辊缝调整螺杆每转 900 对应的辊缝调整量:

	0.085mm	0.068mm

辊环尺寸(mm):φ210.5 ~ 189.5/φ120.65 × 72　　φ158.75 ~ 142.88/φ87.313 × 62

卸辊工作压力:0 ~ 70MPa

装辊工作压力:40MPa

主电机容量(DC):2100kW × 2

转速:600 ~ 1000r/min

润滑方式:稀油循环润滑

导卫、辊环冷却水压力:0.6MPa

2.6.2.2　辊环

　　精轧机组是由集体传动,所以对配辊的要求较高。因此,辊环重新修磨后,必须严格根据秒流量相等的连轧原理配辊。前后机架间辊径差一般不应大于 0.2 ~ 0.6mm。

　　精轧机的辊环固定原理与预精轧机相同。

　　精轧机组的前两架为 8″辊环,后八架为 6″辊环。

2.6.2.3　导卫及导卫支座

　　精轧机组导卫有两种,一种是滚动导卫,一种是滑动导卫。第 17 号、19 号、21 号、23 号、

25 号圆孔的入口导卫是滚动导卫,其余的是滑动导卫。

滚动导卫将在专门章节中详细介绍。这里介绍一下精轧机上的几种导卫支座。

A 滚动导卫支座

椭圆轧件进圆孔,对轧件的夹持和对中要求较高(同一个光学导卫仪用于 6″和 8″机架两种场合)。因此,其导卫支座必须可调,如图 2-19 所示。

图 2-19 滚动导卫支座结构示意图
1—机架;2—辊环;3—此面用于 8″机架;4—调整螺栓;5—此面用于 6″机架

调整方法是,把光学导卫仪放在支座上(键槽与键相吻合),通过调整螺母和内六角螺栓,可横向调整支座中心线,将导卫支座对中。在校准 8″机架导卫支座时,只需在支座上加块 9mm 厚的固定垫片即可。8″和 6″机架使用同一种导卫支座(这可减少备品数量),只是使用不同的面而已。

B 滑动导卫支座

精轧机组所有的出口导卫都是能在发生堆钢时自动脱落,以避免轧件在辊环与导卫之间堆积而造成辊环碎裂。

从图 2-20 中可以看出,当轧件在辊环与导卫接口处堆钢时,导卫在前推力的作用下滑至支座凹槽处,卡紧螺栓失去对导卫的夹持作用,使导卫脱落。

C 事故翻转导槽

在精轧机组 25 号出口处有一废品箱,箱内装有事故翻转导槽,如图 2-21 所示。当水冷段、

图 2-20 出口导卫支座

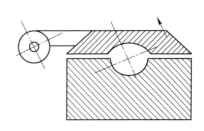

图 2-21 事故翻转导槽

吐丝机出现故障,后续轧件出 25 号导槽后在事故翻转导槽中打结堆钢将盖板顶开,以保护辊环和导卫。

2.6.2.4　飞剪(回转剪)

形式:启 – 停式。

作用:在精轧机前进行切头和事故分隔剪切。在剪切的同时,将后面的轧件抬高 35mm,以便于进入转辙器。

结构:回转轴带有刀架和特殊刀片,机座机盖和组件为焊接结构。

技术参数:

剪切断面	470mm²
剪切速度	12m/s(max)
剪刀起始位置	90°
最低剪切温度	900℃
电机功率	30kW
刀片材质	X30WCrV53
刀片使用寿命	约 1/2a

2.6.2.5　转辙器

转辙器位于回转剪之后。其作用是将轧件转送给精轧机或拨至碎断剪。

结构:转辙器支架和机座为焊接结构,铰接的转辙器本体为球墨铸铁。转辙器由气缸驱动,如图 2 – 22 所示。

动作过程:当轧件被切头时,转辙器气缸活塞处于 1 位,通道 A 对向精轧机,切头落入 C,同时把轧件抬高 35mm,通过转辙器 A 位导入精轧机。当轧件被咬入精轧机之后,转辙器气缸活塞运动到 2 位,通道 B 对向碎断剪。如果精轧机以后某段出事故,就可以立即启动剪

图 2 – 22　转辙器

机(转辙器不动),分隔轧件,后续轧件经通道 B 导向碎断剪碎断。同时,当轧件进入碎断剪后,转辙器活塞又返回 1 位对向精轧机。如果事故在很短的时间内能处理完,启动剪机分隔轧件后,剩余的轧件可继续经 A 通道导入精轧机。

技术参数:

转辙器摆动角	10°
气缸行程	80mm
压缩空气	0.6MPa

2.6.2.6　夹尾器

在转辙器之后,水平活套器之前,装有一个夹尾。轧件尾部脱离预精轧机时,夹尾器夹住轧件,防止甩尾。

结构:两个上辊为固定辊,一个可气动升降的下辊。这三个辊子都是带有孔槽的自由辊。辊子轴承由油 - 气润滑,如图 2 - 23 所示。

技术参数:

辊子直径	165mm
气缸压力	0.2 ~ 0.3MPa
气缸行程	155mm
压缩空气	0.6MPa

2.6.2.7 水平活套器

图 2 - 23 夹尾器

水平活套位于精轧机组之前。其作用是实现精轧机和预精轧机之间的无张力轧制。

结构:活套底盘有焊接结构的保护罩和侧壁。导向臂带有起套辊,由气缸驱动。还有 3 个导向辅助辊,采用油 - 气润滑,活套量由活套扫描器输出信号控制,如图 2 - 24 所示。

动作过程:轧件未被精轧机咬入之前,起套辊在轧制线内侧。当轧件被精轧机咬入后,精轧机瞬时降速,起套辊动作,使轧件形成水平活套。

技术参数:

图 2 - 24 水平活套器
1—轧件;2—气缸;3—起套辊;4—导向辊

活套量	300mm
气缸气压	0.6MPa
气缸行程	240mm

2.6.2.8 卡断剪

卡断剪位于精轧机入口处,作事故剪切并封锁入口通道,它与精轧机箱盖连锁,在其开启时阻止轧件进入精轧机,起了防护挡板的作用,工作原理与预精轧机前卡断剪相同。

结构:卡断剪由机架、刀杆、刀片、气缸和轧件导卫组成。支座为焊接结构。

技术参数:

剪切断面	380mm^2
最低剪切温度	900℃
气缸行程	60mm
气 压	6bar(6×10^5Pa)
刀片材质	X30WCrV53
刀片寿命	0.5 ~ 1a

2.6.2.9 碎断剪

碎断剪位于转辙器之后,轧机平台之下。当精轧机以后各段发生故障时,飞剪切断轧件,后续轧件由转辙器导向碎断剪,将轧件切成碎段。

结构:剪机机架和导管为铸钢,装有两个刀架,每个刀架上有 3 个刀片。剪机可同时剪切(A、B 线)两根轧件。

技术参数：

剪切断面	$2 \times 470 mm^2$（$\phi 24.5 mm$）
剪切速度	最大 12m/s
刀片材质	VACWMDT ATS340
刀片使用寿命	约 0.5a
最低剪切温度	900℃
剪切长度	400mm
电机功率	40kW
齿轮润滑方式	油溅润滑

2.6.2.10　机旁操作柜

精轧机机旁配置有操作柜,其作用与预精轧机的操作柜相同。主要功能为:轧机状态控制开关、点动爬行、卡断剪控制开关、事故紧急停车、防护罩开关、冷却水控制开关等。

复习思考题

2-1　了解线材的概念和规格。

2-2　了解线材的用途。

2-3　了解高速线材产品的特点。

2-4　了解高速轧机线材生产的工艺特点。

2-5　了解高速轧机粗、中轧的主要功能和轧机的布置。

2-6　了解高速轧机粗、中轧的工艺过程。

2-7　了解高速轧机粗、中轧区的设备情况。

2-8　了解高速轧机预精轧的工艺过程。

2-9　了解高速轧机预精轧的设备情况。

2-10　了解高速轧机精轧区的工艺过程及设备布置情况。

3 孔型与导卫装置

3.1 概 述

3.1.1 孔型设计的概念

钢坯在轧机上通过轧辊的孔槽经过若干道次,被轧成所需断面形状和尺寸。这些轧辊孔槽的设计称为孔型设计。

3.1.2 孔型设计的内容

完整的孔型设计一般包括以下内容:

(1) 断面孔型设计。根据钢坯和成品的断面形状、尺寸及产品性能的要求,选择孔型系统,确定道次,分配各道次的变形量和设计各孔型的形状和尺寸。

(2) 轧辊孔型设计。根据断面孔型设计,确定孔型在每个机架上的配置方式、数目,轧辊上孔型之间的距离,开槽深浅,以保证轧机能正常轧制,操作方便,具有最高的产量和最佳的产品质量。

(3) 导卫装置设计。为了保证轧件能顺利正直稳定地进出孔型,或使轧件能在进出孔型时扭转一定的角度,必须正确地设计导卫装置的形状、尺寸和在轧机上的固定方式。

(4) 高速线材轧机孔型设计的重要内容,还应包括准确地编制设定轧制程序表。

3.1.3 孔型设计的要求

孔型设计合理与否将对轧钢生产带来重要影响,它直接影响到成品质量、轧机生产能力、产品成本和劳动条件等。因此,一套完善、正确的孔型设计应该力争做到:

(1) 成品质量好。包括产品断面几何形状正确、尺寸公差合格、表面光洁无缺陷(如没有耳子、折叠、裂纹、麻点等)、机械性能良好等。

(2) 轧机产量高。应使轧机具有最短的轧制节奏和较高的轧机作业率。

(3) 生产成本低。应做到金属消耗、轧辊及工具消耗、轧制能耗最少,并使轧机其他各项技术经济指标有较高的水平。

(4) 轧机操作简便。应考虑轧制过程易于实现机械化和自动化,使轧件在孔型中变形稳定,便于调整,改善劳动条件,减轻体力劳动等。

(5) 适合车间条件。使设计出来的孔型符合该车间的工艺与设备条件,使孔型具有实际的可用性。

为要达到上述要求,孔型设计工作者除要很好地掌握金属在孔型内的变形规律外,还应深入生产实际,与工人结合,与实践结合,比较充分地了解和掌握车间的工艺和设备条件以及它们的特性,只有这样才能作出正确、合理和可行的孔型设计。

3.2 粗轧、中轧孔型系统类型及选择

高速线材轧机粗、中轧机组所用延伸孔型系统,从发展上看,20 世纪 80 年代以前主要选用

箱－椭圆－方孔型系统,70年代后期开始采用箱－椭圆－圆孔型系统。由于轧机的组成、结构不同,在组合孔型系统上粗轧机组第1、2、3孔也有所不同,基本有三种情况:

(1)粗轧机组由奇数机架组成。第1、2孔不翻钢连续平压轧制,以下按圆(方)－椭圆－圆(方)轧制;

(2)粗轧机组由平－立轧偶数机架组成。采用箱－方、椭圆－圆(方)系统。设有不翻钢的连续二道次平压轧制;

(3)粗轧机组采用紧凑式大压下轧机。其孔型采用浅槽箱－箱或箱－平孔型系统。

3.2.1 高速线材轧机常用的延伸孔型系统分析

3.2.1.1 箱形孔型系统

箱形孔型系统由扁箱形孔型和立箱形孔型组成。通过这种孔型轧出的轧件断面为矩形或方形。箱形孔型系统的主要优点是:

(1)沿轧件的宽度方向变形均匀,速度差小,孔型磨损较均匀。

(2)比起相同面积的其他孔型,轧槽切入轧辊较浅,相对轧辊强度增大,故可以给予较大的变形量。

(3)可以适应来料断面尺寸波动,在同一孔型中通过调整压下量,可以得到不同断面尺寸的轧件。

(4)轧制时轧件的表面氧化铁皮易于脱落。

(5)轧制稳定性好,易于操作调整。

(6)轧件无尖锐棱角,截面温度较均匀。

箱形孔型的主要缺点是:

(1)孔型侧壁斜度较大,轧件的方形或矩形断面不够规整。

(2)轧件在孔型中只受单向压缩,经翻钢后也只能在两个方向压缩。

(3)当进入孔型的轧件高宽比较大,而孔型槽底又较宽时,轧件在孔型中的稳定性不好,易发生倒钢或歪扭,小断面轧件尤为严重。

箱形孔型结构如图3－1所示。箱形孔型按高宽比可分为扁箱形和立箱形两种,通常 $h/B_k \geqslant 1$ 的称为立箱形孔型。

图3－1 箱孔的构成
(a)立箱形孔;(b)扁箱形孔

箱形孔型系统多用于粗轧机组的第1、2两道。有些轧机,当钢坯断面尺寸大于100mm×

100mm 时,常采用箱形孔型系统作为延伸孔型系统。当粗轧机组为奇数机架组成时,多数是第 1 架为扁箱形孔型,第 2 架为椭圆形孔型,轧件不翻钢连续两次平压。在这种情况下,为使扁箱形轧件在椭圆形孔型中变形均匀,多将扁箱形孔型侧壁斜度加大和把槽底做成平底;也有的做成带有凹形的弧边槽底,如图 3－2 所示。若第 1、2 架都采用相同扁箱形孔型,靠减小第 2 架的辊缝进行两次平压而后翻钢进入第 3 架的圆形孔型。在这种情况下,为适应扁箱形轧件进入圆孔型的变形条件,而将扁箱形孔型侧壁斜度再度加大,槽底做成凸底并加大槽底的圆角半径,如图 3－3 所示。

图 3－2　带有凹形弧边槽底的变形孔型

(a)　　　　　　　　　　　(b)

图 3－3　槽深相同两次平压的扁箱形孔型
(a)第一孔型;(b)第二孔型

当粗轧机组由偶数机架组成时,在某种条件下,在第 1、2 架采用扁箱孔型的构成按常规进行。

3.2.1.2　椭圆－方孔型系统

椭圆－方孔型系统是高速线材轧机早期应用最普遍的延伸孔型系统。椭圆－方孔型系统的优点是:

(1)延伸系数大,通常使用的延伸系数,椭圆孔型为 1.25～1.6,方形孔型为 1.2～1.5。

(2)轧件在孔型中轧制时,角部位置经常变换,有利于改善金属组织,并可使轧件周边的金属得到均匀的冷却。

(3)轧件在孔型中位置稳定,有利于操作调整。

(4)与相同面积的箱形、菱形孔型比较,椭圆孔型的轧槽切入轧辊深度浅。

椭圆－方孔型系统的缺点是:

(1)轧件在孔型中沿宽度方向变形很不均匀,孔型磨损快,轧制能耗增加。

(2)由于在椭圆孔型和方孔型内的延伸系数差异较大,两个孔型磨损不同,在方孔型内很难轧出正确的方形轧件,以致轧件在椭圆孔型内扭转成方形轧件头部对角进入椭圆孔型,造成轧件头部尺寸大,这将容易造成轧制故障和最终产品头部几何尺寸不合格。

椭圆－方孔型系统中的方形孔型结构如图3－4所示,椭圆孔型结构如图3－5所示。

图3－4　方孔型的构成

图3－5　椭圆孔型的构成

轧件在方孔型中轧制如未充满或过充满而形成不正确的方形断面,再在椭圆孔型轧制时将造成方形轧件在椭圆孔型中扭转,因而使椭圆轧件断面形状也不正确,如图3－6所示。因此,在生产操作调整中特别强调方形轧件断面形状的正确性,即所谓"方要见方"。

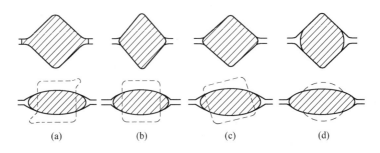

图3－6　方形孔型充满程度对下一道椭圆孔型轧件位置的影响
(a)方孔过充满;(b)方孔充满正常;(c)方孔未充满;(d)方孔严重未充满,椭圆孔轧件扭转

在椭圆－方孔型系统中,为了增加孔型共用范围,减轻椭圆孔型的不均匀变形和轧槽磨损,并改善椭圆轧件进入方孔型的稳定性,而采用所谓变态椭圆孔型来代替单圆弧椭圆孔型,其孔型结构如图3－7所示。

变态椭圆孔型多用于来料边长为20～50mm的方形轧件的延伸孔型,并可增加下游方孔型的延伸系数。

3.2.1.3　椭圆－圆孔型系统

椭圆－圆孔型系统的优点是:

(1)孔型形状能使轧件从一种断面平稳地转换成另

图3－7　变态椭圆孔型的构成

一种断面,避免了由于剧烈的不均匀变形而产生局部应力,减少了轧件劈头。

(2)没有较尖的棱角,轧件冷却均匀,减少轧件在轧制过程中产生裂纹的因素。

(3)孔型形状及变形特点有利于去除轧件上的氧化铁皮,使轧件具有光滑的表面。

（4）与椭圆 – 方孔型系统相比,轧件断面几何形状好,尺寸波动小,圆形轧件进入椭圆孔型轧制可避免产生椭圆轧件头部大的缺陷。

椭圆 – 圆孔型系统的缺点是:

（1）椭圆形轧件在圆孔型中轧制不稳定,因而对导卫装置设计和安装调整要求严格。

（2）变形仍不太均匀。

（3）圆孔型对来料轧件尺寸波动适应性差,调整要求严格。

（4）延伸系数比较小,通常平均延伸系数为 1.2 ~ 1.4。

椭圆 – 圆孔型系统中的椭圆孔型结构如图 3 – 5 所示。椭圆 – 圆孔型系统中的圆孔型结构如图 3 – 8 所示。

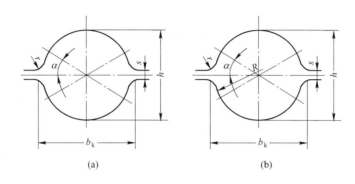

图 3 – 8   圆孔型的结构

(a)开口切线连接法;(b)开口圆弧连接法

由于现代高速线材轧机对延伸孔型系统的轧件几何形状和尺寸精度要求的提高,椭圆 – 圆孔型系统孔型结构的完善和其孔型系统的突出优点,滚动导卫装置在高速线材轧机上的普遍应用,虽然椭圆 – 圆孔型系统较椭圆 – 方孔型系统延伸系数小,但是它足以满足现代高速线材轧机对延伸孔型系统之需要,因而椭圆 – 圆孔型系统已越来越多地在现代高速线材轧机的延伸孔型系统中得到应用。一般圆形轧件在椭圆孔型中的延伸系数为 1.25 ~ 1.55,绝对宽展系数为 0.5 ~ 0.9;椭圆轧件在圆孔型中的延伸系数为 1.2 ~ 1.4,绝对宽展系数为 0.26 ~ 0.4。

3.2.1.4   无孔型轧制

无孔型轧制又称平辊轧制,是 20 世纪 70 年代开始发展的轧钢新工艺,在高速线材轧机中,多在粗轧机组单线轧制的紧凑式轧机上使用。无孔型轧制的主要优点是:

（1）变形均匀,轧件质量好。

（2）减少轧辊磨损和轧辊车削量。

（3）减少轧辊和导卫装置数量。

（4）减少能量消耗。

3.2.1.5   Y 型连轧机孔型

在一些新式线材轧机上还采用另外一些孔型系统,如 Y 型连轧机采用直边三角 – 弧边三角 – 圆孔型系统,如图 3 – 9 所示。

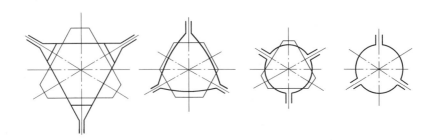

图 3 – 9　直边三角 – 弧边三角 – 圆孔型系统

该孔型系统的优点是：

（1）孔型是由 3 个互成 120°交角的轧辊孔槽围成，轧辊从 3 个对称方向同时压缩轧件，下一道次调转 180°压缩轧件，因此轧件变形及其周边冷却都比较均匀。

（2）孔型的宽展余量较大，轧件不易产生耳子和折叠。

（3）轧件三面受压，变形均匀，劈头显著减少，这就排除了因劈头引起的堆钢事故。

（4）这种三角孔型系统属于"同形孔型"的一种，压下过程只是改变轧件断面的大小不改变其形状，道次延伸均匀，各孔型磨损也较均匀。

（5）道次延伸相同，可使集体传动的速比在各延伸孔型中都相等，便于设备制造和维修。

（6）能够实现带机架同时加工 3 个轧辊，孔型形状精确，加工方法简便，重车容易。

3.2.2　粗、中轧延伸孔型系统的选择

高速线材轧机的原料多是边长为 100mm 以上的轧制方坯或连铸方坯，钢种有高碳钢、低碳钢和低合金钢。粗、中轧机组的设备大多是水平二辊轧机顺列式布置，轧机强度大。单机直流电机传动，传动能力大、调速范围广。产品质量尺寸精度要求高。粗、中轧机组的轧制工艺采用单线或多线轧制，除中轧机组末一两架外，其他各架的孔型对所有产品都是共用的。

由奇数道次组成的粗、中轧机组的延伸孔型系统，以选择箱（变态箱）– 椭圆（双弧椭圆）– 圆 – 椭圆 – 圆的组合孔型系统最理想，也可选用箱 – 椭圆 – 方 – 椭圆 – 圆的组合孔型系统。

由偶数道次组成的粗、中轧机组的延伸孔型系统，以选择椭圆 – 圆 – 椭圆 – 圆的组合孔型系统为理想，也可选用箱 – 箱 – 椭圆 – 方 – 椭圆 – 圆的组合孔型系统。

粗轧机组为紧凑式轧机单线轧制的粗、中轧延伸孔型系统，则应选择箱（平）– 箱（平）– 箱（平）– 六角 – 方 – 椭圆 – 圆的组合孔型系统。

3.2.3　粗、中轧延伸量的分配

在粗轧阶段，除应注意前两三道次钢坯表面氧化铁皮厚、摩擦系数小和咬入困难外，还应充分利用金属在高温阶段塑性好、变形抗力小的特点和这一阶段对轧件尺寸精度要求不甚严格的条件，通常采用较大的延伸系数；在中轧阶段，既要继续利用金属在此较高温度下变形抗力小和塑性较好的特点，又要保持轧件尺寸稳定，以便保证中、精轧工艺稳定，通常采用中等的延伸系数。

几个具有代表性的线材轧机的延伸系数列于表 3 – 1。

表 3-1　几个具有代表性的线材轧机的延伸系数分配情况

轧机	钢坯端面尺寸/ mm×mm	成品直径 /mm	全线			粗轧机组			一中轧机组			二中轧或预精轧机组		
			总延伸系数 $\mu_总$	总道次 $n_总$	平均延伸系数 $\mu_均$	总延伸系数 $\mu_{粗总}$	粗轧道次 $n_粗$	平均延伸系数 $\mu_{粗均}$	总延伸系数 $\mu_{中总}$	一中轧道次 $n_{中1}$	平均延伸系数 $\mu_{中均}$	总延伸系数 $\mu_{中总}$	二中轧道次 $n_{中2}$	平均延伸系数 $\mu_{中均}$
A	150×150	5.5	938.3	27	1.289	10.52	9	1.299	3.22	4	1.339	2.91	4	1.306
		6.5	672.6	27	1.273	10.52	9	1.299	2.81	4	1.295	2.38	4	1.242
B	130×130	5.5	706.5	24	1.314	17.88	8	1.434	4.68	6	1.293			
		6.5	506.5	24	1.296	17.88	8	1.434	3.49	6	1.232			
C	136×136	5.5	750	25	1.303	7.66	7	1.338	3.62	4	1.379	2.91	4	1.306
		6.5	538.2	25	1.286	7.66	7	1.338	3.21	4	1.338	2.44	4	1.250
D	130×130	5.5	690.9	25	1.299									
		6.5	494.6	25	1.282	4.384	4	1.447	4.045	5	1.322	3.015	6	1.202
E	102×102	5.5	468.4	23	1.307	8.82	7	1.35	5.58	6	1.33			
		6.5	306.9	23	1.283	8.82	7	1.35	4.06	6	1.26			
F	100×100	5.5	414.8	24	1.286	8.84	8	1.31	7.53	8	1.29			
		6.5	297	24	1.268	8.84	8	1.31	6.45	8	1.26			
G	130×130	5.5	701.7	25	1.299	8.21	7	1.351	3.51	4	1.368	2.616	4	1.272
		6.5	516	25	1.282	8.21	7	1.351	3.27	4	1.34			
H	120×120	5.5	601.5	24	1.306	14.06	8	1.39	5.06	6	1.31			
		6.5	431.4	24	1.288	14.06	8	1.39	4.23	6	1.27			

表 3-1 中各轧机的粗、中轧机组所用孔型系统为：

A 轧机　　　　箱-箱-圆-椭圆-圆

B 轧机　　　　变态箱形-立椭-椭圆-圆

C 轧机　　　　箱形-椭圆-圆-椭圆-方

D 轧机　　　　（粗轧机组为紧凑式轧机）

E 轧机　　　　箱形-椭圆-椭圆-方-椭圆-圆

F 轧机　　　　箱-箱-椭圆-圆-菱-方-椭圆

G 轧机　　　　箱-椭圆-立椭-椭圆-圆…

H 轧机　　　　箱形-圆-椭圆-圆…

　　从表 3-1 可以看出，各机组的平均延伸系数范围是：粗轧机组一般为 1.3~1.45，紧凑式轧机 1.4~1.7；中轧机组为 1.25~1.38；二中轧机组或预精轧机组为 1.2~1.31。当初步确定了各机组的平均延伸系数后，即可确定各机组的轧制道次。

　　具体确定各轧制道次的延伸系数是个复杂问题。因为影响确定各轧制道次延伸系数的因素较多，这些因素主要是：孔型的形状、尺寸；咬入条件；轧辊强度；传动能力与传动方式；孔型共用与轧辊磨损的均衡要求；连续轧制过程中各道次的连轧常数关系。

　　在不同情况下，这些因素对每道次延伸系数的影响作用是类似的。因此需按照具体情况，根据主要影响因素初步确定每道次延伸系数，在大致确定了孔型尺寸之后，再用其他因素进行校验、调整、修正。

在实践中往往是参照类似的生产条件，按现实生产中的数据确定每道次的延伸系数。

各延伸孔型系统平均延伸系数的经验数据是：

箱形孔型系统的 $\mu_{均}=1.2\sim1.33$，变态箱形的可达 1.45。

菱 – 方孔型系统的 $\mu_{均}=1.2\sim1.4$。

椭圆 – 方孔型系统的 $\mu_{均}=1.35\sim1.55$。

六角 – 方孔型系统的 $\mu_{均}=1.40\sim1.60$。

椭圆 – 圆孔型系统的 $\mu_{均}=1.25\sim1.40$。

3.3　预精轧及精轧机组孔型

3.3.1　预精轧、精轧机组孔型系统

现代高速线材轧机的预精轧、精轧机组多采用椭圆 – 圆孔型系统。这一孔型系统的优点是：

（1）适合于相邻机架轧辊轴线与地平线呈 45°/45°，75°/15°，90°/0° 相互垂直的布置；

（2）变形平稳，内应力小，可得到尺寸精确、表面光滑的轧件或成品；

（3）椭圆 – 圆孔型系统，可借助调整辊缝值得到不同断面尺寸的轧件，增加了孔型样板、孔型加工的刀具和磨具、轧辊辊片和导卫装置的共用性，减少了备件，简化了管理；

（4）这一孔型系统的每一个圆孔型都可以设计成既是延伸孔型又是有关产品的成品孔型，适合于用一组孔型系统轧辊，借助甩去机架轧制多种规格产品。

3.3.2　预精轧、精轧机组孔型延伸系数的分配

预精轧机组，一般由 4 个机架组成，承接由中轧机组供给的同一尺寸的圆形轧件，经 2～3 组不同尺寸的椭圆 – 圆孔型系统，采取调整孔型高度的方法轧出 4～6 种圆形轧件供给精轧机组。预精轧机组的孔型平均延伸系数为 1.21～1.31。

精轧机组一般由 8～10 个机架组成，多数为 10 个机架。精轧机组的平均延伸系数为 1.215～1.255。从中轧机组或预精轧机组来的轧件一般为 $\phi6\sim21.5\text{mm}$。当轧制合金钢或采用 8 机架的精轧机组时，来料直径相应减小 2～4mm。

精轧机组各架延伸系数的分配，除第一架外，大体上是均匀的。轧件由中轧机组或预精轧机组进精轧机组，因设有活套装置是在无张力状态下轧制，轧制速度较低咬入条件好，延伸系数的大小不受传动条件的限制，为满足多种规格产品的供料要求，在精轧机组第一道次椭圆孔型内的延伸系数波动范围比较大，一般为 1.15～1.31。

其他道次的延伸系数，在椭圆孔型和圆孔型中也有所不同。

在椭圆孔型中的延伸系数为 1.23～1.29，一般都略高于精轧机组的平均延伸系数。在同一机组不同道次的椭圆孔型中延伸系数的波动值为 0.015～0.03。在同一架次轧制不同产品时延伸系数的波动值为 0.002～0.009。

在圆形孔型中的延伸系数为 1.21～1.24，一般都略低于精轧机组的平均延伸系数。在同一机组不同道次的圆形孔型中延伸系数的波动值为 0.012～0.019。在同一架次轧制不同产品时延伸系数的波动值为 0.006～0.01。

几个具有代表性的精轧机组的延伸系数列于表 3－2。

表3-2　几个具有代表性的精轧机组的延伸系数

精轧机组	进料尺寸/mm	成品规格/mm	总道次	总延伸系数 $\mu_总$	平均延伸系数 $\mu_均$	道次延伸系数									
						1	2	3	4	5	6	7	8	9	10
A	ϕ16	ϕ5.5	10	8.45	1.238	1.304	1.218	1.240	1.223	1.233	1.231	1.233	1.232	1.235	1.231
A	ϕ17.5	ϕ6	10	8.50	1.239	1.308	1.217	1.239	1.228	1.235	1.229	1.234	1.230	1.235	1.233
A	ϕ18.5	ϕ6.5	10	8.10	1.233	1.244	1.219	1.245	1.220	1.242	1.223	1.241	1.226	1.239	1.227
B	ϕ17	ϕ5.5	10	9.30	1.250	1.250	1.227	1.259	1.226	1.274	1.243	1.273	1.243	1.260	1.238
B	ϕ18.5	ϕ6	10	9.31	1.250	1.249	1.227	1.258	1.227	1.273	1.243	1.274	1.241	1.270	1.238
B	ϕ19.7	ϕ6.5	10	8.97	1.245	1.203	1.227	1.258	1.227	1.274	1.242	1.274	1.246	1.271	1.238
C	ϕ17	ϕ5.5	10	9.30	1.250	1.226	1.234	1.271	1.232	1.280	1.234	1.275	1.240	1.272	1.238
C	ϕ18.6	ϕ6	10	9.37	1.251	1.232	1.233	1.270	1.232	1.283	1.235	1.276	1.239	1.269	1.241
C	ϕ20	ϕ6.5	10	8.76	1.242	1.149	1.237	1.269	1.229	1.287	1.235	1.275	1.238	1.273	1.238
D	ϕ17	ϕ5.5	10	9.28	1.250	1.251	1.215	1.272	1.225	1.280	1.232	1.285	1.234	1.274	1.230
D	ϕ18	ϕ6	10			1.214	1.206	1.267	1.227	1.286	1.235	1.290	1.235	1.279	1.225
D	ϕ19	ϕ6.5	10			1.196	1.213	1.267	1.274	1.289	1.202	1.290	1.238	1.279	1.229

3.3.3　精轧机组孔型

3.3.3.1　孔型的共用

用极少量的基本孔槽样板的孔型,经调整辊缝值后可以得到多种不同尺寸的孔型。这样便可大量减少轧辊辊片、磨具、导卫装置的备件,从而简化了管理。如图3-10所示由中轧机组供

图3-10　基本孔槽的孔型示意图

(坯料尺寸为115mm×115mm×13m;实心孔型是基本孔槽的孔型;×代表剪机)

$\phi17\sim20$mm 等四种规格圆形轧件,经精轧机组轧成 $\phi5.5\sim13$mm 等 16 种规格的线材,只用了 7 个基本孔槽的椭圆孔型、16 个基本孔槽成品圆孔型和两个基本孔槽的圆孔型,共计用了 25 个基本孔槽的孔型。其余孔型通过调整辊缝得到。

用几组孔型系统,采取甩去后部机架的方法,生产多种规格线材,可以减少换辊数量、缩短换辊时间。几个有代表性的精轧机组系列产品的成品机架分配列于表 3-3。

表 3-3　几个有代表性的精轧机组系列产品的成品机架分配表　　　　单位:mm

精轧机组	来料尺寸	系列产品的成品机架分配			
		第 10 机架	第 8 机架	第 6 机架	第 4 机架
A	$\phi17$	$\phi5.5$	$\phi7$	$\phi9$	$\phi11$ $\phi11.5$
	$\phi18$	$\phi6$	$\phi7.5$	$\phi9.5$	$\phi12$
	$\phi19$	$\phi6.5$	$\phi8$	$\phi10$	$\phi12.5$
	$\phi20$		$\phi8.5$	$\phi10.5$	$\phi13$
B	$\phi17$	$\phi5.5$	$\phi7$	$\phi9$	$\phi11$ $\phi11.5$
	$\phi18.6$	$\phi6$	$\phi7.5$	$\phi9.5$	$\phi12$
	$\phi20$	$\phi6.5$	$\phi8$	$\phi10$	$\phi12.5$ $\phi13$
	$\phi21$	$\phi7$	$\phi8.5$	$\phi11$	
	$\phi20.2$			$\phi10.5$	
C	$\phi16$	$\phi5.5$	$\phi7$	$\phi8.5$	$\phi10.5$
	$\phi17.5$	$\phi6$	$\phi7.5$	$\phi9$	$\phi11$
	$\phi18.5$	$\phi6.5$	$\phi8$	$\phi10$	$\phi12$ $\phi12.5$
	$\phi17.5$			$\phi9.5$	$\phi11.5$
	$\phi18.5$				$\phi13$
D	$\phi17$	$\phi5.5$			
	$\phi17.5$		$\phi7$	$\phi9$	$\phi11.5$
	$\phi18.5$	$\phi6$	$\phi7.5$	$\phi9.5$	$\phi12$
	$\phi19.7$	$\phi6.5$	$\phi8$	$\phi10$	$\phi12.5$
	$\phi21$		$\phi8.5$	$\phi11$	
	$\phi20.5$			$\phi10.5$	$\phi13$

3.3.3.2　轧件在孔型中的宽展

精轧机组轧件断面面积的精确计算,较粗、中轧机组的计算更为重要,所以必须准确地确定轧件在孔型中的宽展量。根据经验,圆形轧件在椭圆孔型中的绝对宽展系数为 0.5~0.9;椭圆轧件在圆孔中的绝对宽展系数为 0.26~0.4。

3.3.3.3 轧辊工作直径的计算

将前滑因素考虑在内的轧辊工作直径的计算公式:

$$D_k = (D - \psi_k h_k) K_a \qquad (3-1)$$

式中 h_k——轧槽深度,mm;

D——轧辊辊环直径,mm;

D_k——轧辊工作直径,mm;

ψ_k、K_a——系数,在圆孔型中:$\psi_k = 1.8 \sim 2.2$,$K_a = 1.03 \sim 1.05$。在椭圆孔型中:$\psi_k = 1.31 \sim$
1.42,$K_a = 1.01 \sim 1.02$。上述 ψ_k、K_a 系数在小孔型中取上限。

3.3.3.4 拉钢系数的分配

在精轧机组的各机架间必须采用微张力轧制。根据经验各架间的拉钢系数为 $1.001 \sim$
1.003。10 个机架的机组其总拉钢系数最大不超过 1.01。

3.3.3.5 精轧机组的轧制温度制度

与普通线材轧机不同,高速线材轧机精轧机组的机架间距小,连续轧制,轧制速度高,轧件
的变形热量大于轧制过程中散去的热量,轧件的终轧温度高于进入精轧机组前的温度,一般进入
精轧机组前轧件的温度为 900℃ 左右,经 10 道次轧制后由于终轧速度不同,轧件温度升高
$100 \sim 150$℃。

3.4 导卫装置

3.4.1 导卫的基本知识

3.4.1.1 导卫装置的概念

概括地说,就是指在型钢轧制中,安装在轧辊孔型前后,帮助轧件按既定的方向和状态准确
地、稳定地进入和导出孔型的装置。

3.4.1.2 导卫在线材生产中的作用

导卫在线材生产中的作用有:

(1) 正确地将轧件导入轧辊孔型。

(2) 保证轧件在孔型中稳定地变形,并得到所要求的几何形状和尺寸。

(3) 顺利地将轧件由孔型中导出,防止缠辊。

(4) 控制或强制轧件扭转或弯曲变形,按一定的方向运动。

导卫装置在线材生产中占有非常重要的地位。据某线材厂调查统计表明,约有 50% 以上的
轧制故障是由导卫装置不良造成的。导卫装置是在极其恶劣的条件下工作的。不规则的受力、
高温及热交变冲击、高温下的摩擦等直接影响导卫装置的使用寿命。另外,导卫的设计、制造或
安装不妥,容易造成轧件的刮伤、折叠、单边耳子、尺寸超差、堆钢等轧制事故。由此可见,对导卫
方面重视不够,是造成轧制故障频繁的重要原因。只有正确地设计、制造、安装和维护导卫装置,
才能保证得到高质量、高产量的线材产品。

高速线材轧机技术上的重大突破是采用 45° 无扭精轧机机组和斯太尔摩冷却线。整条工艺线

上的设备水平都要与之相适应。同样,对导卫装置也有极高的要求。具有世界先进水平的 SMS 导卫、Morgan 导卫、Ashlow 导卫、Daniejh 导卫各有特点。但总的目标是保证高速线材产品的质量。

3.4.2　导卫设计的基本原则

导卫装置设计的基本原则为:

(1) 根据轧件尺寸和形状来决定导卫装置合理的工作面的尺寸和形状,从而使轧件能够准确、稳定地进入和导出轧辊孔型。例如,在 SMS 导卫中,根据轧件的尺寸和形状,在粗轧机组选用了大型滚动导卫;中轧机组选用中型滚动导卫;预精轧和精轧机组选用小型滚动导卫。

(2) 选择合适的导卫材质。根据孔型形状和应用部位选择导卫材质,要求有良好的强度、刚度、硬度和高温耐磨性、耐冲击性、耐激冷激热性;形状尺寸不受温度影响以及补焊和再加工性能,以提高使用寿命。

(3) 确定导卫装置的合理结构和外形尺寸,使其安装牢固,装拆方便,调整灵活。高速线材轧机所使用的导卫装置,除具有普通轧机的工作条件之外,尚经受高速摩擦、活套和张力的作用。因此,对导卫装置的结构、材质、安全性、可靠性和使用寿命提出了更高的要求。

(4) 确定合理的导卫类型。导卫类型的选择依据:1) 所选择的孔型系统,所通过的轧件断面尺寸及其尺寸精度、钢种和表面质量来选择;2) 轧机的布置方式、机架形式和数量以及辅助设备的配备;3) 产品情况,如产品规格范围,尺寸精度以及具体的操作条件。因此,高速线材轧机普遍采用的导卫类型有:滑动导卫、滚动导卫和扭转导卫。

(5) 尽量使导卫部件标准化。线材生产已趋于专业化,所使用的导卫装置也应趋于标准化。标准化的优点是部件可以批量生产,有利于提高质量,降低成本。可以减少备件储备,有利于管理和维护。现代高速线材轧机导卫装置经过数十年不断地、反复地设计和使用,积累了丰富的经验,已经形成导卫部件标准化。

(6) 制造精度要求高,为了适应线材产品高质量,以便于安装和调整要求,高速线材轧机导卫装置的每一个部件都有较高的精度要求。其选材要求高,精铸工艺要求高,精加工设备要求高。

(7) 具有多种功能。现代高速线材导卫装置已经从过去单纯地为轧件导向、扶持和状态控制发展到具有多种功能。其设计特点如下:

1) 滚动导卫中的两个导辊开口度可以调整。作用是始终保持轧件的稳定轧制。导辊开口度调整内容是根据所过渡的轧件形状尺寸,选择与之相适应的一对导辊,装到导卫装置上,再调整导辊开口度,使之与所夹持轧件形状尺寸完全吻合。另外,导辊磨损后要调整开口度以保证轧件稳定夹持。

2) 滚动导卫中的导卫尖的作用是使轧件十分准确地进入轧辊轧槽。

3) 导卫装置自身的保护系统。导卫装置前装配有喇叭口。喇叭口用钢板焊接而成,作用是防止轧件头部直接冲撞导卫装置并能平缓过渡轧件。油气润滑系统作用是使导辊和扭转辊处于良好的工作状态。

4) 导卫装置构成水冷系统。冷却水可以经过导卫直接地、准确地送到应

图 3 - 11　过渡圆轧件的滑动出口导卫

该水冷的部位。如冷却导辊、扭转辊、轧件和轧辊轧槽等,为提高导卫和辊环的使用寿命,提高轧件表面质量和机械性能起到很大的作用。精轧机出口导卫水冷系统如图 3 - 11、图 3 - 12 所示。

3.4.3　导卫装置的布置

高速线材厂轧机的轧辊孔型基本上采用椭圆 - 圆孔型系统,从而使导卫在轧线上的布置有一定的规律。可以概括为:

（1）所有轧辊(辊环)圆孔型入口导卫采用滚动导卫;

（2）水平布置的粗、中轧机轧辊椭圆孔的出口导卫采用扭转导卫;

（3）其余采用滑动导卫。例如马钢高速线材厂轧机导卫布置情况如表 3 - 4 所示。

轧制方向

冷却水入口

图 3 - 12　过渡椭圆轧件的滑动出口导卫

表 3 - 4　轧机导卫布置情况表

机　组	机　架	孔　型	进口导卫	出口导卫
粗　轧	1	箱　型	滑动导卫	滑动导卫
	2	椭　圆	滑动导卫	扭转导卫
	3	圆	滚动导卫	滑动导卫
	4	椭　圆	滑动导卫	扭转导卫
	5	圆	滚动导卫	滑动导卫
	6	椭　圆	滑动导卫	扭转导卫
	7	圆	滚动导卫	滑动导卫
中　轧	8	椭　圆	滑动导卫	扭转导卫
	9	圆	滚动导卫	滑动导卫
	10	椭　圆	滑动导卫	扭转导卫
	11	圆	滚动导卫	滑动导卫
预精轧	12	椭　圆	滑动导卫	滑动导卫
	13	圆	滚动导卫	滑动导卫
	14	椭　圆	滑动导卫	滑动导卫
	15	圆	滚动导卫	滑动导卫
精　轧	16	椭　圆	滑动导卫	滑动导卫
	17	圆	滚动导卫	滑动导卫
	18	椭　圆	滑动导卫	滑动导卫
	19	圆	滚动导卫	滑动导卫
	20	椭　圆	滑动导卫	滑动导卫
	21	圆	滚动导卫	滑动导卫
	22	椭　圆	滑动导卫	滑动导卫
	23	圆	滚动导卫	滑动导卫
	24	椭　圆	滑动导卫	滑动导卫
	25	圆	滚动导卫	滑动导卫

由表 3 - 4 可见,由于采用 25 道次双线轧制,每个孔型进口和出口都有导卫,在线的主导卫有 100 个,其中扭转导卫有 10 个,滚动导卫 24 个,滑动导卫 66 个。

3.4.4　滚动导卫装置

3.4.4.1　滚动导卫的基本结构

滚动导卫的基本结构如图 3 - 13 所示。高速线材轧机的滚动导卫一般由 20 ~ 30 种部件组成。滚动导卫的形式是多种多样的,世界先进水平的滚动导卫有 Ashlow 导卫、Danieli 导卫、Morgan 导卫和 SMS 导卫。根据所过渡的轧件断面可分为:粗轧机组采用大型滚动导卫;中轧机组采用中型滚动导卫;预精轧和精轧机组采用小型滚动导卫。

图 3 - 13　滚动入口导板的基本结构

1—导辊;2—导辊支架;3—导板盒;4—入水口;5—润滑口;6—喇叭口

滚动导卫主要部件有(见图 3 - 14):

(1) 导卫盒。用于组装导卫零部件。

(2) 导卫副。作用是承受轧件头部撞击,保证轧件平缓地过渡到导辊弧形槽内。导卫副是由耐磨铸钢制成,具有高温耐磨性和耐冲击性。滚动导卫装置内含有一对导卫副。采用两片导

图 3 – 14 滚动导卫主要部件示意图

1—导卫尖;2—导辊;3—导卫支撑臂;4—导卫副;5—轴承;6—导卫盒

卫副的原因一是易于制造和维修,二是易于排除废钢。

(3)磨损件。磨损件由高合金钢精铸而成。比导卫副的耐磨性高,但耐冲击性较差些。由于其价格昂贵,一般做成较小的部件镶在导卫副内组合使用,以提高导卫装置的使用寿命和经济效益。

(4)导辊支撑臂。顾名思义,它是用于支撑导辊的主要部件。导辊由辊轴支撑,然后紧固在导辊支撑臂上。再通过调节螺钉可分别进行水平和垂直的两个方向的调整。

(5)导辊。滚动导卫装置上最重要的部件就是一对导辊。其他部件都是为导辊服务的。导辊由高合金钢精铸而成。磨损后可多次再加工。导辊上加工有与所扶持轧件相关的导槽。常见的导辊有两种形式,如图 3 – 15 所示。

图 3 – 15 导辊弧槽
1—菱形槽导辊;2—椭圆槽导辊

菱形导槽特点是扶持轧件稳定,共用性大。椭圆导槽的特点是导辊磨损均匀,轧件与导槽完全相吻合,轧制故障少。

(6)导卫尖。在小型滚动导卫上增装了导卫尖。它的作用是使轧件进一步准确、稳定地送入轧槽,提高产品质量,减少轧制故障。

(7)轴承。导辊轴承工作条件恶劣,因而有更特殊的要求。首先是提高转速,导辊在精轧机上线速度为 100m/s 左右,其工作直径为 50mm 时,转速达到 38000r/min 左右。其次是耐高温。导辊直接与 1000℃ 以上的轧件接触,使轴承承受的温度很高。因此,导辊必须水冷,而轴承最好采用油气润滑。

滚动导卫装置是高速线材轧机必不可少的辅助装置。在老式线材轧机上采用滑动导卫,产生的问题是由于椭圆轧件要竖着被送入圆孔型。若圆孔型前导板与轧件之间的间隙过大,则易造成椭圆轧件在圆孔型中歪扭,而产生轧制废品。若间隙过小,常常会卡钢。导板磨损也严重影响产品质量。使用了滚动导卫后,排除了这种缺陷。导辊与轧件之间滚动摩擦的性质决定了它不容易堵钢,从而使导卫和轧件之间的间隙大大减少,甚至为零。这样就使轧件进入孔型的位置准确、轧件在孔型中轧制状态稳定、轧件的表面质量改善。

3.4.4.2 滚动导卫的组装与调整

首先是按照装配图初步组装导卫,其关键是精调导辊在水平方向和垂直方向的位置。调整方法有机械调整法和光学导卫校准仪校准法。一般大、中型滚动导卫用机械调整;小型滚动导卫用校准仪调整。下面简单介绍滚动导卫组装和调整的操作步骤。

A   机械调整方法一(见图 3 - 16)

图 3 - 16   滚动导卫调整方法
(a)导辊垂直方向的调整;(b)导辊水平方向的调整

第一种机械调整方法的步骤为:

(1) 检查导卫部件的外观质量、尺寸和标记号是否符合图纸、机架号、孔型代号和轧制规格。

(2) 将待装的导卫由吊车送到机械调整装置上并用夹具紧固。

(3) 松开锁紧和调节螺丝以便调整导辊支撑臂。

(4) 导辊垂直方向的调整:将卡尺先靠上导辊的弧槽,若卡尺和弧槽只有一个接触点,就要用手动工具调节螺栓,直到卡尺的两个角点同时触上导辊弧槽。这时导辊在垂直方向上已精确到位(轧制线处于卡尺两个角点的垂直平分面内)。

(5) 按同样的方法调节另一导辊。

(6) 垂直方向调整完毕,用内六角扳手调节内六角螺丝,以调整导辊支撑臂,使两个导辊靠上测试棒(注:测试棒外圆直径与椭圆孔型高度要相对应,因而测试棒要经常检查,以适应孔型的修正)。

(7)最后取出试棒和卡尺,松开夹具,导卫装置调整完毕。

B 机械调整方法二(见图3-17、图3-18)

图3-17 滚动导卫调整示意图
1—调整规尺;2—导卫盒;3—导辊

图3-18 导辊调整尺
1—规尺与导卫盒定位面;2—导辊垂直方向定位面;
3—导辊水平方向定位面

第二种机械调整方法的步骤为:

(1)将调整导卫规尺放入导卫盒上部的凹槽内并用螺钉固定。

(2)通过调整导辊支撑臂使导辊靠到调整规尺的垂直方向定位面和水平方向定位面上。

(3)使导辊定位锁紧,取下调整规尺,调整完毕。

机械调整方法还有很多种,如卡尺、样棒等工具调整。但其调整原理是基本相同的。也就是通过调整导辊支撑臂在垂直方向上的位置,保证导辊在轧制线的位置。通过调整导辊支撑臂在水平方向上的位置,保证导辊在孔型中心线的位置,并保证两个导辊的开口度与所过渡的椭圆轧件的高度相适应。

C 光学校准仪调整法

在导卫间应用Si130-5型光学校准仪,专门用来调整精轧机、预精轧机的滚动进口导卫。

光学校准仪的工作原理:光源经聚光透镜投射到导辊弧形区,再经过放大透镜将放大五倍导辊的弧形区投射到屏幕上。屏幕上装有透明胶板,上面刻有按轧制规格、机架号分类的放大五倍的孔型样板图。当调整导辊弧形区与相应样板轮廓完全吻合时,旋紧调节螺栓,导卫就调整完毕。在轧线上采用便携式Si85-2.5型光学校准仪,精调滚动导卫支架与辊环轧槽的中心线,使其完全对中。便携式Si60-3型光学校准仪是用于精调滚动导卫托座与辊环轧槽的中心线,使其完全对中,从而能够使滚动导卫辅助轧件稳定、准确地进入辊环轧槽中轧制,以减少换导卫时间、降低轧制缺陷、减少堆钢事故。

3.4.4.3 滚动导卫的使用与维护

在各类导卫中,滚动导卫所承担的功能最艰巨。它们的使用寿命比较短,拆卸与组装也频繁。在轧制过程中滚动导卫产生的事故也最多。主要原因：一是滚动导卫与轧件直接接触的部件较多，如导辊、导卫尖、磨损件等部件。这些部件与轧制系列、轧制架次、轧制规格之间都有相应关系，其影响因素也较为复杂，刮钢、粘钢就会造成轧制事故。二是导卫部件与轧件之间的间隙很小，甚至为零。三是轴承质量与润滑问题。下面简单介绍滚动导卫常见故障和处理方法。

　　A　工作实例一（导辊形位公差）

　　精轧机组滚动导卫导辊的开口度与所通过的椭圆轧件的天地尺寸相同，即导辊与轧件之间的间隙为零。这就对导辊的质量和精度提出了极高的要求，如导辊的径向跳动小于 0.02mm，端面跳动小于 0.02mm。但由于德国引进的导辊很多不符合要求，个别导辊径向跳动达 0.12 ~ 0.15mm，使用这些导辊可能造成堵钢或产生轧制缺陷。

　　处理方法：

　　（1）对所有导辊的形位公差进行测定并作标记。

　　（2）按测定结果将导辊分类。25 号轧机导卫可用跳动值小于 0.02mm 的导辊。23 号轧机导卫可用跳动值小于 0.05mm 的导辊。21 号轧机导卫可用跳动值小于 0.08mm 的导辊。

　　（3）逐步试用跳动值再大一些的导辊测取经验值。经过一段时期使用，效果良好。

　　B　工作实例二（导辊调整难度的问题）

　　滚动导卫组装后，经常发生导辊轴向窜动或转动不灵活现象。研究分析结果表明是分油环的厚度直接影响导辊调整精度。由于导辊、轴承和油环之间都存在加工偏差，分油环过厚会导致导辊轴向窜动，而分油环过薄会使导卫导辊转动不灵。

　　处理方法：

　　（1）多加工几种规格的分油环，各规格之间的差值为 0.05 ± 0.01mm。

　　（2）根据导辊轴向窜动的程度选择较薄的分油环装配，直到导辊无轴向窜动为止。

　　（3）导辊转动标准。用手指拨动导辊，转动自如，用与轧件尺寸相同的试棒插入两个导辊弧形区内进行往复抽动，使两导辊亦转动自如，再用手卡住两个导辊，使之停止转动时，试棒能从弧形区之间自然抽出。这时两个导辊转动效果为最佳。

　　C　工作实例三

　　1987 年在马钢高速线材厂，当 10 根钢试轧完后，发现 B 线三卷线材有折叠和划痕，经检查证实 B 线 21 号滚动导卫的导卫副内粘钢，导卫尖刮伤报废，左边导辊径向有九处裂纹，整个弧槽严重粘钢，轴承断裂，导辊的实际使用寿命为 94.5t（正常使用寿命应在 500t 以上）。经分析鉴定导辊报废，导致轧制废品的原因是油气润滑系统故障造成导辊内轴承烧坏使导辊停止转动所致。

　　生产实践表明，精轧机的滚动导卫最容易发生故障、最易报废的是导辊。其影响因素和处理方法简述如下：

　　（1）油气润滑系统的故障。为了消除这类故障，正确的做法是在轧机运转前，首先应启动油、气系统，先通气，后通油，再启动冷却水系统。一般在轧机短时间停机的情况下，不停油、气系统或只停油，不停气；操作失误和违反上述要求会造成导辊和轴承报废。另外，油、气供应点还会出现有油无气或有气无油、气压不足、气体中含有水分多、油气管路中有异物、管路漏油、油气润滑量不足等现象，其后果使轴承过热或渗入脏物，造成烧坏、锈死或卡死导辊，发生粘钢等事故而报废。因此，要经常点检油、气润滑的供应点。

　　（2）冷却水系统故障。冷却水管堵塞，冷却水不足等会造成辊环轧槽、导辊表面温度升高，易发生粘钢。应经常检查冷却水系统。

　　（3）原材料问题。原材料质量不好、原材料加热温度过高等原因，易造成导卫中有残留物，累积后而导致粘钢。因此，原材料的质量要严格控制。要经常检查、除去导卫中的残留物。

（4）导辊前磨损件问题。这个部件很容易粘钢。其原因是直接受轧件头部冲撞,易起翘皮、划痕。此部件刮钢后使轧件的高温面与导辊直接接触,易造成导辊粘钢。因此,要经常检查修理这个磨损件,以保证工作面光洁平滑。

（5）辊缝问题。辊缝要经过精确设定和调整,若调整不当,轧件断面过大,在轧制过程中,会使导辊对轧件产生压力夹持而粘钢。

D　工作实例四（滚动导卫主要部件的报废标准）

导辊只有在断裂情况下方可报废。弧槽面粘钢和局部磨损过度,经表面处理以及送磨床修磨后,可再次使用。轴承只有在烧坏、锈死和滚珠磨损过度的情况下方能报废。一般情况下,25号轧机导卫用新轴承,拆卸后,可以在21号、23号轧机导卫上继续使用。导卫副和导卫尖拆卸后,表面磨损轻微（小于1mm）,创面经清理后可继续使用。磨损量中等（1~3mm）工作面可经过补焊后用于原轧机或经修磨后用于前面的轧机。工作面磨损严重者作报废处理。

3.4.5　扭转导卫装置

3.4.5.1　扭转导卫的基本结构

高速线材轧机的扭转导卫装置一般由30~40种部件组成。水平布置的粗、中轧机组轧辊椭圆孔型的出口处采用扭转导卫。作用是将呈水平的轧件在临近下一架机架时翻转90°角,以立式的状态进入圆孔型进行轧制。扭转导卫应该与滚动导卫配合使用,才能保证轧件的稳定轧制状态。是否要采用扭转导卫取决于轧机的布置形式。如平–立交替布置的预精轧机组,45°交替布置的精轧机组不必用扭转导卫。而采用交替布置的原因就是为了在轧制过程中避免轧件扭转,以保证产品的质量。也有些高速线材轧机的粗、中轧机组采用平–立交替布置形式,不用扭转导卫。

扭转导卫的主要部件（见图3–19）:

图3–19　扭转导卫的主要部件

1—扭转辊;2—磨损件;3—导卫盒;4—轴承;5—扭转辊支座

（1）扭转辊支座。用于支撑扭转辊。扭转辊支座可分为旋转式、活动式两种。旋转式的含义是在一个封闭的框架内装入两个旋转的扭转辊支座。通过绕支点旋转使两个扭转辊靠近或分离，从而可以加大或减少轧件的扭转量。活动式的含义是下扭转辊支座固定，上扭转辊支座可上、下活动，以此来调整两扭转辊距离，从而微调轧件的扭转量。

（2）扭转辊。扭转辊可谓扭转导卫中最重要的部件，由高合金钢精铸而成。扭转辊的扭转角是根据两机架中心线距离、扭转导卫扭转辊和滚动导卫辊的位置，以及轧件断面尺寸设定的，$\alpha = B/L \times 90°$，一般为20°左右（见图3-20）。

图3-20 轧件扭转角度示意图

（3）轴承。根据扭转导卫的工作条件，通常选用可同时承受径向力和轴向力、承载能力较大、允许的极限转速较低的圆锥滚子轴承。

（4）磨损件。使轧件准确、稳定地过渡到两个扭转辊之间。

3.4.5.2 扭转导卫的组装与调整

A 扭转导卫的组装与拆卸

扭转导卫的轴上装有扭转辊、两列圆锥滚子轴承、轴套等许多零部件。这些零部件与轴之间过渡配合或过盈配合，在组装和拆卸过程中难度很大，操作不当极易损坏部件。这就要求导卫工应具备修理钳工的基本知识和操作技能。

轴上零件组装的几种方法：

（1）铜棒敲入法。通过铜棒分别对称地在轴承内圈或轴上零件内环均匀敲入。注意操作时不得碰伤轴，万一被碰伤，则要修磨掉创口的毛刺，并将铁粉清除洗净。

（2）锤子敲入法。通过铜套或钢套，用锤子敲入。

（3）油压机压入法。用油压机压入。

（4）温差法。将轴承放在100℃左右的油中加热，然后趁热与轴颈装配。

轴上零件拆卸的几种方法：

（1）拆卸法。用螺杆或拆卸工具（三爪或扒钩）拆卸。特点是拉力均匀，受力合理，零件拆卸时不易损坏。

（2）油压机法。拆卸扭转辊及轴套时采用此方法。

（3）温差法。拆卸轴承时，将加热到100℃左右的油浇到轴承上，然后趁热将轴承取下。

B 扭转导卫的调整

（1）测量法：用试棒调节扭转辊的开口度。试棒直径是根据轧件尺寸、扭转尺寸及扭转角换算得出的数据,与扭辊角相关。注意经常检查试棒尺寸。当试棒磨损和变形改变了试棒的尺寸时,要及时换用新试棒,当轧件尺寸改变时,试棒亦要调整。

（2）感觉法:采用手感或目测的方法能够获得正确的扭转角。尤其是在扭转辊局部磨损的情况下,用试棒插入两个扭转辊之间,目测接触部位,手感扭转辊的转动情况。然后再观察走钢时轧件的翻转情况,从而取得实际操作经验。

（3）扭转角的控制:随着轧制量上升,扭转辊会不断磨损,轧件扭转角会逐渐改变。要用上述方法经常调整扭转角,当扭转辊磨损严重时,必须取下修磨,修磨后的扭转辊的扭转角控制方法如图 3 - 21所示。

C　扭转导卫的使用与维护

组装和调整好的扭转导卫装置由天车吊运至轧机导卫梁上,然后通过导向键和夹具紧固。导向键不仅使导卫与轧槽对中,而且还能在轧钢时将扭转导卫所受的扭转力传到导卫梁上。

图 3 -21　扭转辊修磨
后组装示意图
1—扭转辊;2—垫片

在大型扭转导卫的上部装有拉杆,使其与轧机机架的横梁相连接,以增强扭转导卫的稳定性。扭转导卫的使用寿命较长。大型扭转导卫的使用寿命一般为4~5 万 t,中小型扭转导卫使用寿命为1~3 万t。但在轧制过程中,扭转辊会产生少量磨损,因此,要经常检查调整扭转辊的扭转角。调节要求是将调整棒插入两个扭转辊之间,并同时与两个扭转辊接触。调整方法是用扳手转动调节螺栓,使两个悬臂扭转辊靠到校准棒上。扭转导卫与轧制中心线对中的方法是将钢尺放入扭转导卫上凹槽内,再将钢尺靠到轧辊轧槽上。当钢尺的两个角点同时接触到轧槽底部时,这个扭转导卫就与轧制线对中了。若只有一个角点与轧槽接触,那么就要横移导卫梁,直到钢尺的两个角点同时接触到轧槽的底部上为止。

另外,还要经常检查扭转导卫的油、气润滑情况和扭转辊的水冷情况,以提高其使用效果。为保证稳定的轧制过程,应配三套扭转导卫。第一套安装在轧机上;第二套在轧机旁待用;第三套在导卫间维修。

3.4.6　滑动导卫装置

3.4.6.1　滑动导卫的基本结构

A　滑动导卫的特点

结构简单,体积小,制造方便,在型钢生产中应用最广泛。现代高速线材轧机上应用的滑动导卫在设计上及在其综合作用方面是老式轧机上常用的导板、卫板、导板盒、导管等导卫装置无法比拟的。高速线材轧机精轧机上常见的几种滑动导卫如图 3 -22、图 3 -11、图 3 -12 所示。

B　精轧机滑动导卫的特点

精轧机滑动导卫的特点是:

（1）镜面对称,易于排除废钢。

（2）水冷导卫,对于不同钢种,水量大小受冷却程序所控制。

（3）改善轧辊工作条件,提高使用寿命。

图 3 – 22　精轧机进口滑动导卫示意图
1—导卫;2—夹具;3—托座

3.4.6.2　滑动导卫组装

滑动导卫组装的操作步骤:

（1）根据轧制系列、轧制规格、机架号从货架上提取相应的零件。

（2）将导卫部件逐个清理干净,尤其是导卫与轧件的接触面不得有毛刺、麻点、凹坑和棱角,接触面要求光洁干净、平滑。

（3）按照装配图组装导卫。滑动导卫相对于轧制线的位置是由各部件的结构、尺寸精度来保证的,所以组装好的导卫一般不需要再作调整。

3.4.6.3　滑动导卫的使用及维护

粗、中轧机组的滑动导卫直接安装在导卫梁上,由导向键定位,夹具紧固。精轧机组的滑动导卫是由夹具紧固在固定托架上。精轧机的滑动导卫是不可调的,因而制造精度和装配精度要求较高。

图 3 – 23　导卫副错位

滑动导卫常见故障及处理方法:

（1）工作实例一（见图 3 – 23）:由于制造精度不高而造成一对导卫副组装时的错位。

处理方法:1)导卫副入库时,尽可能将相吻合的导卫副配对,标记清楚以备使用。2)将错位处夹角用锉刀倒圆,保证与轧件接触面光洁平滑,不刮伤轧件,不影响轧件通过。

（2）工作实例二:导卫使用不正确。

1)更换导卫不及时。由于磨损,轧件和导卫之间的间隙逐渐增大,达到一定程度后,轧件在导卫中抖动或倒钢,会使导卫局部急剧磨损。

处理方法:一是掌握导卫将出现局部磨损的临界值,即轧件与导卫之间间隙的规律,然后按时或按使用寿命来更换导卫。二是对产生局部磨损的导卫可通过补焊或改变尺寸后再继续使用。

2）导卫粘铁未及时处理。粘铁就是黏附在导卫内表面上的铁皮。造成导卫粘铁有钢温过高、轧件过厚、轧次废钢、导卫组装、安装不正确、导卫内壁粗糙、有毛刺等原因。

处理方法：一是经常检查并清除导卫内氧化铁皮。二是经常检查导卫内壁是否光洁平滑，去除毛刺。

（3）工作实例三：轧制故障造成导卫受损。

现场常见辊环炸碎、堆钢等事故使导卫受损。损坏情况有导卫舌卷边、导卫崩口、划痕。

处理方法：一般导卫舌卷边锉平后仍可继续使用。导卫崩口，划痕经补焊后仍可使用。

3.4.7 导卫配套设备

3.4.7.1 油、气润滑系统

高速线材厂通常用的润滑系统有三类，即稀油集中润滑系统、干油集中润滑系统和油、气润滑系统。其中油、气润滑系统专门用于滚动导卫的导辊轴承、扭转导卫的扭转辊轴承及活套导辊轴承的润滑。油气润滑系统主要由油泵站、压缩空气装置和注油器三部分组成。空气压力一般控制在 $0.4 \sim 0.5 MPa$，每个油、气润滑系统供油量为 $3L/min$，循环周期为 $30s$。采用较高的空气压力，其作用是：

（1）通过油、气分配器使油成雾状，不断地、均匀地送到轴承。

（2）可以防止水、尘物和氧化铁皮渗入轴承，从而改善轴承的工作环境和提高了轴承的使用寿命。轴承润滑的优点又使导辊和轧件之间的摩擦减小，提高了导卫的使用寿命。

3.4.7.2 磨床

滚动导卫的导辊为高合金钢，硬度高，尺寸精度高。导辊弧面磨损后，必须送磨床间修磨。马钢高速线材厂选用了德国 Wentd 磨床，专门对碳化钨辊环和滚动导卫导辊的磨削，可进行外圆面、工作面（型面）、内孔的加工。具有先进的缓进给深磨削、精磨削等新技术和新工艺，电气控制水平也很高。配有金刚石磨轮和立方氮化硼磨轮。

3.4.7.3 光学校准仪

详细内容见 3.4.4.2。

3.4.7.4 轴承

马钢高速线材厂的滚动导卫和扭转导卫的辊子内所装轴承都是瑞典的斯温斯卡轴承制造厂生产的 SKF 轴承。1～11 号轧机导卫辊内用的圆锥滚子轴承，其性能特点是承受径向力和轴向力，承载能力较大，允许的极限转速较低。12～13 号轧机导卫导辊内采用滚球轴承，其性能特点是承受径向力和轴向力，承载能力较低，允许的极限速度较高。轴承的质量直接影响到导卫的使用寿命，间接影响轧制质量。轧制速度为 $100m/s$，轴承转速高达 $38000r/min$，轧制过程中轴承工作条件是很恶劣的，所以大多数滚动导卫的故障源点是轴承烧坏。也有许多高速线材厂采用德国产的 FAG 轴承，质量也很好。

3.4.7.5 导卫梁

装在粗、中轧机机架上的导卫梁，装在预精轧机上的导卫支架、装在精轧机上的导卫托座都经过精心设计，且制造难度很高。在导卫装机前应精调导卫梁、支架、托座，使导卫梁的导向键和

轧槽对中。导卫在导卫间精确组装后,上机时只需放在导卫梁、支架、托座上,用夹具锁紧就行。从而极易装卸准确对中,为导卫更换节省了时间,有利于提高产品质量和产量。

3.4.7.6 移动式导卫小车

在1~4号轧机机架之间布置三台移动式导卫小车。其作用是对轧件承接过渡和导向。采用移动导卫小车,是为了装卸轧机导卫和导卫梁方便、省时。移动式导卫小车底部装有车轮,轮下有轨道,可向传动侧移动。移动式导卫小车是通过调节螺栓固定并与轧槽对中。导卫由铸钢制成,有较好的耐磨性能和再加工性能。

3.4.7.7 进口导卫喇叭口

5~7号轧机的入口导卫都装有喇叭口,起过渡轧件和保护进口导卫的双重作用。它是由钢板焊接而成,其磨损甚微。

3.4.7.8 空轧过渡管

在精轧机组中从19号轧机起有成品孔型,当19号轧机出成品时,21~25号轧机应拆除辊环,采用空轧过渡管,如图3-24。

图3-24 空轧过渡管

复习思考题

3-1 了解孔型设计的概念、内容及要求。

3-2 了解箱形孔型、椭圆-方、椭圆-圆孔型系统的优缺点。

3-3 了解在高速轧机线材生产时粗、中轧孔形系统的选择。

3-4 了解在高速轧机线材生产时预精轧、精轧机组孔型系统的选择。

3-5 掌握导卫装置的概念。

3-6 了解导卫装置在线材生产中的作用和重要性。

3-7 掌握高速轧机的导卫在轧线上的布置规律。

3 - 8　了解滚动导卫的结构及作用。

3 - 9　了解滚动导卫、扭转导卫的调整内容。

3 - 10　掌握导卫装置的组装和调整方法。

3 - 11　了解导卫在材质和形状方面有哪些要求。

3 - 12　了解滚动导卫、扭转导卫、滑动导卫的常见故障、原因分析和处理方法。

4 轧辊及轧机调整

4.1 轧辊材质

4.1.1 高速线材轧机轧辊的牌号及主要指标

4.1.1.1 轧辊牌号

过去轧辊的制造工艺不完善,轧辊材质比较简单,有铸钢、铸铁、合金铸铁等。随着铸造工艺和热处理工艺的进步,轧辊的性能有了显著提高,出现了许多能满足不同工作条件的轧辊,现今轧辊牌号繁多,除可按化学成分粗略划分为铁、合金铸铁、钢、合金锻钢等几大类外,尚可按工艺和轧辊的基体组织细划类别,如铸铁轧辊可分为冷硬铸铁、无限冷硬铸铁、球墨铸铁、高铬铸铁轧辊等,钢轧辊也分为普通铸钢、超高碳铸钢、石墨钢、合金铸钢轧辊等。类别的细化有利于根据使用条件选择更适合的轧辊。

4.1.1.2 线材轧辊的主要指标

A 轧辊的耐磨性或硬度

线材轧机选用轧辊最主要的出发点是保证线材的表面质量,因为线材轧机与其他大型轧机相比其强度不是主要矛盾。保证线材的表面质量最主要的是槽孔的形状及粗糙度。所以轧辊的耐磨性是线材轧辊的主要指标。

粗轧机的轧件较大,轧制变形渗透能力不够,金属表面流动量大,特别是在不均匀变形严重的孔槽内,金属流动量更大些。金属沿轧辊表面的流动是轧辊磨损的重要原因,也是轧辊表面变粗糙的原因之一,要提高轧辊抗磨损能力必须提高轧辊的硬度及韧性。

硬度特性随温度而变化,高温状态下硬度通常是要降低的。高温下硬度降低往往是由组织转变和渗碳体的分解造成的。在高温下工作的轧辊一定要考虑热稳定性,以保证轧辊耐磨。高铬铸铁的硬度热稳定性最好,这种铁可以形成高硬度的稳定的 Fe – Cr 碳化物。

B 抗热裂性

由于粗轧时的坯料断面大,轧制温度高,轧制速度低(最低为 0.1m/s),所以粗轧机组的轧辊工作条件十分恶劣。特别是在轧制速度低,压下量大时,轧件通过轧制变形区时,在轧制变形区的轧辊表面将被加热到 500~700℃。离开轧制变形区后的轧辊表面又骤冷,轧辊受冷热交变的应力,很快会出现龟裂状的热疲劳裂纹。另外,粗轧前几道轧制力大,轧制力矩大,在压力和力矩的共同作用下也容易出现表层的疲劳裂纹。人们研究了轧辊的使用条件和轧辊破坏的原因之后,有针对性地采取了有效措施。以提高轧辊的高温强度及韧性来提高轧辊的抗热裂性。为了提高轧辊的高温强度必须提高轧辊的再结晶温度,因为金属在发生再结晶转变时其强度将大幅度降低。金属的再结晶温度与合金成分有关。大体上讲难熔金属其再结晶温度比较高。铁基合金的熔点在 1530℃ 左右,在 700℃ 时铁基合金的强度将大幅度下降,因此铁基合金轧辊使用温度不得超过 700℃。改善金属韧性一般靠调整合金成分,如提高其镍含量。另外,改善金属组织如增加球状石墨体也能改善金属韧性。抗热裂性除与轧辊高温强度及韧性有关外,还与轧辊的导热性能有很大关系。所以热扩散率或导热性好的轧辊,其抗热裂性能也好。

C 辊身径向硬度的均匀性

硬度随深度的变化或称硬度的落差对线材轧机的粗轧轧辊尤为重要,其硬度必须保证开槽后的孔槽耐磨性,并保证轧辊在重车范围内辊径最小时的孔槽耐磨性。因此减少硬度落差一直是重要课题。目前减少辊径硬度落差大体有三种有效的办法:

(1) 加入一定量的合金。加入 $w(Cr) = 0.5\% \sim 1.5\%$ 的铬合金化珠光体球墨铸铁轧辊及针状球墨铸铁轧辊,在辊身表层深度 76.2mm 内几乎无硬度降。但铬的加入对辊颈及辊身的中心强度有副作用,采用先进的瞬时孕育技术可把对辊颈强度的影响限制在 15% ~ 20%。

(2) 特殊的热处理。含有少量的一次碳化物的钢轧辊,经正火和软化退火处理可以基本上消除硬度降。

球墨铸铁轧辊只要化学成分、孕育及高温热处理得当也可以基本上消除硬度降。使球墨铸铁中的球状石墨周围形成一层铁素体,即牛眼状铁素体包围层,而基体则为珠光体及贝氏体组织。经过高温热处理之后,渗碳体被部分溶解也可以消除硬度降,经过处理的球墨铸铁轧辊其强度可与铸钢轧辊持平,而其他性能如耐磨、抗热裂、表面粗糙度则优于铸钢轧辊。

(3) 采用离心铸造。离心铸造最显著的优点是可以灵活地选择轧辊工作层材料和心部材料。离心铸造可以抑制柱状晶的生长及快速凝固,可以使离心层无硬度降,但离心层厚度不能超过 75mm。

4.1.2 轧辊材质的选择

4.1.2.1 粗、中轧机组轧辊材质

A 粗轧机组轧辊材质

当我们分析了线材轧机各机座的工作条件和轧辊特性之后,不难正确地选用合适的轧辊。粗轧机架如热裂性为主要问题,则应选择经专门软化退火的珠光体球墨铸铁轧辊,其硬度值也应低些,一般选取硬度 HS38 ~ 42。如果耐磨性是主要问题,则选硬度稍高些的 HS45 ~ 48 比较适宜。根据美国的实践经验,硬度相同的轧辊,其软化退火的球墨铸铁轧辊较普通铸钢轧辊寿命高两倍。

B 中轧机组轧辊材质

中轧机组选用的轧辊其硬度应较粗轧机组的高,硬度值可达 HS67,材质以珠光体球墨铸铁或贝氏体球墨铸铁为好。当然在轧件小,离心铸造表层厚度又能满足车削需要的情况下,其材质以离心铸造的针状球墨铸铁轧辊最为理想。进行切分轧制的中轧机组以使用高铬轧辊效果最佳。

C 几家轧机制造商选用轧辊情况

德马克公司第 1 ~ 6 架轧辊材质为钢基耐磨铸铁,第 7 ~ 13 架为合金铸铁。

住友公司第 1 ~ 11 架轧辊皆为球墨铸铁。

戴维 – 劳维公司第 1 ~ 4 架轧辊为球墨可锻铸铁,硬度 HS50 ~ 60,第 5 ~ 11 架轧辊材质为球墨珠光体可锻铸铁,硬度 HS60 ~ 65。

施罗曼 – 西马克公司第 1 ~ 7 架轧辊为球墨铸铁,轧辊硬度第 1 ~ 2 架 HS48 ~ 53,第 3 ~ 4 架

HS50～55,第 5 架 HS52～57。第 8～11 架轧辊为高碳耐磨铸铁,硬度 HS70。

　　D　中国的高速线材轧钢厂轧辊材质情况

　　(1)厂轧辊材质:第 1～4 架是合金铸钢,轧辊硬度 HS43～45;第 5～13 架是球墨铸铁,轧辊硬度第 5～9 架 HS50～55,第 10～13 架 HS60～70。

　　(2)厂轧辊材质:第 1～13 架皆为球墨铸铁。轧辊硬度第 1～4 架为 HS50～53,第 5～8 架为 HS55,第 9～11 架为 HS70,第 12～13 架为 HS75。

　　(3)厂轧辊材质:第 1～13 架皆为球墨铸铁。

　　(4)厂轧辊材质:第 1 架为可锻铸铁,第 2～5 架是铸铁,其硬度为 HS52～54;第 6～9 架为珠光体基体的球墨铸铁,其硬度为 HS60～63;第 10～13 架为工具钢,其硬度为 HS73～76。

　　从我国实践经验看,粗轧机使用球墨铸铁轧辊其耐磨性与抗热裂性都比较好,前几架以考虑抗热裂性为主,所以应选择基体为珠光体型的,后几架选择贝氏体基体组织的更适合。粗轧机的轧辊硬度一般控制在 HS50～55。中轧机的轧辊硬度则控制在 HS60～70。为了控制性能除两种轧辊的热处理有区别外,其化学成分也有所调整。

4.1.2.2　预精轧机轧辊材质的选择

　　预精轧机其轧制速度在 10m/s 左右,轧制的轧件为 φ17～22mm。由轧制特性看与小型轧机的精轧机组十分相似。所以其轧辊材质可参考小型精轧机轧辊选择。预精轧机由于多是悬臂式轧机,所以辊环的材质可比小型轧机的更好些。目前所用辊环材质有高镍铬离心铸造复合辊、工具钢、碳化钨等。以碳化钨最为理想,它寿命高,辊槽粗糙度低。

　　几种辊环使用情况的比较见表 4-1。

表 4-1　预精轧机轧辊辊环使用情况

厂　　家	机架号	轧辊直径 /mm	轧槽数 /个	每个轧槽轧制量/t	车削次数	轧制总吨数 /t	轧辊材质
施罗曼－西马克公司	12 平	285	2	580	13	15000	合金冷硬铸铁 HS70
	13 立	285	2	500	15	15000	
	14 平	285	2	500	12	12000	
	15 立	285	2	400	22	17600	
德马克公司	14 平	320	2	4500	17	153000	碳化钨
	15 立	320	2	3500	17	119000	
住友公司	12 平	330	1	3000	21	63000	特殊工具钢
	13 立	330	2	3000	21	126000	
	14 平	330	2	3000	21	126000	
	15 立	330	2	3000	21	126000	

4.1.2.3　精轧机轧辊材质的选择

　　A　碳化钨硬质合金辊环

　　精轧机组轧机使用的轧辊材质一般均为以碳化钨为主的硬质合金。碳化钨硬质合金具有良好的热传导性能(其热传导系数为钢的2倍),在高温下硬度下降少,耐热疲劳性能好,耐磨性好,强度高等特点,这些是其他材质的轧辊所难以达到的。因此,从高速线材轧机问世以来,碳化钨硬质合金辊环就应运而生,并不断发展完善。

B 精轧机组轧机对轧辊指标的要求

目前的精轧机组一般由8架至10架轧机组成。前面的机架,因轧件断面尺寸大,轧辊受到的负荷和冲击力较大,因此,精轧机组的前二架轧机的轧辊[一般辊径为8in(203.2mm)]应考虑采用强度指标高、耐热疲劳性能好的材质,耐磨性能指标放在第二位;后面轧机的轧辊[一般辊径为6in(152.4mm)]因轧制负荷较小,冲击力较小,应优先从轧辊的耐磨性和抗热疲劳性能来考虑。

C 水质对精轧辊的寿命的影响

一般地说,酸性水质对硬质合金轧辊产生腐蚀作用,它会加剧热裂纹的扩展,大大减少轧辊的寿命。为了提高精轧机轧辊的耐蚀性和抗热疲劳性,近年来,新成分的碳化钨辊不断出现,主要是黏合剂成分的改变,当黏合剂中含有0.5%~1.0%的镍和铬时,会大大提高硬质合金轧辊的热疲劳性和耐蚀性。瑞典桑德维克公司生产的CR60辊其寿命比CT65的高出2倍多,就是很好的证明。

D 精轧辊轧槽的寿命

精轧辊轧槽使用寿命各厂家相差不多,一般第1~2号轧机每槽每次的轧制量为2000~2500t,第3~6号轧机每槽每次轧制量为1400~1800t,第7~8号轧机每槽每次轧制量为1000t,第9~10号轧机每槽每次轧制量为400t。

4.2 轧辊的冷却

在轧制过程中,必须对轧辊表面进行冷却,否则,会造成轧辊磨损严重和断辊。

4.2.1 热疲劳裂纹的产生与防止

轧制过程中,热轧件与轧槽表面接触,使轧辊表面温度升高,这部分金属要产生膨胀,而轧辊深层的金属温度由于温度升高不大,膨胀较小,就会对轧辊表面金属产生压应力;反之,当轧辊表层被冷却水急冷后,表层金属收缩,而深层的金属收缩不如表层金属大,就会对表层的金属产生一个拉应力,这种反复交变的热应力是造成轧辊产生热疲劳裂纹的根本原因。热疲劳处的金属易于剥落,除造成轧辊轧槽粗糙外,热疲劳裂纹处又是一个应力集中区,是断辊的一个主要原因。因此,为防止热疲劳裂纹的产生和扩展,除选择抗热疲劳性能好的轧辊材质外,还需要在轧辊的冷却上采取有力措施。

4.2.2 选用合适的冷却水压力

为减少疲劳产生的裂纹,必须用冷却水把轧辊从轧件处获得的热量带走,从而减少轧辊的温升,减少表层金属的热膨胀。当轧件与轧辊表面接触时,轧辊表层金属可达500~600℃。冷却水喷到炽热的轧辊表面,会形成一层汽膜,覆盖其下面的轧辊表面,严重地影响了冷却效果。研究表明,当冷却水的压力达0.5MPa以上时,蒸汽膜会被冲破,从而使冷却效果明显提高。一般在高线轧机的精轧机组,冷却水的压力宜采用的范围为0.5~1MPa,在低速机座上轧辊冷却水压力不应选择太大(在粗、中轧机组冷却水的压力亦不应低于0.3MPa),以防冷却水溅散而起不到冷却作用。

4.2.3 冷却水嘴的安装位置及效果

在两辊轧机上冷却时,冷却水嘴的布置与冷却效果有很大的关系。为提高冷却效果,冷却水要按和轧辊旋转方向相反的切线方向喷射,并且冷却水嘴应靠近轧辊出口(轧件离开轧辊的表面处),如图4-1所示。另外冷却水嘴喷出冷却水的覆盖面应相重合。

4.2.4 冷却水的酸度

碳化钨(WC-CO硬质合金)辊环对水质的酸度有特殊要求,当水的pH值低于7时,钴合金即开始腐蚀。所以水质除保持在清洁方面合格外,还必须保持水的酸度不低于7。

图4-1　冷却水嘴的
位置示意图

4.3 高速线材轧机的调整

4.3.1 高速线材轧机调整的高精度概念

高速线材轧机是生产效率很高的高度机械化、高度自动化轧机。高度机械化、高度自动化是在轧机和工艺装备精度高的基础上实现的。轧件运行无规律就不可能实现机械化和自动化,而轧件的规律运行是靠轧机和工艺装备的高精度,这是与手工操作的低速轧机的根本差别之一,手工操作由人去适应千差万别的变化将轧件喂入下一道次,而机械装备和自控设施却没有那样万能。因此调整工必须严格安装、规范调整,检测轧机、安装轧机靠仪表,调整安装轧辊、导卫靠样棒,轧机部件零件和导卫等工装件靠加工精度,轧辊导卫安装一般不允许使用垫片等手段凑合。

4.3.2 粗、中轧机组轧制前的准备操作

4.3.2.1 轧辊安装

图4-2　组装完毕的轧辊与轴承的整体
1—轧辊;2—上轴承座承载瓦;3—上轴承座;4—上辊平衡装置;5—下轴承座;
6—下轴承座垫块

粗、中轧机的轧辊是由生产准备车间预装,预装好的轧辊(带有轴承座)送至轧钢现场备用。如图4-2所示。

换辊时,安装轧辊或借助换辊小车,或借助C形钩以实现轧辊送入或拉出机架的操作。下面主要介绍换辊小车换辊的操作。

A　换辊小车的安放

换辊前先将换辊小车吊运到相应的机架旁定位。吊放时应使换辊小车前端的两个定位销插入机架上的定位孔中(见图2-7),以保证小车上的轧辊托架滑道与机架内的滑道处于一条线上。吊放好后的换辊小车必须平稳水平,与地面接触实在,必要时需用水平尺检查水平。

B　轧辊吊运

轧辊对吊运至换辊小车前,应先将下轴承座底部清擦干净,换辊小车的轧辊托架与下轴承座的接触面必须擦净并涂油;然后将轧辊对吊运到换辊小车的轧辊托架上,吊放位置一定要准确到

位,否则轧辊难以进入机架窗口。

C 辊头位向调整

轧辊吊上换辊小车后,应先进行轧辊扁头定向,即辊头的位向调整,以使扁头的位向与传动接轴轴套的位向一致,从而保证轧辊的上、下轧辊扁头能顺利地插入相应的轴套内。需指出,辊头的位向往往不能一次就调整正确,这取决于对位向的准确判断和实践的积累。有些高速线材厂家,传动轴轴套设有自动定位功能,即轴套内的扁平面可借助于电气控制自动调到垂直位置,所以每次安装轧辊时只要将辊头调整成对应的垂直位置即可。这就简化了对传动接轴的调整和判断,有利于准确调整。

现场常用的对轧辊辊头垂直位向的简单判别方法是:用眼睛沿上辊辊头的一侧面顺着向下看,如上、下辊扁头的侧平面处于同一个垂直面上,也说明辊头调整成垂直状态了。

D 轧辊对装入机架

辊头调整后,轧辊对即可被装入机架。这时,应注意把辊头、传动接轴轴套、机架的轧辊滑道、机架的两窗口侧壁、轧辊轴承座各侧面都擦净和涂油。涂抹轧辊辊头的润滑油脂一般选用二硫化钼润滑脂(膏)。

轧辊送入机架的速度有快、慢两个挡次。必须注意,轴承座的外形尺寸与机架窗口的尺寸相差较小,很可能在轧辊进入机架时,轴承座的某一侧面会撞击到窗口衬板边缘,故须慢速渐进,并用撬棒等工具拨正轴承座的位置,以保证轧辊顺利进入机架。在辊头接近传动轴轴套时必须慢速,须先察看辊头与轴套的位向是否一致。绝对要避免由于辊头位向调整不准,轧辊送入速度过快而造成辊头或轴套的硬性撞伤。

E 轧辊轴向定位、紧固与辊缝初步设定

上、下轧辊轴线互相交叉或不水平,都可能破坏生产工艺要求。轴线交叉可能造成轧件外形畸变,或导致轧辊轴承磨损严重而增大辊跳,乃至损坏轴承。轧辊轴线不平行会使轧件扭转而导致轧制事故。这两种情况也可能使辊头和接手套之间形成偏心载荷,从而损坏辊头或接手套。因此,要经常对轧机牌坊内侧的衬板,以及基准轧辊的垫板进行检查,更换必要的磨损件。在安装轧辊时,要用水平尺对基准辊进行水平度的测量。

在进行同一轧辊两端的轴向固定时,其紧固程度要求左右均匀,不可过紧,以防止人为地使辊颈和轴承得不到良好的接触,致使辊颈磨损和损坏轴承。

轧辊轴向固紧后,启动压下机构,让上、下轧辊相互靠近,检查上、下轧辊的孔型对中情况。然后抬起压下,使辊间距离大致为该机架的辊缝值。并注意上辊是否能随之抬起。如果压下抬起后,上辊不跟着上升,则可能是轴向固定得过紧,或者是上辊平衡装置没有起作用。如是后一种情况,则应及时修理。必须知道,在平衡装置工作不正常的情况下轧钢是不允许的,这是因为在轧钢时,将导致上辊及其轴承座的重量会通过轧件作用到下辊辊身上,从而增加了下辊的负荷,进而可能产生断辊的危险。

4.3.2.2 导卫安装与调整

导卫安装、调整的正确与否,直接影响轧制过程的正常进行及产品质量,所以在轧制操作中,它是特别重要的操作之一。

粗、中轧机组的各种导卫均安装在轧机的导卫横梁上。导卫横梁上设有定位槽保证导卫在横梁上定位,定位槽数与轧机的线数相等。

A 导板梁标高的找正

导板梁是固定导卫的平台。导板梁标高的正确与否是关系到轧制能否稳定进行的一个重要因素。入口导板梁超高会造成轧件在入口处咬入困难引起堆钢,或造成轧件在出口处往下扎,过低又会造成轧件在出口处抬头。因此在装导卫之前必须对导板梁标高找正。具体做法是:将导板初步固定在机架上,找平、找正、测量导板梁上表面与轧制线的距离是不是等于导卫中心线到导板梁上表面的距离,然后根据其位置,调整导板梁高度及水平度,使导卫的中心线与轧制中心线保持一致。调好后紧固导板梁螺丝。

B　导卫横梁移动

导卫对准相应孔型是通过横移导卫横梁来实现。在导卫安装操作中,需先将横梁移动,使其相应的导卫位置大致对准对应的孔型;然后,再安装导卫,并微量移动横梁,以保证导卫与孔型的准确对中。如果先将导卫安装到横梁上,则可能会使导卫突出的鼻端不能越过轧辊的辊环,而无法移至相应的轧槽上去。横梁只能横移,而不能向高调整。所以导卫的高度位置是固定的,从而保证了导卫与轧制线的相对距离不变。

C　导卫的吊装

粗、中轧机机组的导卫一般比较庞大、笨重,需用吊车吊运。导卫在吊放到横梁上之前,需先清擦横梁上的导卫安装面和定位槽,并涂上润滑脂。导卫的底部在安放前也需擦净。导卫在吊放时,可能会发生吊绳与机架上端接触后,导卫还不能接近轧辊到达横梁上相应的位置。此时,可由人推着导卫向前接近轧辊,同时吊钩下行将导卫置于横梁上。一般来说,吊放的导卫往往不能完全到位,因此,需用小撬杠等工具适当移动导卫,使其底部定位键与横梁定位槽完全吻合,并将导卫向轧辊方向移至到位。导卫应安放平稳,此时导卫内孔中心线应和轧辊轴线互相垂直。

D　导卫的固定

导卫梁安装应校准水平。导卫梁与牌坊和导卫的接触面应光洁、平滑,不应有加工时留下的凸起部分。导卫安装前需微调导卫梁的位置,使导卫内孔的中心线与已调整完毕的轧辊孔型中心线相一致。但在实际操作过程中,考虑到随着轧槽轧制吨位的增加,孔型中心线也在不断地改变这一因素,在使用新孔型时,导卫内孔中心线高度应略低一些。

导卫在横梁上吊送到位后,然后将其紧固。如图2-6所示,该轧机是采用螺栓和夹板来固定导卫装置。

对于粗轧前几架的辊式扭转导卫,由于承受较大的轧件作用力,有些还增加了上部固定,以避免扭转导卫倾覆(见图2-6)。滑动导卫由下部导槽主体和导板组成。下部主体通过上述的螺栓和夹板固定方式固定,上导板固定则靠楔子楔紧。上导板与轧辊之间的距离也在楔紧时固定下来。所以这个距离在安装时要注意,上导板前沿不要过于贴近孔型。

E　过桥导槽与喇叭口

在粗轧前几架间装有过桥导槽,换辊、换导卫等操作时,需横向移动过桥导槽。过桥导槽的定位是通过过桥小车底部的定位销来实现,在轧钢时,应注意将定位销插到合适的定位孔中。

粗、中轧机组后几架轧机的间距较小,原则上不需设置过桥导槽而是在进口导卫前采用加导向喇叭口来导向的方式。喇叭口直接安放在相应的进口导卫本体上,安装操作较为方便。

F　导卫鼻端与轧槽的间距

在中轧机组,因轧件的断面尺寸较小,出口导卫有的采用了简单的导管形式。这种导卫的安装与前述的固定导卫相似,但须注意的是导管的鼻端与轧槽的距离在安装时是可调的,这个距离一般控制在 $0.5 \sim 2.0 mm$。

总之,粗、中轧机组的导卫沿轧制方向上的位置调整,亦即导卫鼻端与轧槽的间距,在导卫设计中就已考虑。安装时,只需将导卫推到位固紧,这个间距也就随之确定。只有前面提到的固定导卫的上导板和导管式导卫须在安装时注意间距的调整。

G 导卫与孔型的对中

粗、中轧机组导卫的横向位置调整,即导卫与孔型在轧制线上的对中调整是在轧辊和进出口导卫均安装好后,观察导卫的两内侧面与孔型的位置是否对称来判别,并可通过导卫横梁的移动来调整,如图4-3所示。导卫的或左或右偏向,会导致轧件头部弯曲或堆钢等事故。

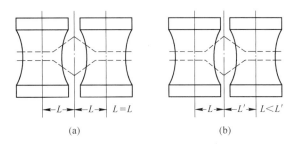

图4-3 滚动导卫导轮调整位置示意图
(a)正确;(b)不正确

必须注意,对于二线、三线、四线同时生产的线材轧机,有可能某一侧的导卫与孔型的对中正确,而另一侧的导卫却偏离了孔型。这种情况或是由于导卫加工、组装时造成,或是由于轧辊孔型加工精度误差造成。当这种情况不太严重时,可以适当折中调整,使各导卫最大偏离程度减至最小为宜。

4.3.2.3 冷却水管、油气润滑管的安装

A 安装冷却水管

轧机的冷却水用于冷却轧辊和辊式导卫的导辊。

轧辊冷却水需对准在轧轧槽。轧槽更换时,导卫要移位,上辊冷却水管的位置也随之要移位,因为冷却水管路和水管通常是连接在导卫横梁上的。这样,冷却水嘴与轧槽对准在导卫横移时就同时完成了(见图2-6)。下辊冷却水管是焊接固定体,下辊冷却水管在换辊、换导卫时,往往必须拆下,否则将给换辊、换导卫带来不方便。

B 安装润滑油管

轧机上的润滑油管是为辊式导卫的导辊轴承提供润滑。更换辊式导卫时,需先拆卸油气管。

4.3.2.4 轧辊设定

轧辊设定包括轧辊轴向调整和辊缝设定。

A 轴向调整

轧辊的轴向调整主要是解决错辊现象,使上、下轧辊孔型对中。孔型错位(见图4-4)后轧件必然产生弯曲或者扭转,孔型偏磨损,造成轧制不稳定或出耳子等轧制缺陷。应该指出,在生产准备车间进行轧辊和轴承组装时,首先要保证上、下辊孔型的对中。

孔型配合与错辊检查,通常靠目测来判断。也可采用卡尺测量孔型的对角线的方法,如两孔型对角线不等则为错辊。也可用上辊压下方法使上、下两辊紧靠,用眼睛观察判别空载时的错辊现象,如图4-5所示。最准确的方法是用样棒测量。

图 4 - 4　孔型错位

图 4 - 5　孔型对中与错辊

(a)正确;(b)错辊

B　辊缝的调整与设定

辊缝是轧制工艺的重要参数之一。它的设定、调整是轧机操作的主要内容。它的设定通常是在更换新孔后进行。对于已经磨损的旧孔槽,需根据试轧后的轧件实际高度确定辊缝;或者使用停轧之前记录的辊缝值予以修正。

在轧制力的作用下,轧辊、轴承座、机架等机械零部件都会发生某种程度的弹性变形,各机械零件之间的间隙也会被缩小或消除,由此引起的辊缝增加值称为轧机的"弹跳值",机架、机件的弹性变形只要轧制力不变,可以视为常量。而各间隙与安装、与垫片多少有很大关系,调整工必须密切注意。每架轧机的弹跳值应由工程技术人员在投产试轧时实测分析后给定。轧机的实际辊缝值是指轧钢时上、下辊辊环处的间距。它应等于正确的孔型设计辊缝值。因此,轧机空载时的设定辊缝值应为:

$$S_{设定} = S_{实际} - \Delta S$$

式中　$S_{设定}$——空载压痕辊缝设定值,mm;

　　　$S_{实际}$——轧钢时实测压痕设定值,mm;

　　　ΔS——轧机弹跳值,mm。

这里介绍一种在国内、外高速线材厂常用的辊缝设定方法。

a　材料的选用

可选取比设定辊缝值大 1.5 ~ 4.0mm 的圆钢条作为辊缝测量的材料。例如,辊缝为 26mm 时,选取 ϕ30.0mm 的圆钢;当辊缝为 5mm,选取 ϕ6.5mm 的圆钢。圆钢条的材质可采用普通低碳钢。表 4 - 2 给出了一组某厂粗、中轧机组各机架所选用的圆钢条规格和材质。

表 4 - 2　圆钢条规格和材质

机　架	粗　轧							中　轧				备　注
	1	2	3	4	5	6	7	8	9	10	11	
实际辊缝/mm	27	21	12	10	6	7	5	6	4	7	5	(1) 材质为较软的圆钢,例如碳素结构钢、焊条钢
设定辊缝/mm	25	19.5	11	9	5.4	5.8	4.5	5.4	3.6	5.8	4.5	(2) 本表供参考
圆钢规格/mm	30	25	14	12	8	10	6.5	8	6.5	10	6.5	

b　实际设定操作

在高速线材轧机上轧制不同规格的线材时,机组的孔型大多数为共用孔型,而且各架新孔的设定辊缝值也是不变的。所以各架可配有固定辊缝塞尺(见图 4 - 6),作为初步设定辊缝的工具。

用该塞尺初设辊缝时,须分别在操作侧和传动侧各设定一次,以手感塞尺恰好能从两辊之间抽出为准。这不但是辊缝值的初设定,也是轧辊的水平调整,所以务必使两侧辊缝值相等(见图4－7),这一点非常重要。如果两侧辊缝不等,出口处轧件会弯向大辊缝侧,而可能导致堆钢等轧制事故。

图4－6　粗、中轧辊缝塞尺

图4－7　辊缝设定

(a)不正确 $A \neq B$;(b)正确 $A = B$

塞尺将各架辊缝值初步设定完成后,即可采用圆钢压痕法来测试辊缝。具体方法是:利用机旁操作柜的点动"爬行"功能,使被测的轧机慢速运转,然后操作工应平持相应尺寸的圆钢条在操作侧和传动侧的轧辊辊环上各轧过一次,测量圆钢的压痕高度,并与辊缝设定值进行比较,反复调整压下,直到所测压痕高度与设定辊缝值相等为止。

操作时要特别注意两点:第一,用圆钢设定辊缝,必须固定各架所用圆钢的规格和材质。对于同一轧机同一辊缝,使用的圆钢规格和材质不同,其测量值也会不一样,从而影响辊缝设定的精度。第二,圆钢在轧辊间轧过的压痕大小也需保持大致相等(见图4－8)。压痕大小的差异也可能导致测量和设定的不精确。

图4－8　圆钢设定辊缝的压痕要求

(a)大小不一;(b)一致

总之,无论采用何种方法设定辊缝,其目的都是保证轧制出的轧件高度符合要求,所以最根本的目的是要找出辊缝设定值与轧件高度的对应关系。不同的钢种在同一设定情况下,会有不同的轧件高度。

辊缝设定完毕后,不要忘记将压下刻度盘的读数指针复零。

4.3.2.5　轧制线对中

连续轧制要求各机架轧制线处于一条直线上。轧制线对中的含义既包括同一机架的进、出口导卫与在轧孔型的对中,还包括整个机组在轧制线上的一致。关于导卫与孔型的对中方法已在前面介绍过,这里主要介绍机组轧制线的对中方法。

A　利用光源观察对中

如果该机组机架数不多,则机组的对中可以从第一架入口导卫处置一光源(如手电筒),在机组末架出口导卫处观察。对于多线走钢的粗、中轧机组,则必须对每一条轧制线进行检查,整个机组的轧制线对中是通过横移各机架来实现。如果该机组机架数较多,往往不可能一次完成整个机组的对中,即不可能从机组的第一架到最末一架同时直接进行轧直线检查。这时,可以根据轧辊直径将机组分成两段处理。如以 $\phi 550mm$ 辊径的轧机为一段,$\phi 480mm$ 辊径的轧机为另一段,在完成了分段检查和横移对中后,再进行最后整个机组轧制线对中。

B　利用绳线对中

换辊、换槽一般仅在几个机架上进行,故仅有少数几架轧机需横移对中,原则上通过上述方法就可以完成轧制线对中,但对于大修等导致整个机组所有机架几乎都被移动的情况下,可选加热炉出钢口处的一点和机组末架后的飞剪导槽的另一点(这两点必须是纵向轧制线上的不动点)为基准,借助钢丝或其他绳线,从机组第一架开始,逐架穿过孔型进行横移调整,以校准轧制线的位置,最后以钢丝在机组前后的两个不动点上拉成直线为准。这样就校正了整个机组的轧制线。对于多线同时走钢的轧机,这样的轧制线校正要逐线完成。

4.3.2.6　换辊操作

随着轧出量的增加,孔型磨损的凹凸不平,轧件的表面粗糙度和孔型尺寸便发生了改变,当通过调整压下量和修磨槽孔仍不能轧出符合工艺要求的轧件时,就应该更换轧槽或换辊。换辊操作包括轧辊拆卸和安装两部分。

A　轧辊拆卸

其操作步骤为:

(1) 拆卸掉机架上各种防止冷却水外溅用的挡板;

(2) 利用天车吊卸机架的防护罩盖(见图2-4);

(3) 拆卸冷却水管、油膜轴承润滑油一气管;

(4) 拆卸导卫;

(5) 抬高压下装置;

(6) 松开轧机的轴向压紧装置(如轴向压板);

(7) 利用换辊小车或C形钩将轧辊拉出机架,应注意的是,拆卸下的机架罩盖、水管、导卫等部件应按次序放置,以免以后安装时混乱。

B　轧辊安装

其操作步骤为:

(1) 将牌坊窗口底部的两侧用洗油擦净,检查其磨损情况,更换必要的磨损件,然后给牌坊窗口,轧辊扁头及轴承箱两侧均匀地涂抹上甘油;

(2) 调整轧辊扁头的方向,使其与接轴套筒内的滑板方向一致,套上C形钩并调整C形钩吊环的位置,使轧辊能被水平地吊起;

(3) 搬动接轴托架手动液压缸,把托架升起使接轴保持水平;

(4) 用吊车将下轧辊水平吊起放入牌坊窗口内,使轧辊扁头插入接轴套筒里。然后按照装下轧辊的操作把上轧辊装入牌坊内,去掉接轴托架液压缸的压力,使其回至低位;

(5) 再按拆卸轧辊的相反步骤完成其他项目操作。

更换轧辊完成之后,要进行轧辊的轴向调整,辊缝设定,导卫安装等项工作,具体操作和注意事项已在前面详细说明,这里不再重述。

C　换辊时间的确定

除了出现断辊事故或者其他情况的轧槽意外损坏需及时换辊外,一般换辊是根据轧辊材质及磨损情况所设定的轧槽寿命定期进行的。

粗、中轧轧机换辊换槽必须全线停车,为提高轧机作业率,就须考虑尽量在一次停车时多更换几架轧机的轧槽。现场经常采用将轧槽实轧吨位超过设定吨位的轧槽和已接近设定吨位的轧槽一起更换。如果生产线上出现了事故,造成较长时间的停车时,而粗、中轧机组的某架轧槽寿命又将接近其设定吨位时,可提前换辊。出发点同样是以减少了轧制吨位所造成的损失与增加轧制时间带来的收益相比较。但是,轧槽实际吨位增加的同时,必须考虑到它对轧槽重新加工的影响。对于已经是最小辊径轧辊的轧槽,其吨位的增加只须考虑孔型对轧件尺寸的影响和断辊可能性等。

4.3.2.7 换槽操作

具体操作方法是:

(1) 松开出、入口导板梁螺丝,卸下出口导卫,横移出、入口导板梁到新的同一轧槽,紧固出、入口导板梁,安装出口导卫。

(2) 参照原孔型高度设定新孔型的辊缝值。

(3) 调整冷却水管的位置,使冷却水能准确地浇在新轧槽上。

(4) 横移轧机使新的在用轧槽处在轧制线位置上。

4.3.3 粗、中轧机组轧制过程中的轧机调整操作

4.3.3.1 导卫操作

A 辊式导卫的辊间距调整

辊式导卫分辊式入口导卫和辊式出口扭转导卫。辊式入口导卫的辊间距在导卫安装前就已设定,在生产过程中一般不予调整;只有在发生堆钢事故后,为取出卡在导卫导辊之间的轧件而变动了辊距的情况下,才需要重新设定。辊间距的设定是通过标准试棒进行的,以试棒在两导辊间能推拉带动两辊同时转动为合适。

辊式出口扭转导卫的辊间距设定方法与辊式入口导卫操作相同,不同的是扭转导卫的辊间距在生产过程中需要调整。其调整以轧件扭转角度是否正确为依据。判断轧件扭转是否正确,可观察轧件进入下一架轧机轧槽时的竖立状态,或者观察轧件出下一架轧机后轧件是否仍在扭转来确定。如扭角过大(即辊间距过小),轧件出下一架轧机后仍会继续扭转。

可见,扭转导卫的辊间距是靠经常观察轧件的扭转状况来进行调整的。一般说来,换钢种时应调整扭转导卫的辊间距。钢种不同时,轧件的变形抗力就不同,因而在辊间距相同的情况下,轧件的扭转角度亦不会相等。轧硬线时扭转导卫的辊间距要小一些,轧软线时,该辊间距应稍大些,这样才能保证轧件扭转角度的正确。

扭转角度的调整,即辊间距的调整,是通过调节扭转导卫上的调节螺栓来实现的。调整在扭转导卫空载时进行。现场操作一般是手持工具等待轧件走完,立即开始调整,并在下一轧件到来之前完成调整。

B 导卫的一般操作

安装在轧机上的导卫可能在很长时间后才会更换,导卫在轧制过程中,各固定件很容易松动,造成导卫与孔型不对中,以致堆钢。因此,需要经常检查,及时紧固和处理。

在轧制过程中应经常用铁锤等工具敲击导卫的固紧螺栓和紧固楔铁等紧固件,检查其松动情况。在事故停车或检修后应将整个机组的导卫重新紧固一遍,同时利用停机时间检查导卫内是否有脱落的结疤或氧化铁皮等残留物,以及辊式导卫的导辊是否转动良好等。

4.3.3.2 轧件尺寸的检查

粗、中轧机组的任务就是向预精轧机或精轧机输送尺寸合格的轧件;轧机的各种调整操作在很大程度上均会反映到轧件尺寸的变化上来。辊缝调整及张力调整的操作依据主要来自轧件尺寸的检查。

轧件尺寸的检查包括轧件的形状,轧件的高度,轧件的宽度等内容。根据轧件形状检查可以

发现"错辊"和轧槽磨损后孔型变形情况,由轧件高度可直接判定辊缝调整的正确与否;而轧件宽度变化则反映了张力影响和轧件充满孔型的程度。

轧件尺寸的检查通常是对粗、中轧机组末架出口轧件的头部或尾部试样的检查。具体地说,就是轧件尺寸的检查包括试样的选取和测量两个环节。

A　试样选取

取样一般在换钢种、换成品规格以及调整轧机后进行,通常要求在轧制恢复后的第一根轧件上选取试样。如果由粗轧后飞剪取样,则应通知主控台多切几次头,并选取最后切下的一段作为试样,这是因为轧件头尾的温度和所受张力的影响与轧件中部不同,以致轧件的头部和尾部尺寸比轧件中部的略大一些。

B　尺寸测量

测量多采用游标卡尺,测量读数应精确到小数点后一位数,测量时卡尺应与轧件垂直,否则影响测量精度。

最后还需注意两点:

(1)由于热胀冷缩,红热轧件尺寸与冷却后的尺寸是有差异的,在比较测量数据时要做到心中有数;

(2)轧件头、中、尾的尺寸波动,一般是头尾尺寸大,中间尺寸小,故在测量头、尾尺寸时应予考虑。

4.3.3.3 辊缝调整

辊缝调整的正确与否直接影响轧制过程的稳定,也决定了轧件出口的尺寸。辊缝调整质量的判别依据是:轧制过程平稳,轧件尺寸合格,轧件形状正常和压下量分配均匀。

轧制过程中辊缝调整的具体操作内容有三项:

(1)轧制一定数量后补偿轧槽磨损的辊缝调节(补偿调节)。补偿轧槽磨损的辊缝调节的理由是:轧槽在轧制一定数量的轧件后,就会因磨损而变深变宽,这时轧件的尺寸将变大。如轧制过程不进行辊缝调整(即用压下补偿磨损),轧件尺寸不但会严重偏离标准,而且会造成轧制事故。因此,需要在每轧制一定数量产品后,就通过压下调整一次辊缝,以保证轧件尺寸符合要求。

(2)依据轧件尺寸和所轧钢材的钢料变化及工艺参数的变化所采用的辊缝灵活调整。在实际生产中,根据生产的具体情况,经常需对辊缝进行灵活调节。其方法是:首先,通过对粗轧机组和中轧机组最末一架轧机出口轧件尺寸的检查,视轧件尺寸的变化调整辊缝;其次,在更换钢种时,由轧软线变为轧硬线,辊缝就需调小一些,以抵消硬线的变形抗力大所带来的轧辊弹跳值增大;另外,连轧过程中的张力变化也会造成轧件尺寸变化,在这种情况下应首先调整有关轧机的速度消除张力,然后根据变化以后的轧件尺寸确定辊缝的调整量。切忌调张力与调辊缝同时进行。

孔型磨损规律是个十分复杂的问题,它和轧辊材质、轧制钢种、轧制温度、孔型冷却形式、冷却水质量、压下量、导卫安装、上道次来料尺寸的大小及几何形状等密切相关。例如,孔型磨损为1mm,则应将辊缝缩小约1mm。但由于孔型磨损不均匀,其磨损量和辊缝的缩小量应不完全相等。操作人员在操作时,要适当加以考虑。

每次辊缝调整都必须对轧机工作侧和传动侧辊缝进行平衡调整,以保证轧辊水平。需强调的是,辊缝的调整必须保持整个机组各架的调整量分布均匀,不应只调节最后几架轧机的辊缝,否则会影响轧槽的使用寿命,而且轧件尺寸也不会长期稳定。

(3)轴向调整。有时可能出现这种情况,轧辊安装后进行检查,并未发现错辊现象,然而在轧制过程中,通过检查切头切尾取轧件试样,却发现了错辊。造成上述实际错辊的原因是轧辊的轴向调节装置松动或接触不良,这时则应根据轧件反映出的情况进行轴向调整。

4.3.3.4 张力的设定与调节

高速线材轧机的粗、中轧机组均实行小张力轧制。张力的控制调节在主控台上进行。然而张力检查和判别的许多操作是在轧机上进行的。张力的大小影响轧件的尺寸,因此张力也与辊缝调整有关。对张力的要求是:各架张力恒稳不变,减少张力波动对轧件尺寸和轧制过程的影响。

张力的检查判别方法有:

(1) 通过用铁棒等工具敲击轧件,检查轧件在两机架间的拉紧程度来判别张力的大小。

(2) 观察轧件两旁未轧部分的宽度变化来判别张力的大小。

如果该机架通过的轧件宽度过小,当轧件尾部离开前一架时,宽度又变大了,则说明前一机架与该架之间存在张力,因为张力一旦消失,轧件宽度则变大。宽度变化越大,则表明张力越大。

张力的大小,也可以通过电机负荷电流的变化进行判断。如果轧件咬入第一机架后,电流值为 a 值;而当轧件咬入第二架后,第一架电流仍为 a 值,则表明第一、二架之间无张力,若第一架电流值大于(或小于) a 值时,则表明第一、二架之间存在着堆(或拉)钢的连轧关系。

粗、中轧机在各架轧件宽度确定后,就可以利用轧机的调速来逐架消除张力。调整张力应从首架开始,逐架向后调整。如果从末架开始调整,就有可能在调前几架时,又把后面已调好的张力关系重新破坏了,而引起堆钢事故。

若相邻两架轧机的前一架升速,应当是串级小量升速,边升速边观察该机架轧件在宽度上是否有所增大,同时要注意观察此两架轧机间轧件是否有微量立套产生。速度一直窜升至该架轧机轧出的轧件宽度符合要求为止。如果一根轧件在宽度尺寸上的变化无规律性,则可能是由局部钢温不均匀所致;如果轧件尺寸沿长度有周期性变化,则可能是前面若干道次中,有的轧辊偏心转动,或者孔型"掉肉",而引起周期性的来料大小不一所造成的。以上情况发生则要根据具体原因加以处理。

一般来说,调张力主要是通过调节轧机转速实现的。但是实现这一过程之前,必须保证各架轧机轧件高度尺寸符合工艺要求。切不可在调转速的同时又调辊缝,两项同时调整势必造成调整混乱。

4.3.3.5 新槽的试轧

换槽后新轧槽须去除油污,然后用砂轮(或砂纸)打磨,增加表面的粗糙,并用短料试轧。试轧分两步进行,第一步是短料单机试轧;第二步是整个机组的半长坯试轧。

A 短料试轧

短料单机试轧是用与新轧槽进口轧件尺寸相似的短料,加热后(大于 1000℃)喂入该轧槽试轧,其目的主要是"烧孔"以增加轧槽的粗糙程度和检查设定的辊缝值。短料的长度可根据该机架与其前后机架的间距,亦即可喂入和取出试轧短料操作方便为宜。一般粗轧机组的每个新轧槽需要两根短料,才能使整个轧槽面都轧过红钢。对于椭孔轧槽可能不易找到相应形状和尺寸的短料,这时可采用该椭孔前一架方孔或圆孔的试轧短料。试轧时,先从方孔或圆孔走一道次后在进入新槽试轧。

新槽试轧最常见的问题是咬入困难。对此,可采取下述措施:

(1) 对新槽进行打磨使其表面粗糙,以增加摩擦;

（2）对短料的头部进行劈尖处理，以减少咬入角；

（3）短料喂入孔型时，可用铁锤打击短料尾部，以外力帮助咬入。

短料试轧后取出的试样轧件，应测量其高度，并据此调整辊缝，以保证试轧料高度尺寸与轧件理论高度的一致。

通常，粗轧机组前的一、二、三架轧机更换新槽后不需进行短料单机试轧。这是因为前几道次的轧件尺寸较大，而且轧制速度较慢，很少出现堆钢等事故。

B　半长坯试轧

粗、中轧机组的半长坯试轧，与正常生产轧钢几乎相同，主要是由主控台进行。半长坯试轧时，在轧件被咬入第三孔后用第一机架前的卡断剪将正常的整根钢坯切断。切断后剩下的钢坯应及时送回炉内。此时，主要是观察轧件的运行情况，拾取此时的切头切尾试样进行轧件尺寸检查，以及张力的检查。

最后指出，半长坯试轧主要应注意坯料的咬入与防止打滑的问题，现场还可采取对第一、二、三孔轧槽打磨与在轧件上撒沙子，放大辊缝、关闭冷却水和降低轧制速度等措施。

4.3.3.6　事故分析与处理

在轧钢厂，难免发生这样或那样的事故。然而，越是现代化程度高的轧钢厂，其事故停车的次数应越少，事故发生率越低；在同一条轧制生产线上，操作人员技能越高、经验越多，则事故停车的次数越少，事故处理需要的时间亦越短。可以说，事故停车的次数多少和处理时间的长短反映着轧机操作人员的操作技能水平。如何预防事故，并尽快地处理事故和恢复生产是操作技能的重要内容。

A　事故分类

造成事故的原因有很多种，但大多数情况下是由于下列三方面的原因所致。

a　设备因素造成

设备造成的事故可分为机械原因造成的事故和电气原因造成的事故。如轧辊材质不好引起的断辊而堆钢；导卫内部的轧件通道因加工或装配不好造成刮钢或挂住轧件头部而使轧件弯头，最后引起轧件阻塞而堆钢等则属于机械的原因。而自动控制的监控元件失灵引起设备误动作所造成的堆钢则属电气的原因。

b　明显的操作失误

明显的操作失误造成事故停车，在现场时有发生。如换辊换槽后或检查轧机后忘记将粗轧机组内某一过桥导槽推回到轧制线上定位，或者扳手、锤子遗忘在导卫的轧件通道内等。这类事故大都能很快明了其原因，并立即纠正。

c　操作技能不高（不熟练）而未能察觉出事故隐患

由于经验不足而未能察觉事故隐患，或者未能找到有效的措施预防那种重复出现但又还没找到确切原因的事故等等，则应算操作技能不高而未察觉的事故。例如，根据粗轧机组最末一架的切头试样尺寸调整辊缝，操作人员甲就可能只调整最末一架及其前架的辊缝，而不能调整前面几架的辊缝；如果是二线或三线同时轧制的轧机，则有可能一线和二线出来的切头试样的尺寸变化不尽相同，操作人员甲则可能没有考虑到上轧辊的水平问题，而在操作侧和传动侧给予不相同的压下调整。同样情况下，操作人员乙则会对整个机架均给予一定的调整，并且对各架操作侧和传动侧进行同步调整，保持上轧辊的水平状态。在其他情况相同时，几乎可以肯定在甲生产操作时间内出现的事故要比乙者为多。这种前者比后者多出来的事故就是操作技能不高的表现。再如，粗轧机组内某两机架之间一周内出现了四、五次堆钢，而在设备上和操作上的原因仍不明了的情况下,也许有些轧钢工会任其下去,而重复发生堆钢事故,直到找到它的原因后在处理。同样情况下,也可能有人采取与上述不同的态度,如采取一些暂时措施或权宜之计,而将这两架轧机的前一架辊缝收小,后一架辊缝放大,或将两架间的张力增大等来尝试一下,或许就能减少或避免该种事故的发生。这种情况也是操作技能不高而暗藏了事故隐患的一种类型。

预防事故一般从事故原因分析入手,而事故的处理则只能从对多种形式的事故处理中锻炼培养。

B　具体事故分析

a　试小样(短料)时的堆钢原因及处理

在换孔、辊后,首先要试轧小样,短料的边长一般不大于100mm(或 ϕ100mm)。大于此断面轧机不试小样。粗轧机的小样是逐架试轧的,中轧机的小样是首架至末架一次通过。尽管试轧前对孔型表面已进行了一番处理,中轧机试小样过程中,仍可能出现头部和中部打滑的现象。这种现象在椭圆轧件进入方孔(或圆孔)时发生较多,因为圆孔的咬入角较椭孔大。

由于小样较短,堆钢数量不会太多,有经验的调整工往往不是急于停车处理,而是让钢在孔型中继续被啃咬一段时间,借此来打磨孔型。然后立即用割锯将尚未降温的堆起部分在受阻部位割断,让孔型中的小样继续通过。试小样前,椭轧件进方孔(或圆孔)型的机架间的张力设定应大于方(或圆)孔轧件进入椭孔机架间的张力设定。有些调整工会将方(或圆)孔型的辊缝设定稍大于标准辊缝,以此来改善咬入角度。待小样通过后,再将辊缝恢复到标准值。椭孔辊缝一般都按标准设定。

小样通过后,应立即测量小样的高度尺寸,随即进行辊缝调整。小样的宽度暂不考虑。此后,在长料轧制时,可利用轧机调速逐渐消除张力并调整轧件的宽度至期望值。用于轧件的小样,应做头部劈尖处理。

b　生产过程中的堆钢原因及处理

生产过程中经常会遇到一些堆钢事故。调整工应经常不断地、定时地对轧件尺寸、堆拉关系、轧件表面、扭转角度、导卫的使用情况、冷却水等进行检查。堆钢可分为头部堆钢和中部堆钢。所有的堆钢从现象上看是一样的,但产生原因却有所不同。

头部堆钢的原因分析:

(1) 由于上道次轧件尺寸不符合要求(过高或过宽)引起轧件挤在该道次进口导卫中受阻而堆钢,事故发生后要对轧件头部进行测量,观察轧件头部受阻的痕迹,做出判断。对前一道次乃至前若干道次的辊缝作调整。

另外,由于轧槽磨损而引起轧件的尺寸变化,应相对地缩小各架的辊缝。一般来说,椭孔的磨损较快,方(或圆)孔的磨损较慢。所谓"两次椭一次方(或圆)"。实践告诉我们,缩小椭孔辊缝见效快,缩小方(或圆)孔辊缝轧机稳定时间长。应根据现场情况而定。

(2) 由于钢坯头部在大压下量轧制时的不均匀变形,头部低温或冶废、夹杂等都可能形成"劈头"。或者上一根钢遗留下大片翘皮在进口导卫中而引起堆钢。

(3) 由于扭转导卫严重磨损,或者安装不当,致使轧件扭转角度不对,而引起堆钢。只需观察轧件头部正反对角两侧有被进口导卫挤压之痕迹就可以判断。处理方法为调整滚动扭转导卫开口度,是固定式扭转导卫则应更换。

(4) 由于上道进口导卫磨损严重(或固紧螺丝松动),上上道次来料过小,致使轧件与导卫间隙过大,造成头部倒钢,使轧件在该道次进口导卫中受阻引起堆钢。处理方法是:检查上上道次轧件尺寸,更换上道次进口导卫。

滚动进口导卫也可能缺油,造成辊环轴承烧坏。夹持辊严重磨损;夹持辊表面粘铁;调节开口度的固定螺丝松动等引起头部倒钢;最后引起堆钢。

(5) 轧件弯头也可能造成下道不进,引起堆钢。弯头可能是进出口导卫中心线与孔型中心线不直,轧件在行进过程中不断地被强迫改变方向所致。也可能是上、下轧辊磨损不均匀,或者传动部件间隙过大,造成上下不同步而引起弯头。另外,上、下轧辊辊径不同,从而造成线速度不同,亦可引起轧件弯头。因此,遇到弯头现象发生时,应当根据情况加以分析,再着手处理。

中部堆钢的原因分析:

在轧制过程中往往出现轧件轧了一半时,发生堆钢事故。这种现象除冶炼带来的缺陷外(如分层、严重的气泡等),大约有如下几种可能:

(1) 由于张力不当,该机架转速设定不当,实际上处于堆钢轧制状态。轧件前半部靠前面若干架次的张力加以维持微张力轧制,当轧件尾部离开前面若干架时,该处突然失张,从而引起该机架间堆钢。也可能是本架次与相邻机架间产生微量活套(过堆),随时间延长,套量的积蓄,使轧件打结,引起堆钢。处理方法为正确调节各机架间的张力。

(2) 由于某架轧机的电机突然瞬间增速(或降速),从而破坏了原有的连轧关系而引起堆钢。这类事故则应在电气方面查找原因。

(3) 由于轧辊突然断裂,或前几道次导卫严重损坏,造成轧件断面突然改变而引起堆钢。

4.3.3.7　粗、中轧区的安全操作事项

其具体内容有:

(1) 轧制中的辊缝调节与检查。轧制中的辊缝调节必须在轧机空载时进行,这是由压下机构的设备特性所决定的。

调整工难免需要在轧制过程中用圆钢压痕测量辊缝,此时必须十分注意安全操作,尤其是在传动侧测量辊缝时要注意自身的防护和后撤的通道。

(2) 轧制中粗轧导卫的调节。轧制生产中,当观察到轧件扭转角度不正确时,需要调节扭转导卫的导辊间距。调节导辊间距与调节辊缝一样,只能在空载时进行。如调节角度较大,可以分成二次完成,不应急于求成。调节之前应先注意轧件的运行情况,并与主控台联系。更重要的是,整个操作过程中,四肢和身体要始终处于轧件运行线之外。

(3) 用铁棒敲击轧件以检查张力时,要保持身体的重心稳定。要警惕敲击过程中,轧件突然脱尾轧过,铁棒落空,致使身体前倾于两轧机之间的危险。

(4) 开轧前对轧线的检查。开轧前,对轧线设备安装情况,对各类过桥、导卫的装配情况需进行一次复查,对工具与扳手的放置位置和其他操作者的所处位置予以注意也是至关重要,这些往往可以避免不必要的事故发生。

(5) 其他。操作的安全事项须注意的地方很多。例如检查轧件尺寸、去拾取切头试样时,就应该注意切头红钢的下落方向;氧气切割设施的准备和使用应严格遵守有关安全条例;启用现场操作柜时,操作柜旁应有专人守护等等,这里不能一一列举。总之,遵守安全操作规程,精心操作,细心观察是保证安全的关键。

4.3.4　预精轧机组操作技能

在实际生产中,操作人员的每一个操作步骤是否符合要求,完成每一项工作的质量是否符合作业标准,都将对生产的顺利带来直接或间接的影响。所以,操作工的操作和调整必须符合规范。

4.3.4.1 换辊及换导卫的操作程序

为了保证正常的轧制和产品质量,当轧槽磨损到一定程度时,就必须更换轧辊和辊环。

A 卸辊

卸辊的操作步骤为:

(1)卸辊前的准备工作。预先准备好液压卸辊装置,液压泵小车及所需手动工具。通知主控台停车。将机旁操作柜上的轧机控制开关拨到"现场操作"位置,关闭冷却水,闭合卡断剪。

(2)拆卸进、出口导卫。

(3)卸压。卸掉逆止阀的保护帽,连接液压泵快速接头(方向阀旋至加压位置),启动液压泵加压到40MPa,并迅速将方向阀旋转180°至卸压位置后,停止加压,使液压螺母内的压力自动卸除。用月牙扳拧松止推环,再用月牙扳手松动液压螺母,摘掉快速接头,旋下液压螺母。然后卸掉止推环。

(4)卸辊。把液压卸辊装置套在轧辊轴上,将爪齿旋转45°扣住锥形衬套梅花齿。在逆止阀上套上两个快速接头,方向阀须指向液压缸。启动液压泵,通向大活塞的油嘴加压。当听到响声(锥形衬套已拔出),停止加压。然后,通小活塞的油嘴加压,使大活塞复位(为下次卸辊准备)。摘掉快速接头,液压卸辊装置(抓钩钩住辊环)连同辊环、衬套一同卸下。

(5)卸辊之后的工作。重新装上新辊环继续生产或套上轧辊轴的保护罩进行检修。卸下的辊环送至机修间重新车削修磨;衬套要重新清洗、检查。合格的衬套涂上防锈油以备下次再用。

B 装辊

装辊的操作步骤为:

(1)装辊前的准备工作。根据《辊环更换卡》,逐个核对辊环实物的数量、编号。检查辊环和锥形衬套的表面质量。

要求:辊环编号和所使用轧槽均记号必须与《辊环更换卡》上相符;轧槽上无裂纹"掉肉"和凸块,辊环两个端面平整光滑,无凸块和锈迹;锥形衬套内壁无明显划痕和锈迹,端部无明显凸块和损伤;如遇上述情况,应更换辊环或衬套。对于不很明显的凸块、锈迹和划痕,可用油石或网状砂纸将其修磨光滑。将所有辊环按顺序依次摆放整齐。同时,准备好各种专用工具和清洗材料。

(2)清洗轧辊轴和辊环。首先察看并检查轧辊轴的表面,如有锈迹或不光洁之处,应该用网状砂纸绕轧辊轴圆周方向擦净。然后再用皱纹纸浸上清洗剂擦洗轧辊轴的工作面和辊环中锥形衬套表面及辊环两个端面,擦洗2~3遍。

(3)辊环在轧辊轴上定位。待清洗剂挥发后,依次把辊环连同锥形衬套一起装在轧辊轴上。先将辊环推到基准面后,再轻轻推入衬套,然后装上止推环(见图4-9)。

(4)装上液压螺母。检查液压螺母的密封圈和其他部位是否完好,然后将它旋入轧辊轴端螺柱,把两个带方向阀的快速接头套在逆止阀上,方向阀要拨到卸压位置;用月牙扳手将液压螺母旋紧,挤出液压缸内的油,使活塞复位;再把方向阀拨到加压位置,启动液压泵;先给液压螺母外圈加压40MPa(通过止推环将辊环压到位),再给内圈加压40MPa,将辊环胀紧。加压完毕,卸下快速接头,套盖逆止阀的保护帽。再将止推环按逆时针方向旋紧,紧固住液压螺母,如图4-9所示。

要求:在给液压螺母内外圈加压之后,应检查加压是否成功。检查的方法是:轻轻旋动方向阀,如果只能旋动90°左右,说明液压螺母内有压力,即加压有效。如果能旋动180°说明加压无效。则需检查逆止阀有无松动、漏油,方向阀是否损坏,油箱内轴位是否不够及液压小车上的其他问题;加压完毕,应检查上、下轧槽是否对准、安装正确。

图 4 - 9　预精轧机装辊过程示意图

(a)装辊环;(b)装衬套;(c)装止推环;(d)安装图

(5)辊缝设定。先用塞尺按给定的辊缝值粗调辊缝。然后将机旁操作柜的轧机微动开关闭合。这时,轧机按设定的轧制速度的10%微动。用直径大于辊缝设定值 3~3.5mm 的软钢线材从辊缝中压过,测量出受压面的厚度。调整辊缝直到测得厚度与设定值相等为止。

(6)安装导卫。在安装导卫之前,必须根据轧制的规格,核对所有轧机的进、出口导卫及代号。并检查导辊的转动情况及开口度;滑动导卫、滚动导卫工作面上不得有毛刺和磨损。然后用便携式光学导卫仪校准滚动导卫支座,如图 4 - 10 所示。校对完成后,把导卫安装上,拧紧固定螺栓。并接上油气润滑管。

图 4 - 10　导卫支座校准示意图

要求:入口导卫鼻锥与辊环间距 3~4mm;出口导卫舌尖与辊环间距 2~3mm;油气润滑接口处无漏气漏油。

(7)装辊及装导卫后的检查。所装上的辊环是否与相对应的机架相符;止推环是否旋紧;逆止阀的保护帽是否套上;所有的进、出口导卫,导槽是否装上,装得是否正确,固定螺栓是否紧固;所有水管,油气润滑管是否装上并接通。

　　C　装卸辊环过程中应注意的事项

随着设备制造精度,控制手段的不断提高,在轧钢生产中,装卸辊环,导卫的质量好坏直接影响着生产,影响设备的使用寿命。因此,对实际操作提出了更高的要求:

（1）轧辊轴和锥形衬套的工作面在清洗的过程中，要求非常干净，并且不能碰伤，划伤。否则，对备件的使用寿命和卸辊都带来困难；

（2）各个部件上的密封圈不可缺少。否则容易进水导致生锈；

（3）各种专用工具，必须按规范操作。使用之前，要对各专用工具的技术状况进行检查；

（4）在加压的过程中，必须按规定步骤操作，设定的压力值不得随意改变；

（5）加压前，机架内的润滑油必须提前送给，预热轧辊轴；

（6）装辊时，辊环必须到位，与机架上的密封盖靠紧；

（7）滚动导卫的油、气润滑管必须连接牢固，接口处无漏气漏油现象，否则，导辊和轴承容易烧损。

4.3.4.2 试轧

辊环、导卫安装完毕后，各种轧制条件、介质系统、钢温、控制系统等都已具备试轧条件后，可以进行下列工作：

（1）试小样。当使用新孔槽时，首先要进行试小样。其目的是：增加摩擦系数便于轧件咬入；测量红坯尺寸，检查设定的辊缝是否正确。

具体要求如下：1）小样规格：$\phi28mm \times 800mm$ 数量若干；2）炉温：1100℃，小样提前 40 ~ 50min 放入；3）轧速：设定轧制速度的 10%，机旁点动爬行；4）方法：人工从 12 号机架开始逐架喂入，并用游标卡尺测量小样高度（俗称"天地"）。一般来说，小样高度和实际轧钢过程中的轧件高度是不一样的，小样高度大于轧件的实际高度约 0.15 ~ 0.3mm。

（2）试轧短料。一般在换辊检修之后，采用试轧短料来检验机电设备运行是否正常，并进行全线张力调整和检查成品尺寸是否合格。

1）启动轧机。将防护罩关闭，轧机控制开关拨至主控台，卡断剪拨至"自动"位，轧机水冷系统拨至"自动"位。由主控台启动轧机；

2）启动后的检查。轧机启动后，主控台对全线控制进行模拟操作。在模拟操作的同时，察看并检查各机械传动部分有无异音；水平活套导槽盖的开启；立活套的起套辊的动作和轧机冷却水的供水量；

3）过红钢。由主控台通知出钢操作台出钢。红钢通过预精轧时，观察红钢的轧制和活套情况是否正常。并到 15 号机架后的切头飞剪机下采样。

4.3.4.3 轧制过程中的调整

预精轧机组轧制过程中的调整，主要是调整辊缝，以满足对精轧机供料尺寸的要求。调整的依据是"实样"和"木印"。

A 取样

预精轧机组出口轧件实样是轧钢工调整轧机的依据。从实样上可以看出辊环的磨损情况，导卫的使用和对中情况，辊缝是否合适和轧件的条形等。

实样可以是精轧机飞剪剪下的切头（800mm 长），也可以是碎断剪碎断的轧件。后一种实样较真实地反映了轧制情况。通过看实样检查，可以判断下列几种基本情况：

（1）"天地"正好，"两旁"（即辊缝对应部位）较小，因椭孔压下量较大或未建立无张力轧制；

（2）"两旁"不相等，因导卫装偏或有一导辊不转；

（3）折叠，因前一机架过充满；

（4）实样上有周期性的麻面、凹坑、压痕的原因是辊环轧槽"掉肉"或裂辊；

（5）上下不对称可能是错辊。

B 烧木印

烧木印是对轧件作动态检查的简单和有效的手段。

操作方法是拿一根木条（1000mm×50mm×10mm），直接贴在运动中的红钢上，然后取出观察烧过的印子。由木印情况可以看出轧件的充满程度并判断辊环和导卫的使用情况。由于预精轧机是无张力、无扭轧制，给轧机调整带来许多方便，也非常直观。因此，只要勤观察（烧木印）、勤取样（30min 一次），就可以获得满意的轧件形状和尺寸。

4.3.4.4 常见事故的判断和处理

预精轧机组发生堆钢事故后，应首先停车打开防护罩，然后寻找轧件的头部或断裂处。

A 活套打结、轧件拉断

现象：当轧件刚被下一架咬入或轧了一段时间，突然堆钢。轧件头部有被拉断的现象（尖形）。

原因：某架速度突然改变或起套辊未动作。

处理：查看主画面上速度是否有改变，并通告电气人员查找原因。查看起套辊气缸压力值是否达到期望值，并检查起套辊各转动部分是否有被卡住的地方及润滑情况。开轧前再进行一次模拟。

B 开花头在入口导卫处堵钢

现象：轧件头部未咬入某一架而堆钢，头部堵塞在导卫处。

原因：粗中轧飞剪未切头或未切尽，轧件头部开裂。

处理：粗中轧的飞剪多切几刀。

C 轧件打滑

现象：轧件在新孔型处未咬入而堆钢。轧件头部无"开花头"。

原因：新孔摩擦系数小或主控台在试轧时设定的速度不恰当。

处理：用砂纸打磨毛孔槽或重新考虑速度匹配。

D 导卫夹铁

现象：轧件在某一架未被咬入而堆钢。轧件头部卡在导卫中，导卫中粘有铁皮。

原因：导卫本身有毛刺或刮下的铁皮；钢质差而残留在导卫中的铁皮，或者是导卫的型号不对。

处理：校对导卫型号是否属该孔型系列；用锉刀锉掉毛刺。

E 起套辊动作过早

现象：轧件飞出（在防护罩内）而堆钢。起套辊处于抬起位置。

原因：控制系统给出误信号。

处理：调节起套辊启动的输出信号延时。

在生产中，会发生各种各样轧制事故。如由于疏忽，导卫导槽未装；处理堆钢时把小段轧件留在导卫导槽中；固定螺栓未紧固等都有可能引起堆钢。因此，在操作中要勤检查勤察看，以避免事故的发生。总之，遇到各种事故，要分析产生的原因，找出解决的方法。

4.3.4.5 设备的日常点检、润滑及维护

A 点检

预精轧区点检的内容有：

（1）轧机运转有无异音；

（2）起套辊、卡断剪的动作是否灵活到位；

（3）各种固定螺栓是否紧固；

（4）水压、水量、气压是否符合要求；

（5）电气控制开关是否完好等。

总之，操作工在生产中所发现的异常情况都应及时汇报和记录。

B 维护

设备的维护不仅仅是机电人员的责任，操作工也有义不容辞的责任。这主要体现在设备的正常操作和保护方面。其主要内容有：

（1）严格按操作规程进行操作，严禁违章操作；

（2）出现堆钢事故，在使用割刀、手锤时，不要伤着设备本体；

（3）要保持导卫支座的工作面无积垢，以防锈蚀；

（4）液压换辊装置要定时清洗、加油；

（5）在检修期轧辊要装保护帽。

4.3.4.6 操作安全注意事项

A 设备安全

设备安全注意事项的内容有：

（1）预精轧机组由一个箱体罩盖，当箱内发生异常声音或传动侧"冒烟"，可使用"紧急停车"按钮；

（2）预精轧内堆钢，可立即手动闭合卡断剪，阻止轧件继续进入轧机，以避免过多的堆钢；

（3）发现与平时相比有异常情况时，应该停机检查。

B 人身安全

人身安全注意事项的内容有：

（1）严格按照作业规程操作；

（2）在使用液压换辊装置的过程中，当加压时，人必须离开液压换辊装置的正面；

（3）在调试辊缝时，需要两人密切配合（一人设定辊缝，一人启动"微动开关"）；试棒要有足够长度，严禁戴手套操作；

（4）烧木印时，必须等轧件被咬入所有的轧机后，即稳定轧制时，才能站在防护罩外进行烧木印；

（5）开、闭防护罩时，轧机周围人员应撤离。

4.3.5 精轧机组生产作业操作及技能

高速线材精轧机组的换辊操作及调整，比粗、中轧机组的调整操作严格得多，因为精轧机组调整的好坏直接关系到成品质量的好坏，因此在精轧机组的调整过程中，必须严肃认真地按步骤调整，来不得半点马虎。

4.3.5.1 换辊操作

卸辊的操作方法是：

（1）通知主控台停机。待停机后，将机旁操作柜上的轧机控制开关拨到现场控制，关闭安全挡板，打开轧机安全罩，铺上橡胶垫。

　　(2) 拆卸出、入口导卫,并摆放整齐。

　　(3) 松开锥型套防松锁紧螺母,旋松锥套提升螺母,松开锥套丝杆,取出压辊环的方键。

　　(4) 旋转锥套提升螺丝将锥套提起,取下辊环,轻放到橡胶垫上。

　　(5) 旋转锥套丝杆将锥套拆卸下来。

　　装辊的操作方法是:

　　(1) 根据《辊环更换卡片》逐一核对辊环数量、编号与卡片中的内容是否相符。检查辊环和锥套表面质量。准备好工具和清洗材料。

　　(2) 清洗检查轴头。用清洗剂对轧辊轴的轴头、抛油环进行清洗,检查轧辊轴工作面、端盖及端盖固定螺丝。如端盖掉肉或固定螺丝已断,需请钳工处理。如有锈迹或不光洁的地方,可用砂纸磨光,再用清洗剂除去磨下来的粉末。然后用甘油均匀地涂抹在轧辊轴头工作面上。

　　(3) 将甘油均匀地涂抹在锥套内外工作表面上,把锥套套在轴头上,用锥套丝杆在轴头端盖上扭5~10扣,调整锥套穿键孔与轴头键槽一致,将辊环套在锥套上,用铜锤轻轻敲打辊环,使其紧贴在抛油环上,调整辊环上的键槽与轴头上的键槽一致,穿上辊环压键,紧固锥套固定丝杆将压键固定。旋转锥套升降螺母使锥套向抛油环方向前进,将辊环套上。最后锁紧锥套防松螺母。

　　(4) 用电筒和镜子检查已装好的辊环孔型是否存在错辊,如错辊需将辊环卸下来,更换厚度适当的抛油环,以消除错辊现象。

4.3.5.2　辊缝的设定

　　粗调辊缝时,按照设定值用塞尺将辊缝逐架粗调好。

　　精调辊缝时,通知主控台以爬行速度转动精轧机组,将厚3mm,宽25mm,长250mm的铝板条从第16架喂入,用千分尺测量第16架轧出的铝板厚度,根据测量结果调整轧机辊缝值到设定值。以此类推,依次精调各架轧机的辊缝。

4.3.5.3　导卫的安装及调整

　　安装前对导卫的检查方法是:

　　(1) 检查滚动导卫的导辊是否左右对称;导辊是不是能自由转动,轴向固定是否牢固,夹板内是否粘铁。滑动导卫是否有毛刺或严重磨损。

　　(2) 导卫支座是否平整光滑,调整螺丝是否灵活有效。

　　(3) 各架出、入口导卫是否与其架次对应。

　　导卫的安装调整方法是:

　　(1) 装入口导卫。将选好的入口导卫放到导板座上,紧固固定螺栓,用电筒和镜子观察装上的导卫是否偏离孔型,如偏离孔型可通过导板座调整螺丝将其调正,然后装入油雾润滑管。

　　(2) 装出口导卫。将出口导卫放入导板座中,对正孔型后用楔铁固定。

4.3.5.4　试轧

　　精轧机组不试小样。装好辊环和导卫后,各种轧制条件都已具备,就可直接试轧短料。操作步骤如下:

　　A　启动轧机

　　将轧机内所有的工具,橡胶垫撤去,查看机内有无异物及不符合要求之处。关闭防护罩,轧机转入主控台自动控制状态。

B 启动后的检查

轧机启动后,主控台对全线控制进行模拟操作。在模拟操作的同时,观察各个辅助设备是否能正常工作。切头飞剪的剪切动作、转辙器的动作、夹尾器下辊的升降,水平活套器起辊的起套动作等是否正常到位,有无异音等。

C 过红钢

由粗中轧、预精轧过来的试轧短料,经飞剪切头后通过侧活套进入精轧机。在轧钢的同时,应注意各设备的工作是否正常。然后到吐丝机处取样。

4.3.5.5 试轧过程中的调整和检查

A 调整

在轧制过程中,根据小样的条形和烧木印来调整轧机。一般情况只调整16号和25号,不得随意调整第17号~24号。下面举几个实例说明:

第一种情况:"天地"较大,"两旁"稍小,第25号的辊缝收小。

第二种情况:"天地"较小,"两旁"正好,第25号的辊缝放大。

第三种情况:"天地"正好,"两旁"较大,第16号的辊缝收小。

第四种情况:"天地"正好,"两旁"较小,第16号的辊缝放大。

如经过上述调整后仍达不到要求,就通知预精轧收小或放大来料尺寸。16号、25号累计调整量不得超过0.3mm。

第五种情况:由于在高速轧制下的精轧机组无法用肉眼观察到红钢的表面及条形,因此用烧水印来判断轧件的表面形状、辊环及导卫的使用情况更为重要。在每两架之间的防护罩上,有一圆窥视孔,木印条可由此孔中伸进去贴在红钢上。一般换辊后要红检一次。正常轧制时,40min一次。木印条规格1000mm×50mm×10mm。

烧木印可手感判断张力情况。当两机架间张力较大时,木印条有往前"拽"或"硬"的感觉。木印条抖动厉害时表明张力较小,收小或放大下一架的辊缝,可调整张力情况。张力检查须从第16号开始逐架往第25号检查。17~24号机架累计调整量不小于0.1mm。

第六种情况:观察木印条痕迹可判断出轧件充满程度及划伤、凸块等缺陷。由此,须停机检查和试轧铅棒并重新设定辊缝。

调整中应注意的几个问题:

(1) 不得随意调整第17~24号轧机。其原因有两个:一是动了其中某一架辊缝,会破坏各架间的微张力关系,造成产品尺寸精度波动。二是辊式导卫的导辊开口度是根据"样板"精确调整的。放大某一架辊缝,来料变大,会降低导辊使用寿命甚至会损坏导辊(或粘铁)而出废品。收小某一架辊缝,来料变小,导辊夹持不稳,会出现"倒钢"。

(2) 当成品高度尺寸显得过大,但尚未超差,而宽度亦显得过大时,应先调整16号机架,后调整成品机架。

(3) 当成品尺寸虽符合要求,但尺寸精度波动较大时,应对各架进行一次铅棒测试,看各架高度尺寸是否符合设定值。如有不符,应调到设定值。

(4) 当成品尺寸不稳时,还应检查导辊及入口滑动导卫的磨损情况,如有磨损应及时更换。

(5) 遇到钢坯表面质量不好时,每轧制一段时间,应停机检查辊环、导卫中有无异物。

(6) 轧制高碳钢时,一般要将椭孔导卫的冷却水关小或关闭,以避免不均匀冷却。

(7) 当各种调整和检查都没有解决成品尺寸不稳的情况时,应到前面的工序中去寻找问题,不要仅限于本区域。

在实际操作中,每个操作工都有自己的经验和习惯,但都必须遵守操作规程和操作规范。注意轧机的每次调整量,宜小不宜大。

B　检查

a　取样

根据轧制情况来决定取样的次数和时间。一般在新辊换完之后,要取样数次。轧制稳定后(粗、中轧稳定后),每 20~30min 取样一次。

取样要求:

(1) 地点:正常取样在集卷筒前链段上,试轧时在吐丝机出口处。

(2)圈数及根数

规　格	圈　数	根　数
$\phi5.5~8mm$	端部 10 圈左右	每线两根长 800mm 左右
$\phi9~13mm$	端部 8 圈左右	
$\phi13.5~16mm$	端部 6 圈左右	

b　对来料的要求及产品公差

(1) 对预精轧来料的要求:

　　　$\phi17.90 \pm 0.30mm$

　　　$\phi19.75 \pm 0.30mm$

(2) 对产品的要求:

　　　$\phi6.5~8 \pm 0.15mm$

　　　$\phi9.0~16 \pm 0.20mm$

椭圆度为公差的 80%。

允许超出公差范围:头部一圈,尾部两圈。

4.3.5.6　各种常见事故的判断和处理

产生在精轧机的堆钢事故,一般有以下几种情况。

A　在废品箱内堆钢

这有两种现象:

第一种现象,未吐丝而堆钢。

原因:水冷段的冷却水未排尽或开启过早;水冷段里有异物;导管水嘴安装错位或松动;夹送辊及导卫安装不正确。

第二种现象,吐丝若干圈后堆钢。

原因:夹送辊吐丝机与精轧机的速度匹配不当或者是夹送辊辊缝和气缸压力不合适。

处理:检查水阀的开启灵敏度和开启的信号,检查夹送辊与精轧机的速度匹配情况和夹送辊的压力、辊缝。检查导管水嘴、夹送辊以及导卫安装是否正确,并检查其中有无异物。

B　在精轧机组机架间堆钢

现象:在入口导卫或出口导卫处堆钢。

原因:导卫"粘钢";导辊不转或轴承被烧;轧件"开花头"或"分层";导卫或辊环装错;辊缝设定不当或红坯尺寸不符合要求;导卫未紧固;压辊键断使辊片松动;轧辊轴轴瓦磨损或破裂。

处理:首先要找到轧件的头部,测量轧件尺寸,并试轧一根铅棒检查各架设定值。询问粗、中轧的张力情况和预精轧的来料尺寸,检查导卫、辊环。根据具体情况作相应的调整和处理。

C　在切头飞剪处堆钢

现象:轧件直接导入废钢槽,轧件卡在转辙器处或剪机处。

原因:剪机未切头或轧件头部未切断;转辙器未动作或未到位;转辙器中留有异物(上一根切头带入转辙器);剪切时间或剪切超前系数有误。

处理:检查剪机动作信号、剪刃的磨损程度和重合度、转辙器的动作是否正常、到位及热金属检测器的检测信号和控制系统。

D　在水平活套台上堆钢

现象:轧件未被咬入或轧件被咬入精轧机后,在活套台上堆钢。

原因:起套辊起套过早或延迟。

处理:检查起套辊动作信号或起套辊机械动作部位是否被卡、气缸压力是否不足。

E　辊环断裂(碎裂)

现象:轧件咬入轧机后,突然在机架间堆钢或发出响声。

原因:冷却水管被“堵死”,造成缺水,在导卫中卡钢,而出口导卫未脱落,红钢在导卫与辊环间堆钢,将辊环“烧”裂;辊环本身的加工质量问题。辊环、辊轴、锥套三者的配合不好,接触面积太少,使辊环受力不均,辊环未被加压,使辊环、衬套、辊轴之间有相对运动;加压时,轧辊轴尚未达到一定温度;其他部件脱落(或损坏)后飞出,击中辊环;钢温偏低,红坯尺寸不当;不正确的安装等等都有可能引起辊环断裂和碎裂。

处理:充分利用停机时间,停机检查辊环的表面温度和孔槽有无裂纹。如果感到辊环发烫,应该检查冷却水管是否被堵塞。换辊、换导卫、红坯尺寸、钢温控制等各种操作,要严格按操作规程和标准化作业进行操作。

4.3.5.7　设备的日常点检及维护

由于精轧机的制造精度比较高,又是直接出成品的机组,所以在操作和维护中,要特别注意它的运行状况。

A　设备的日常点检

属操作工点检的内容有:

(1) 设备启动后有无异常的声音和气味;

(2) 切头飞剪和转辙器的动作是否正常;

(3) 转辙器有无磨损;

(4) 夹尾器、起套辊的动作是否正常,油、气润滑是否正常,有无破损;

(5) 卡断剪的刀刃是否完好,开、闭是否灵活;

(6) 在换辊时,轧辊轴表面有无明显的划伤、锈迹、凸台,抛油环端面有无碰伤、不平整等不正常情况;

(7) 轧辊轴中心定位螺栓有无弯曲变形、镦粗等现象;

(8) 防护罩能否正常开启;

(9) 电控制开关是否完好;

(10) 凡是能见到的电源接头,油、水、气接头是否完好畅通等。发现异常情况,及时向有关人员反映并填入信息卡。

B　设备的日常维护

停机检修期间,应做好下列维护工作:

（1）清除转辙器、导管、导槽、夹尾器、水平活套台、卡断剪上的因水、油而"烧结"成的氧化铁皮硬块和油污；

（2）拆下所有导卫支座和螺栓，用柴油进行清洗，并检查它们是否有损坏、磨损变形等；

（3）清洗换辊专用工具；

（4）清洗设备本体的油污；

（5）及时将设备存在的不良状况反映给有关部门；

（6）积极配合机、电人员进行检修和维护。

4.3.5.8 操作安全注意事项

A 设备安全

设备安全注意事项有：

（1）当设备发出特别异常声音或者传动侧"冒烟"，应立即按动"紧急停车"按钮；

（2）换辊、换导卫必须符合技术要求，不得随意改动各种技术参数；

（3）发现轧机有异常情况时，应停机检查。

B 人身安全

人身安全注意事项有：

（1）必须严格按照操作规程进行操作；

（2）在用液压换辊装置进行换辊过程中，当加压时，人必须离开液压装置的正面；

（3）试铅棒时，铅棒的长度不得短于250mm，并需要二人密切配合，严禁戴手套操作；

（4）试铅棒时，必须装上所有的进口导卫；

（5）烧木印时，必须等轧件头部进入水冷箱后，才能打开窥视孔挡板。烧完木印后，必须把窥视孔挡板盖上并拧紧螺栓；

（6）停机检查时，精轧机的控制开关必须拨到"现场"。切头飞剪的控制开关必须拨到"闭锁"；

（7）开、闭轧机防护罩时，要观察轧机周围是否有人。

复习思考题

4-1 了解轧辊的作用和重要性。

4-2 了解碳化钨辊环的特点。

4-3 了解高速线材轧机轧辊的牌号。

4-4 了解线材轧辊的主要指标。

4-5 对于高速轧机的轧辊材质如何进行选择？

4-6 了解轧辊冷却的原因。

4-7 熟练掌握轧辊的安装。

4-8 熟练掌握导卫的安装与调整。

4-9 轧制前能根据经验对辊缝进行合理的计算，然后通过辊缝塞尺和圆钢条对轧机辊缝进行实际的设定操作。

4-10 开轧前，利用不同的方法能完成轧制线的对中操作技能。

4-11 熟练掌握轧辊和轧槽的更换操作技能。

4－12　粗、中轧机组轧制过程中的导卫如何进行调整。

4－13　粗、中轧机组轧制过程中的辊缝如何进行调整？了解调整的内容。

4－14　高速线材轧机的粗、中轧机组对张力的要求。了解对张力的检查判别方法。

4－15　粗、中轧机组轧制过程中，要熟练掌握通过调速实现微张力轧制。

4－16　了解在粗、中轧机组，短料试轧的意义和操作内容。

4－17　熟练掌握粗、中轧机组事故的预防和处理。

4－18　了解在粗、中轧机组的安全操作事项。

4－19　熟练掌握预精轧机组换辊及换导卫的操作技能。

4－20　了解预精轧机组调整轧机辊缝的依据？

4－21　熟练掌握预精轧机组常见事故的判断和处理。

4－22　了解在预精轧机组的安全操作事项。

4－23　熟练掌握精轧机组的换辊操作技能。

4－24　熟练掌握精轧机组辊缝的设定。

4－25　熟练掌握精轧机组导卫的安装及调整。

4－26　熟练掌握精轧机组试轧过程中的调整操作技能。

4－27　熟练掌握精轧机组常见事故的判断和处理。

4－28　了解在精轧机组的安全操作事项。

5 主控台

5.1 主控台概述

主控台是控制全轧线生产的中心操作室,是全厂的中央信息处理站,在高速线材轧机的连轧控制中,主控台对轧制的正常顺利进行起着关键作用。下面以某钢厂高速线材轧机的主控台为例进行介绍。

5.1.1 主控台所管辖的区域设备

主控台所管辖的区域设备有:

(1) 粗轧机组、中轧机组、预精轧机组、精轧机组以及夹送辊、吐丝机。

(2) 粗轧机组后的回转飞剪、预精轧机组前的事故卡断剪、精轧机组前的回转飞剪、事故卡断剪及轧制平台下的事故碎断剪。

(3) 轧线上所有活套控制器。

(4) 轧制平台下载运废料的振动运输机。

5.1.2 主控台的职能与控制对象

主控台的职能与控制对象有:

(1) 设定、调用、修改轧制程序。

(2) 控制上述所有轧制区设备的动作及运行。

(3) 监控轧制区的轧制过程,实现轧制工艺参数和程序控制最优化。

(4) 控制轧机各机组的轧辊冷却水开与闭。

(5) 组织、协调轧制生产工艺,保证生产的正常进行。

(6) 担负轧制生产线的日常生产信息传递,进行轧制区物料跟踪方面的操作。

(7) 有关生产数据报表的记录与汇总。

(8) 监视全生产线的机械、电气、能源介质供应系统的设备运行状况与故障显示。

5.1.3 主控台与生产调度室及各操作台(点)的分工和关系

5.1.3.1 主控台与生产调度室的关系

主控台主要负责生产线上轧制生产的组织与协调,即偏重于轧钢生产人员本身的内部指挥;生产调度室主要负责轧制生产的总体指挥与协调,它的任务有:与公司总调系统的对口联系,与水、电、风、气等外部能源介质供应单位的联系,对高速线材厂(车间)3个专业(轧钢、电气、机修)的指挥与协调,即偏重于轧钢外部的联系。

5.1.3.2 主控台与各操作台(点)的关系

根据高速线材生产工艺流程特点,一般说来,轧制生产线上配置有 5 个操作台:入炉操作台

(负责原料区原料的入炉与计量);加热出钢操作台(负责加热炉加热工艺操作和出钢操作);主控台(负责轧制区的轧制生产工艺操作和轧钢生产协调);冷却控制台(负责冷却工艺操作);卸卷操作台(负责成品盘卷的称量,标牌打印,卸卷等操作)。

主控台对上述 4 个操作台具有指挥与领导作用,即设备的开、停机命令、轧制生产的节奏与控制指令都是由主控台发出。

5.1.4 主控台人员的操作技术素质要求

主控台对操作人员的技术素质要求的内容有:
(1) 较为全面地了解轧钢工艺知识。
(2) 具有一定的机械与电控基础知识。
(3) 对本厂设备(特别是对轧制区的设备)与功能有一定的了解。
(4) 掌握质量控制的基础知识。

5.2 高速线材轧机电气控制与工艺过程自动化

5.2.1 高速线材连轧工艺对电气控制和自动化控制的要求

高速线材轧制工艺的基本特点是:
(1) 全连续式连轧工艺。
(2) 较高的成品轧制速度(邢钢高速线材轧机目前最高轧制速度已达到140m/s)。
(3) 表面质量和内部质量全优的成品(公差可达 ±0.10mm)。
(4) 大卷重、高生产率。(国内最大线材卷重达 2t 左右,最高小时产量达 140t)。

由上述的基本特点,决定了对电气控制和自动化控制技术的高要求。具体概括为如下 3 个方面。

5.2.1.1 连轧工艺对主传动特性的要求

为动态地满足各机架轧件秒流量相等这一连轧关系的基本原则,在全连轧过程中,要不断用调节有关机架主传动转速来微调轧辊转速,抵消各种外扰因素带来的不利影响。为此,高速线材连轧机对主传动的要求有:
(1) 调速范围大。高速线材连轧机主传动(驱动轧辊的电机)已普遍采用直流电机,以解决调速问题。直流电机有以下特点:
1) 优点:可以精确控制速度;速度控制范围大;可以定速运转;可以制造启动转矩非常大的电机;
2) 缺点:因结构复杂而难以维护;重量大,价格高。
(2) 调速精确度高,静态速降小。实际生产中,为调整产品规格和改变轧件堆拉状况,改善产品尺寸精度,要求主传动的调速精确性达到很高的水平才能准确地设定各架轧制速度,并在连轧过程中准确地纠正已经观察到的过度堆拉钢现象。现场操作表明:高速线材轧机主传动电机的静态速降不大于 ±0.1%,当给定控制精度在 ±0.1% 左右时,才能较好地满足控制产品尺寸公差的要求。
(3) 动态速降小与恢复时间短。轧机主传动直流电机在受到突加负载(咬钢)时,会产生转速的降低,由于速度调节系统的作用使电机在转速恢复过程中,转速的变化呈阻尼衰减的波动形状。其中开始转速下降至最大值称为动态速降值,转速恢复到静态速降的时间称为恢复时间。

轧钢主传动电机在咬钢发生动态速度降低时,连轧相邻机架的金属秒流量暂时失去平衡,产生两方面后果:

1) 在相邻机架间积累了一个多余的轧件长度(活套)。

2) 处于轧辊间变形区的轧件头部因受堆挤而增大(增宽和增厚,主要是增宽)。

为保证轧件全长尺寸的一致性,故需切去轧件头部的增大端(剪机切头长度的确定将在后面提到)。

综上所述,减少主传动动态速降和缩短恢复时间将对稳定转速关系亦即堆拉关系有利,从而能够获得稳定的轧制条件。

(4) 调速快。在高速线材轧机操作中,更换产品、规格后的重新设定主传动转速的调速操作一般在未轧制前进行,因此有足够的时间来改变主传动转速。但随机调速、调整堆拉关系或补偿转速偏差,因在轧制过程中进行,则需要在尽可能短的时间内完成,以减小轧件中间尺寸变化对线材成品的影响。这就要求轧机主传动调速能做到快速,纠偏能力大。现代高速线材轧机在供电和调速方面广泛采用了可控硅整流器,直流电机传动的开环与闭环控制回路也在不断地改进,并引入了计算机控制,以满足轧制高速度对控制系统的调速性能要求。

5.2.1.2　轧制高速度、产品高精度对自动化控制的要求

线材生产向着高速化、自动化和高精度方向发展,为实现这些要求必须对生产过程进行严格、精密、准确而又迅速的控制,这种控制只有采用电子计算机才能完成。随着自动化检测仪表和执行装置的日趋完善,电子计算机已成为高速线材轧制技术不可缺少的组成部分,并对全生产过程进行自动控制。现代化高速线材轧制技术要求计算机控制完成以下任务:

(1) 轧制速度与轧制程序的计算、控制与存贮。

(2) 根据要求的切头(尾)长度和相应的轧制速度,计算出所有切头飞剪的启动时间,速度超前量大小,并对剪机实行自动控制。

(3) 在活套控制系统中计算活套挑的抬起、下落时间,实现机组和机架间的活套自动调节。

(4) 根据预先计算的轧制速度跟踪轧件通过各机组的时间和过程。

(5) 水冷段水阀开启数量,水阀的开、闭时间与冷却程序的计算、控制和存贮。

(6) 对所有在线的辅助传动装置实行同步运转计算与控制。

(7) 在显示屏上以数字形式显示操作人员所需要的数据,如转速、线速度、切头量、超前量、吐丝系数等。

5.2.1.3　生产的高效率对计算机的要求

提高轧机效率是使生产得以经济合理的必要措施。由于电控技术和计算机技术的发展,大大提高了对故障监控与生产管理的自动化程度,在现代化控制中计算机主要完成:

(1) 采用"目标跟踪"技术,即时刻跟踪轧件所处的位置,并将其相应的数据输入计算机。计算机按规定指令对诸如钢种、批号、重量、尺寸等参数显示,并按批、按班、按日、按月综合统计成生产报表,并用打印机打印报出。

(2) 对在线使用的轧辊(辊环)实行自动管理,内容应包括:轧槽轧制吨位与总轧制吨位,轧槽代号等。

(3) 在轧制过程中,显示诸如轧制电流、轧制压力等工艺参数。

(4) 对各个系统及各台设备运行状况进行监视,并按区分类对故障显示和报警。

5.2.2 高速线材轧机各机组的主传动特点与参数

5.2.2.1 各机组的主传动特点

由于高速线材轧机各机组的工艺布置形式和电气控制方式不同,因而各机组采用了不同的主传动布置形式与调速特点。

A 粗、中轧机组

粗、中轧机组的主要任务是利用轧件的高温,增加轧件的延伸。轧件断面相对较大,轧制速度较低,机架间间距也较大。在该两机组,对每个机架都采用了带有整流装置的直流电机单独传动,各架轧机的转速手动可调以维持连轧关系,每个机架的单独传动装置均采用了重型联合传动装置这一先进的设计,它可以只用一个简单的传动箱就实现总的减速比。

B 预精轧机组

预精轧机组由四架或两架轧机组成,采用直流电机单独传动。机组各机架呈水平/垂直交替布置以消除轧件在机架中的扭转。各架间布置有活套控制器以自动调节轧机转速来保证轧件的无张力轧制。单独传动的单线预精轧机组,再配合活套控制器,是预精轧机的传动和调速特点。其优越性是中间轧件表面质量好,断面公差小而保证了废品减少,可满足精轧机组的来料需求。

C 无扭精轧机组

无扭精轧机组的传动特点是采用集体传动形式。这是因为轧件断面越小(如 $\phi 5.5mm$ 线材,其截面积 $F = 23.8mm^2$),终轧速度越高(目前大部分终轧速度大于 50m/s,最快达 140m/s),要靠电气控制来保证连轧条件就越困难。而且这种轧机机架间距小,在结构上也难以实现单机传动。成组集体传动,同机组各机架间无法实现速度的互相调节,连轧关系要靠孔型设计,固定速比和正确的辊缝设定来保证。只有合理的孔型设计与符合要求的红坯来料才能保证预计的微张力轧制效果,得到满意的成品尺寸精度。

5.2.2.2 主传动参数

各机架的主传动参数在设计时选定。各厂家由于所选用的坯料、机架数等工艺参数不同,主传动参数也有所不同,主控台操作人员应熟知主传动参数中的有关数据,以便于得心应手地驾驭轧制过程。主传动参数中有关的数据包括:电机容量、额定电流、最大允许电流、调速范围等。表 5-1 给出了某厂高速线材轧机主传动参数值。

表 5-1 某厂带摩根型 45°精轧机组的主传动直流电机参数

机架号	容量/kW	电压/V	额定电流/A	最大电流/A	调速范围/r·min⁻¹
1	400	800	540	1080	700/1200
2～5	400	800	540	1080	700/1200
6、7	750	800	1010	2020	700/1200
8	750	800	1010	2020	700/1200
9	750	800	1010	2020	700/1200
10	750	800	1010	2020	700/1200
11	750	800	1010	2020	700/1200
12～15	400	800	540	1080	700/1200
16～25	2100×2	957	2310	4620	600/900

5.2.3　高速线材轧机自动检测

自动化控制离不开自动检测。所谓自动检测就是通过电的或机械的(物理或化学的)方法在无人工干预的情况下给出被测目标的信息,在高速线材轧制控制中,主要是给出轧线上轧件的位置信息。自动检测由检测元件来完成。用于高速线材轧机的检测元件一般有热金属检测器、活套扫描器、非接触式测温仪、工业电视等几种形式。

5.2.3.1　热金属检测器

热金属检测器(又称光电管),是一种把轧件(红钢)放出的红外线用光学原理采集,并将它变换成电信号的装置,在轧钢生产中用于检测轧件的有无。用于轧钢生产中的热金属检测器有两种:一种是固定式,它是由透镜、光电元件和电子处理单元组成。工作原理是:具有一定温度的红钢将产生红外辐射。当红钢进入检测器的视场范围时,由硅材料做成的红外光接受器在这种辐射作用下将改变本身的状态,且通过电子处理单元把这种变化信号变成逻辑电信号送往自动控制系统来检测轧件的有无。这种检测器对检测温度有一定要求,高速线材厂所用的该种检测器要求的检测温度一般不得低于600℃。

另一种是光电扫描型,它是由透镜、光电元件和同步电机带动的多面镜鼓以及晶体管放大器等部分构成。工作原理是:利用旋转的多面镜鼓对视场进行扫描,并将轧件的影像经光电元件处理后,以电信号的形式输入自动控制系统。这种检测器灵敏度高、视场广,但结构及保护装置较复杂。

5.2.3.2　活套扫描器

活套扫描器是一种用于检测活套量大小的检测器,它是利用光电扫描脉冲相位比较原理来实现对活套量大小的检测。

5.2.3.3　非接触式辐射测温仪

控制轧制温度是控制轧制的重要内容之一,为此有必要检测轧件温度。轧钢厂目前采用非接触式辐射测温仪来检测轧件温度。非接触式辐射测温仪的工作原理是利用红钢产生的红外线辐射量大小与其温度成正比这一热力学原理。在高速线材厂,这种装置常用的测温范围为500~1300℃。

随着检测技术的进一步发展,光导纤维与电子计算机已开始担负高速线材轧机轧件温度的检测任务。

5.2.3.4　工业电视

工业电视属于闭路电视系统,是由摄像机、监视器、连接电缆组成。工业电视安装在生产控制的关键部位,用来显示该部位的生产实况,不构成自动控制系统。

5.2.3.5　高速线材轧机检测元件分布与作用

各种检测元件由于布置的地点不同,对应的工艺设备完成的任务不同,因而各自的作用也不相同。下面介绍某高速线材轧机检测元件的分布情况,说明各检测元件的不同任务和作用。

　　A　热金属检测器分布与作用

轧制线上共装有20个热金属检测器,即每线10个,完成轧制区的轧件检测任务。

（1）加热炉出口处每线安装一个检测器。它用于监视和检测、鉴别出炉钢坯被推入 A 线或 B 线，为跟踪系统（跟踪系统见后述）提供钢坯轧制信息，以防钢坯批号和顺序号在轧制时（A/B）混号，同时也可为导卫油气自动润滑系统提供供油信号。

（2）粗轧机组出口处每线安装一个检测器。它的作用是为飞剪提供轧件位置信号，借助于热金属检测器发出信号，使飞剪完成切头、切尾动作；同时也为跟踪系统提供轧件位置信息。

（3）中轧机组末架前每线安装一个检测器。它用来给预精轧机组前活套扫描器发出起套信号。轧件初始通过活套起套台区域时是呈直线，必须通过起套挑推出轧件才能形成活套，所以必须为起套挑提供起套信号。由于起套挑为液压传动，有一定延迟时间，故通过安装在活套扫描器前部一定距离处的热金属检测器来提供起套信号。

（4）预精轧出口处安装有两个检测器。这两个热金属检测器分别担任不同的任务。其一，用于预精轧机组的废品监测。废品监测的概念：在正常轧制过程中，轧件在预精轧机组各机架之间轧制的时间是一定的，把这个时间以某种形式贮存在计算机中。这样当轧件到达预精轧机组的第一机架时（该信号由预精轧机组前活套扫描器给出），计算机启动计数模块计时。如果在预定的时间内计算机接收到预精轧出口处检测器送来的轧件信号，则表明轧件已顺利通过预精轧机组。如果在预定时间内计算机未接到信号，则表明轧件在预精轧机组内出现问题（如堆钢）。从而计算机自动发出机组停机指令并自动启动剪机卡断和碎断后续轧件。其二，为精轧机组前的剪切系统（转辙器、切头飞剪、地下事故碎断剪）提供剪切信号。

（5）精轧机入口处安装一个热金属检测器。它完成两个任务：

1）与预精轧出口处热金属检测器联合构成机组间废品监测；

2）为计算机提供水冷段的冷却水关闭信号。

（6）精轧机组出口处安装一个热金属检测器。它完成 3 个任务：

1）与精轧机入口处热金属检测器构成精轧机组废品监测；

2）为计算机提供水冷段冷却水开启信号；

3）为计算机提供夹送辊对轧件尾部降速控制信号。

（7）精轧机组内安装一个检测器。它用于机组内堆钢监视、监控，同时还使用"钓鱼线"装置。

（8）吐丝机前安装一个检测器。它用于控制夹送辊的开、闭。有些厂家取消了该热金属检测器，而采用了精轧机组前活套扫描器检测轧件位置信号，靠计算机延时来控制夹送辊的开、闭。

（9）集卷筒内安装一个检测器。它为跟踪系统服务，提供最终的线材成品位置信号。之后，线材被集卷并挂上精整区的 C 形钩。

B　活套扫描器的位置与作用

活套扫描器布置在机组间与机架间的活套控制处。作用为：

（1）中轧与预精轧机组间的活套扫描器，用于检测、控制中轧－预精轧间活套量的大小。

（2）预精轧机组内各机架间的活套扫描器，用于检测、控制机架间立活套量的大小。同时，预精轧机组末架前活套扫描器与预精轧机组后热金属检测器联合为精轧前飞剪提供轧件切头信号。

（3）预精轧机组与精轧机组间的活套扫描器，用于检测、控制精轧前活套量的大小。同时，该扫描器还为夹送辊提供轧件尾部同步变速信号。

C　非接触式辐射测温仪的位置与作用

如前所述，非接触式辐射测温仪是用于检测在线轧件温度的，其位置应由轧制、控冷的要求而定。

（1）第一架出口处设置一台测温仪。它用于给出每线的钢坯开轧温度。由于 A、B 线在粗轧部分距离很近,故一台测温仪就可测出相应的开轧温度。开轧温度的概念:开轧温度即第一道次的轧制温度,一般比加热温度低 50℃ 左右,高速线材轧机的开轧温度在 950～1250℃ 之间。

（2）精轧机组前设置一台测温仪。它的作用是检测进入精轧机组的轧件温度。对于预精轧机组后设有水冷箱的厂家,还可以依此温度来调节其冷却水量。控制精轧机组入口轧件温度对改善轧件成品晶粒度有重要的意义。在预精轧后有水冷箱的精轧入口温度可以控制在 950℃ 左右。

（3）吐丝机处设置一台测温仪。它的作用是监视吐丝机的线材温度,以确定水冷箱内的水嘴开启个数,达到控制冷却的目的。

（4）斯太尔摩风冷区设置一台测温仪。它的作用是检测风冷区的冷却效果,该测温仪为可移动式,可根据需要选择测温点。非接触式辐射测温仪在线仅用于温度检测,不参与系统控制。

上述测温仪所测温度均可在主控台和控冷操作台显示和打印。

D 工业电视的分布与作用

（1）加热炉区设有两台电视摄像机(探头式)。分别位于加热炉装料端和出炉端,以监视入炉钢坯和出炉钢坯的情况。

（2）轧制区域配备有七台电视摄像机。其中,一台用于监视加热炉推钢机推钢;二台用于监视精轧机组前活套台;二台用于吐丝机;二台用于集卷筒。

5.2.4 电子计算机与自动化控制

高速线材生产过程自动控制借助电子计算机来完成,一般由两部分组成:一是主机;二是外部设备与外围设备。下面对电子计算机在高速线材轧机应用的功能进行介绍。

用于高速线材轧机控制的计算机系统基本有两种形式,一种是集中控制系统,即由一台或两台过程计算机完成对生产全过程的实时控制;另一种是分散控制系统,即把生产过程空间按区域/功能划分成若干区段,按区域/功能配备几十台微型计算机分别控制该区域功能的生产过程。国外高速线材轧机控制系统的趋势是采用分散控制。但不管采用哪种控制系统,都需满足下述功能。

5.2.4.1 主设定

主设定功能是轧制过程控制的最重要功能,内容较为广泛。这里仅列出与轧制区有关的控制内容。

A 轧制区主、辅传动速度基准值的计算和正确性检查

计算机根据操作工输入的各机架轧制线速度、轧辊直径以及选定的轧制程序号计算出主、辅传动的转速。同时,对输入的轧辊直径和各机架轧制速度进行合理性检查。对不合理的辊径和速度,计算机拒绝接受,并在主设定画面上显示诸如"ERROR"字样的红色标记。

几个名词的解释:

（1）速度基准值:速度基准值是指由计算机输出的各机架速度的标准值,它可以是线速度,也可以把线速度换算为电机转速。速度基准值可由人工干预或计算机修改;

（2）轧辊实际直径与轧辊工作直径:轧辊实际直径是指轧辊辊身直径。金属与轧辊接触处的轧辊平均直径叫轧辊的工作直径,金属在孔型中轧制时,工作辊径由轧件速度决定;

（3）轧制程序及轧程序号:轧制程序是一种汇总着标准轧制工艺参数的表格,轧制工艺参数一般包括:各机架轧件尺寸(宽×高)、辊缝、轧制速度(线速度和转速)、轧辊直径(名义直径和

工作直径)、轧辊孔型系列号、延伸系数、红坯面积、轧制压力和力矩等。每种轧制规格对应有一个或几个轧制程序。各种不同轧制程序的编号称为轧制程序号;

(4)合理性检查:计算机对操作工输入的各机架轧辊实际直径与轧制线速度进行最大/最小值的范围检查。如果输入的数值落在计算机内存的最大/最小值范围内,计算机就认为正确,如果输入的数据超出内存的最大/最小值范围,计算机就拒绝接受其数值。轧辊直径的最大/最小值对应于新辊实际直径/旧辊实际直径,轧制线速度的最大/最小值对应于电机最大转速/电机最小转速;

(5)主设定画面:该画面主要显示了与轧制有直接关系的一系列参数值,操作工可利用数字键盘修改画面上的轧制控制参数,诸如辊径、线速度等。

B 轧制区主、辅传动基准值用数字键盘单独设定

操作人员可借助于数字键盘对原传动基准值进行设定和修改。当输入必要的字母或阿拉伯数字后,经计算机响应和处理,即可在主控台主设定画面上显示或打印机上打印出设定或修改的结果。数字键盘的概念:它是计算机的外部输入设备,是操作人员和计算机进行人机对话的工具,数字键盘的形式和打字机键盘或计算器按键相似。

C 轧制过程中,在 0~100% 范围内改变主、辅传动的主引导值

主引导值的物理意义:是使轧制线上与主传动有关的设备以设定的速度基准值的某个百分比运行,即改变所有机架主传动电机及辅传动电机的速度。例:设对应于 100% 主引导值的轧制速度 $v = 110 \text{m/s}$,则对应于 80% 主引导值的轧制速度 $v = 110 \times 80\% = 88 \text{m/s}$。

D 轧制程序存贮

高速线材轧制规格有十几种,对应有几十个轧制程序,每个轧制程序都可存贮,以便随时调用。

E 轧制过程中对某一机架的基准值进行单机校正

单机校正是修改某一具体机架的转速而采用的一种校正方式。在采用这种方式时,只是被选中机架的转速得以增加或减少,而不会影响其他机架的速度。单机校正分手动/自动两种方式。手动校正在主控台上人工干预进行,自动校正由活套调节自动进行。

F 轧制过程中,轧制速度(转速)的级连校正

级连校正的含义:调速时仅校正相邻两机架的速比,而不影响其余级连方向上的机架速比。这种校正是由于某两机架间的速度配比不理想而采用的校正方式。级连校正又分上游调节和下游调节两种形式,调节作用方向视具体机架(基准机架)而定。

(1)上游级连校正。这种方式是控制调节位于本机架及其上游机架的主传动电机的转速。例如在图 5-1 中,如果需要调节 11 号~10 号间张力过大的情况,则应提高第 10 号机架的转速。第 10 号机架升速仅改变了 10 号~11 号机架之间的速度关系,而 10 号→9 号→8 号→…1 号机架速比不变,即 10 号机架升速的同时,10 号→9 号→8 号→…1 号机架都以与 10 号机架相同的比例升速,这就是上游级连调节。该种调节方式是逆连轧方向的调速。上游级连调速是粗、中轧区干涉轧制速度(转速),调节机架间张力状况的主要手段。

(2)下游级连校正。这种方式是控制调节所选定机架下游的轧机主传动电机的转速。例如,在图 5-1 中,如果需要调节 12 号~13 号机架之间的速度配比关系,则应通过改变 13 号机架的转速来实现。当选中 13 号机架做级连校正调节时,13 号机架→精轧机组→夹送辊都以相同的比例变速。下游级连校正主要用于预精轧、精轧机组的速度调节。下游调节是顺轧制方向的调速。

(3)基准机架。要落实上述的上/下游调速,首先要选择一个基准机架。基准机架的含义

图 5-1 上游调节和下游调节

是:在速度调节中,该机架作为调速基准
不变速,而采用上游或下游调速方式。
对于多线轧制的轧机布置,一般选多线
部分最后一机架作为基准机架;而对单
线轧制的轧机布置,一般选精轧机组前
倒数第三机架作为基准机架,如图 5-2
所示。以双线轧制的马钢高速线材轧机
为例,11 号机架是该机列调速控制的基
准机架,如图 5-1 所示。

在基准机架以前的校正为上游校
正;在基准机架以后的校正为下游校正。
对基准机架本身的干预校正,其作用可
延伸到所有其他机架,即改变基准机架
的速度,则轧制区与主传动有关的所有
设备都将变速。

图 5-2 基准机架的选择及速度校正的作用方向

G 粗、中轧机主传动轴的自动定位

定位操作是换辊时的操作方式。自动定位的概念:对于粗、中轧机轧辊这种大型工具,在换
辊时依靠人工来校正传动轴接手与轧辊扁头的相对垂直位置较为困难,故通过计算机来控制所
预选机架电机的转速,达到传动轴自动垂直定位的目的。定位精度为 ±3°。这是近些年来运用
于现场的一门新控制技术。

H 主、辅传动爬行值计算和设定

爬行操作是设备试运转的一种操作方式,分正向爬行和反向爬行,由轧钢工利用机旁操作柜
选定。爬行运转为试"小样"或检查设备检修后运转状况提供了方便。

I 轧机单机启动和机组集体启动

轧机单机启动即单独启动某一轧机运转,这是冷负荷试车的一种方式;机组集体启动即一个
机组的所有轧机启动,热负荷生产采用集体启动的方式。

J 预精轧区、精轧区的废品监测

轧件通过预精轧、精轧机组的运行时间由主设定系统计算,轧件信号检测由热金属检测器
提供。

K 夹送辊速度基准值的计算

主设定系统根据夹送辊控制数学模型完成夹送辊速度基准值计算。在现场操作时,一旦确
定了精轧机速度,夹送辊的速度就随之确定。

5.2.4.2 程序控制(或称逻辑顺序控制)

程序控制是计算机按事先编制的动作顺序或时间程序,自动控制生产设备动作。在工厂自动化控制系统的动态过程中,任何一种(台)电气设备、机械设备的启动运行、停止、运动方向、运动位置都与整个系统有着密切的逻辑关系,取决于相应其他设备的动作情况及有关的逻辑条件满足与否,计算机根据生产过程中反映轧件与设备状态的信息,利用逻辑判断功能,来控制相应设备的动作。在轧制区域,程序控制一般完成下述功能。

A 粗、中轧机组的工艺控制

(1)粗、中轧机组的操作状态选择。操作状态选择的含义是:对机组进行控制台自动控制/机旁柜手动控制/机组设备闭锁的三种状况选择。自动控制是轧制时的状态位;手动控制是换辊(换孔)、机边操作时的状态位;闭锁是设备检修时的状态位;

(2)粗、中轧各机架的横移和夹持爪锁紧。主要完成对机架横移或夹持爪锁紧的指令发出;

(3)粗轧机组后的飞剪控制。详见"剪机控制";

(4)粗、中轧小张力自动控制。详见"小张力自动控制"。

B 预精轧、精轧机组的工艺控制

(1)活套(立活套、水平侧活套)的自动控制(详见"活套控制")。

(2)精轧机组前剪切系统的顺序控制。剪切系统包括精轧机前切头飞剪、转辙器、地下事故碎断剪、精轧前卡断剪,顺序控制的内容有正常轧制时的剪切与事故状态下的剪切(详见"剪机联锁")。

(3)精轧机–夹送辊之间的工艺控制。程序控制主要完成对夹送辊变速指令的发送,上述的主设定功能是完成对夹送辊速度计算。

C 各机组轧辊冷却水控制

各机组轧辊冷却水控制方式因各机组完成的轧制任务不同而不同。具体地说:粗、中轧机组轧辊的冷却水采用手动控制,与主传动无联锁条件;预精轧,精轧机组采用自动控制,与主传动有联锁关系。所谓联锁是:冷却水与轧机的起、停有直接关系。

D 液压、润滑系统的控制

(1)粗中轧机组的液压系统控制;

(2)粗中轧、预精轧、精轧机组传动齿轮箱的润滑控制;

(3)夹送辊、吐丝机的润滑控制;

(4)轧机进口/出口导卫油、气润滑的控制。油、气润滑控制的内容有:供油方式、供油压力和供油周期;

(5)液压、润滑系统故障的检测。

E 轧制节奏的控制

目的:控制轧件运行速度或间隙时间,防止相邻轧件发生头、尾过于相近或搭接情况。

(1)粗轧机组出口与飞剪之间:借助于粗轧机组后热金属检测器检测的轧件位置信息,当相邻轧件的头、尾间隙时间小于5s时,自动启动粗轧后飞剪碎断轧件,并持续5s;

(2)斯太尔摩运输段:根据轧件的速度、设备间距、运输辊道(或链道)的速度判断两根轧件的线圈头、尾搭接的可能性,当运输段速度小于0.5m/s时,在轧件最后一圈吐出吐丝机后,自动升速至0.5m/s并持续5s。

5.2.4.3　剪机控制

用于高速线材轧机的剪机一般有两种类型：一种是借助于电动机运转的回转剪，如回转式飞剪和地下事故碎断剪；另一种是靠气缸压力运动闭合的卡断剪，如预精轧及精轧机组前的卡断剪。由于轧制工艺的不同要求，对于各种剪机也有不同的功能要求。

A　回转式飞剪及其运动

剪切过程中剪刃随工件同步前进的剪机简称飞剪。回转式飞剪是应用于高速线材轧机的一种飞剪形式，结构为曲柄式。这种剪机是利用曲柄轴的旋转，相对的两个剪刃作上、下运动或旋转运动而进行剪切的。与其他类型剪机（如圆盘剪）相比，轧件切口形状最好。这种飞剪一般布置在粗轧机出口和精轧机组进口处。

高速线材轧制工艺对飞剪的控制要求：

(1) 剪切过程中，剪刃的水平速度应等于或稍大于轧件速度；

(2) 按定长完成轧件的切头（尾）动作，但不能影响轧件的运行速度；

(3) 按一定的工作制度剪切，在轧制过程中不需剪切时飞剪静止不动；

(4) 动态速降不大于 ±0.5% 。

飞剪工作制为启动工作制。启动工作制是指剪机剪切任务完成后，剪机停在固定的等待位置上，下次剪切时，飞剪重新启动，启动可以由热金属检测器控制，也可以人工操作。图 5 - 3 示出了飞剪剪刃的运动轨迹和金属检测器的位置。

图 5 - 3　飞剪剪刃的运动轨迹和金属检测器的位置

当光电元件检测到轧件头部信号时，通过计算机逻辑单元经一定延时，飞剪自动启动切头；检测到轧件尾部信号后，飞剪就自动启动切尾；在轧钢过程中飞剪停止在等待位置准备下次剪切。剪刃的运动轨迹是：启动飞剪后，剪刃由等待位置 1，加速旋转到剪切位置 2，这时速度已达到轧件的速度并进行剪切。由位置 2 到位置 3 进行制动，制动后飞剪再回到等待位置 1 准备下一次剪切。

$$剪切速度 = 超前系数 \times 轧件线速度$$

剪切长度的调整通常靠改变时间延时来实现，在主控台上可通过改变剪切长度设定值来修改剪切长度。

B　卡断剪及其控制

卡断剪安装在预精轧机组和精轧机组的入口处，其剪刃靠气缸压力卡住运动中的轧件，使轧件在轧辊的拖拽力作用下被切断，卡断剪一般用于轧件取样和故障时卡断运行中的轧件，或作为预精轧、精轧机组停轧调整时的安全保护装置。

卡断剪接受由程序控制发出的动作指令，也可由人工手动干涉控制。

C 地下事故碎断剪

该种剪机实际上是一种滚筒式剪切机,它在滚筒上安装有一片或多片剪刃,进行旋转剪切。这种剪机一般布置在预精轧机组出口的地下(即轧件平台下面)。多半是在剪机后区有故障时对轧件连续碎断处理或在轧线取样时使用。

碎断剪的工作制有两种形式,一种是连续工作制,即剪机一直处于运转状态;一种是启动工作制,即碎断剪根据顺序逻辑控制系统发出的碎断信号启动剪机。

剪切速度略大于轧件速度,超前系数由主控台选择。

5.2.4.4 活套控制

A 活套控制方式的选择

活套控制的目的是进行无张力轧制,以保持良好的轧件表面形状和尺寸精度。横列式轧机设置的围盘也有类似功能,如图 5 - 4 所示。高速线材轧机通常采用活套轧制,直线前进的轧件靠活套挑起套。活套挑即带导辊的拉杆,它可通过气缸提升挑起活套,并在整个轧制期间支撑着活套。

图 5 - 4 围盘与活套挑
(a)围盘轧制;(b)活套轧制

活套挑的形式根据轧件从轧制线出来的方向,可分为下活套挑、上活套挑和水平侧活套挑。

(1)下活套挑(见图 5 - 5)。轧件咬入 B 机架后,在机架间设置的引导槽下降,因轧件自重而形成活套。

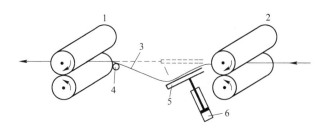

图 5 - 5 下活套挑的原理
1—B 辊;2—A 辊;3—轧件;4—导辊;5—引导槽;6—气缸

(2)上活套挑(见图 5 - 6)。它是由在轧机之间所设置的导辊上升而形成活套。

(3)水平侧活套挑(见图 5 - 7)。轧件被咬入 B 机架,同时由于起套辊的作用,使轧件在水平侧边被挤出而形成活套。

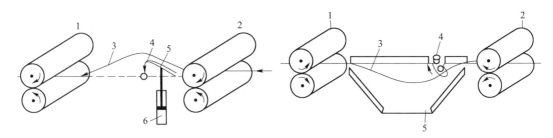

图 5 - 6　上活套挑的原理　　　　　　　图 5 - 7　水平侧活套挑的原理

1—B 辊;2—A 辊;3—轧件;4—导辊;5—支撑拉杆;6—气缸　　1—B 辊;2—A 辊;3—轧件;4—导辊;5—活套台

在高速线材轧机布置中,机组间由于间距较大设置水平侧活套(中轧 - 预精轧机组,预精轧 - 精轧机组);机架间设置上活套或下活套(预精轧机组平 - 立布置的机架间)。目前,由于控制技术的发展,机架间一般采用上活套。

B　活套控制方式

活套控制采用计算机自动控制,在正常轧制过程中,操作人员基本上不需干涉调节活套量。

活套所存贮的轧件量有两个作用:一是当两机架间的轧件受拉时,套量可起缓冲作用以防止机架间产生张力影响轧件尺寸精度;二是吸收过量的轧件,防止堆钢而造成机架间的堵塞事故。然而,活套的套量范围和它所贮存的轧件套量是有限的,并仅适用于较小的套量变化。生产实践表明,合适而稳定的活套量为 300 ~ 400mm。

对活套量的检测和控制均由活套扫描器和活套调节器来实施。一般来说,活套扫描器对机组间活套台的扫描范围为 1000mm 左右,对机架间立活套的扫描范围为 400 ~ 450mm 左右。轧件的起套控制过程是:当轧件从 A 机架轧出咬入 B 机架后,活套挑得到计算机顺序逻辑控制信号首先动作将轧件顶起,强迫轧件偏离轧制中心线位置,这时活套扫描器检测到了轧件偏差信号,活套调节器开始投入工作,通过单机调速调节下游 B 机架的主传动电机的转速(降速),将活套量控制在 300mm 左右。以此类推,轧件咬入精轧机组后,所有的活套调节器投入工作并自动调节活套量的大小。如果实际轧制中活套扫描器检测到的活套量超过设定范围(如 300mm),则通过使下游机架主传动电机升速的方法将实际套量控制在合适的范围。在活套的收套控制中,活套调节由下游控制改为上游控制,即精轧机的速度保持不变,以单机调节上一机架主传动电机的转速来进行收套。其优点是:保持精轧机速度的稳定,以保证夹送辊速度的稳定,防止由于活套收尾控制而破坏精轧机与夹送辊之间的张力关系。

在采用下游单机活套调节时,如果活套高度在设定值的小范围(如 5% ~ 15%)内变化,活套调节器仅控制下游机架主传动电机的实际转速升、降,即所谓的比例调节,万一活套高度大大超过设定值(如 20%),则计算机主设定系统马上参与干涉,这时,速度基准值将会改变,这就是所谓的比例积分调节。从主控台轧制程序屏幕上可观察到这种变化,并应将变化值打印备用。

应该指出,以级联方式对活套实行下游调节的控制手段,不利于活套的稳定和活套控制系统的改善。

5.2.4.5　小张力自动控制

所谓小张力自动控制,是采用计算机控制技术对粗、中轧机架间张力进行自动调节控制的一种方式。马钢高速线材轧机和酒钢高速线材轧机均装备有小张力自动控制系统。

目前,较为成熟的计算机对机架间张力自动控制系统的方法是:"轧制电流 - 轧制速度"方法。其控制过程如下:设 A 和 B 是两架相邻的连轧机,当轧件进入 A 机架后测得 A 机架电机的稳态电流。在轧件未咬入 B 机架之前,轧件在 A 机架为自由轧制,A 机架电机稳态电流所对应的力矩可以说是无张无堆轧制时力矩,并以此作为调节的基准。当轧件咬入 B 机架后,连轧关系建立,此时由于堆拉关系将引起 A 机架电机电流变化,并偏离原计算机记忆的稳态电流值。这样通过 A 机架的调速系统调节 A 机架电机的转速,使 A 机架的电流恢复到基准值,以实现 A 和 B 机架之间的无张力(实际上应是小张力)轧制。以此类推,实现了整个机组的小张力控制。

5.2.4.6　轧件的物料跟踪

轧件的物料跟踪是为实现入炉钢坯与成品盘卷的一一对应而设计的。其主要功能有:
(1) 跟踪并在各个操作台(点)显示从入炉至卸卷的每一根钢坯的数据。
(2) 存贮、打印每批钢坯的坯号、数量、坯重、卷重、规格等信息。
(3) 自动接收钢坯秤和成品秤的重量信息。
(4) 向标牌打印机发送打印信息。
(5) 班产量报告的显示和打印、各类时间报告的显示和打印。
物料跟踪系统在国内高速线材厂家使用不多,目前仅马钢高速线材厂等少数厂家应用了该系统。

5.2.4.7　屏幕显示、制表与操作指导

计算机在生产过程中对技术与生产数据处理后(如均值处理、分类处理),按要求的表格形式打印出来供统计与分析之用。影响生产顺利进行的关键性数据则在各操作台的屏幕上显示出来供操作人员及时掌握生产过程并在必要时进行干涉。有时,计算机预设定的计算结果并不是直接输送给生产设备,而只是显示给操作人员作为手动或半自动操作的依据,称为操作指导。

5.2.5　故障报警、信号显示和剪机联锁

5.2.5.1　故障报警与信号显示

采用计算机对设备状况进行监视,并对各类设备运行状况以一定的信号(图像)进行显示,是高速线材轧机设备诊断技术的进步,它使得操作人员和维修人员能通过信号(图像)显示,迅速地了解设备运行状况并及时采取相应的处理措施,防止或减少故障的扩展。

国内高速线材轧机由于制造的年代不同,计算机设备诊断的方式和内容也有所不同,即故障报警和信号显示内容亦不相同,但一般来说轧钢现场的故障报警和信号显示主要包括如下内容:
(1) 按工艺流程分区显示故障发生时区域。
(2) 以不同颜色和符号显示故障类型和设备运行状况(如酒钢高速线材轧机以“红色”表示报警,“绿色”表示正常)。
(3) 当故障发生或即将发生时,给出声、光报警信号以提醒操作人员注意(如酒钢高速线材轧机以“终止轧制”、“延时停车”、“立即停车”三种不同显示表明了三类故障等级)。
(4) 储存故障发生的地点、时间、类型、等级等内容,并能随时打印出一份故障清单。
图 5-8 是马钢高速线材轧机安装在轧制区的故障信号显示板实例。

5.2.5.2　剪机联锁

故障检测与剪机联锁是保证高速线材轧机稳定安全生产的前提条件。由于高速线材轧机设

A 线就绪					AEG	B 线就绪				
⊙	⊏	⊞	∿	8	加热区	8	∿	⊞	⊐	⊙
⊙	⊏	⊞	∿	8	粗轧区	8	∿	⊞	⊐	⊙
⊙	⊏	⊞	∿	8	中轧区	8	∿	⊞	⊐	⊙
⊙	⊏	⊞	∿	8	预精轧区	8	∿	⊞	⊐	⊙
⊙	⊏	⊞	∿	8	精轧区	8	∿	⊞	⊐	⊙
⊙	⊏	⊞	∿	8	控冷区	8	∿	⊞	⊐	⊙
⊙	⊏	⊞	∿	8	精整区	8	∿	⊞	⊐	⊙

⊙ —— 水故障   ⊞ —— 液压故障

⊏ —— 油故障   ∿ —— 电故障   8 —— 轧制故障

图 5 – 8   马钢高速线材轧机故障信号显示板

备的封闭性和连续轧制的高速性,因此要求故障检测必须及时和准确,并迅速判别故障类型,以采取相应的处理和防范措施,避免事故的扩大。

A   事故处理方式

在轧制出现故障时,无论是由于轧制原因、机械设备原因还是电气故障所致,最重要的是阻止后续轧件进入事故段。

下面介绍两种事故所采取的不同处理方法:

事故一:事故已经影响轧制继续进行(例如:轧件偏离轧机跑钢、电机跳闸)。在这种情况下,必须立即启动剪机在出事地点前卡断(或碎断)正在运行的轧件,阻止后续轧件进入事故段,并停止加热炉出钢。

事故二:发生至少在 2min 内不必停机的机械故障或 2min 内不必停机的电机故障,则不必立即碎断(或卡断)正在运行的轧件,而是让这根轧件轧制完毕后,仅阻止后一根轧件进入事故段的处理方式。为此,适当的时候发出故障延时停机的声、光信号报警是非常必要的。

B   事故处理段与剪机分布

按照轧制线上剪机的分布,可将整个轧制区分为若干"事故处理段"。图 5 – 9 示出了某高速线材轧机的事故段分类。

图 5 – 9   事故处理段的分类

(1)1 号事故段。该事故段由粗轧机前卡断剪与粗轧机后飞剪所属的区域构成,担负着粗轧机组的事故剪切。粗轧机前卡断剪一般不具有自动控制功能,即由操作工决定是否卡断正在运行的轧件。当粗轧机组未启动时,粗轧机后飞剪剪切动作被封锁;也不能进行剪切运转,当粗轧机组内某一主传动电机跳闸则整个机组电机必须跳闸,以防止轧件顶翻机架,这时,飞剪自动启动切断轧件。

（2）2号事故段。该事故段由粗轧后飞剪和预精轧机前卡断剪所属的区域构成。飞剪启动有两种方式:手动和自动。一般说来,中轧机组堆钢,手动启动飞剪碎断轧件;中轧机组电机跳闸则自动启动飞剪碎断轧件;当预精轧前的卡断剪关闭时,飞剪则自动启动。

（3）3号事故段。该事故段由预精轧前卡断剪和精轧机组前卡断剪所属的区域构成,完成对预精轧机组的事故剪切。预精轧前卡断剪采用手动/自动控制方式,手动启动卡断剪主要是用于轧件尾部取样,自动卡断动作则是因预精轧机组停机或废品监测动作引起。现场最常见的造成预精轧停机的原因是:该机组轧辊冷却水压（量）不足或机组内堆钢。

（4）4号事故段。该段由精轧前剪切系统（切头飞剪、转辙器、碎断剪、卡断剪）构成,主要完成在精轧机组或控制冷却区域（水冷段与风冷段）出现故障时的事故剪切。剪切系统有手动/自动两种工作方式。手动启动主要用于试轧时对轧件尾部的取样。手动启动的含义:人工发出碎断指令,使切头飞剪、转辙器、事故碎断剪联合动作而碎断运行中的轧件,卡断剪不会闭合。剪切系统自动启动主要用于下述情况:精轧机组废品监测系统反应的动作（如因堆钢烧断"钓鱼线"）;精轧机组轧辊冷却水压力故障（如压力过低）;精轧机组供油故障;夹送辊和吐丝机供油系统故障;吐丝机、斯太尔摩冷却系统故障。

对涉及到精轧机组立即停车的故障,则卡断剪与碎断剪一起动作;对不会导致精轧机组停车的故障,卡断剪滞后于碎断剪动作。这样做的优点是:不涉及到精轧机组本身的故障,则不会在精轧前活套台上留下一截被卡断的轧件,当后面故障排除后,即能立即恢复轧制。

最后,需特别说明三点:第一点,故障状态下,总是利用靠近事故区前的剪机碎断后续轧件。其优点是一旦故障排除,碎断马上停止,剩余轧件可继续在后续轧机上轧制。第二点,剪机碎断指令的解除需由人工干涉,这表明,当故障排除后,主控台操作人员必须借助手动解除剪机碎断的指令。第三点,当4号事故段发生故障时,如果精轧机前剪切系统有故障不能执行碎断指令时,则粗轧机组后飞剪应自动启动碎断轧件。

5.3 主控台设备、功能与操作方式

5.3.1 主控台设备布置

主控台的组成,各高速线材生产厂家有所差异。如酒泉高速线材轧机的主控台由右侧台和中央台组成;马钢高速线材轧机的主控台是由中央台组成。图5-10示出了马钢高速线材轧机的主控台布置。

主控台正中为操作台6,在操作台面板上设置了所有需操作人员人工干预的操作元件（按钮或开关）,在操作台的上方视野内布置有安装在悬挂式框架内的数据显示屏1、2、3、4和工业电视监视屏5,轧制过程中不直接干预的操作元件（如传动的启/停开关）设置在操作人员背后的传动控制柜13、14上;在操作台右侧布置有一套跟踪系统设备7、8;一套故障监视系统设备15位于主控台的右后方;在主控台的右侧后面装备有4台打印机9、10、11、12,分别用于各种程序、报表的打印和记录。

5.3.2　操作台与操作方式

操作台位于主控台的中央,是操作人员控制、操作轧线设备的主要工具和手段。操作台上的功能按键形式与位置因厂而异,但控制操作功能基本相同。一般来说,操作台具备下述功能键和操作方式选择键:

图 5 - 10　马钢高速线材轧机主控台布置
1—VISA 显示屏(电流、速度、活套/温度、模拟图);2—轧制程序/轧辊管理显示屏;3—冷却程序显示屏;4_a—故障显示屏;4_b—电流表;5—工业电视(活套、吐丝机);6—工作操作台;7、8—跟踪系统设备;9—程序打印机;10—跟踪打印机;11—电流/转速打印机;12—故障系统打印机;13、14—传动控制柜;15—故障系统设备

（1）各活套控制预设定功能键。各预设定功能键的接通表明轧制过程中各活套将处于自动调节控制状态。

（2）轧机状态选择功能键。轧机状态的含义是单一机架启动/机组集体启动/轧辊定位启动。通过该组键可选择各轧机主传动采用何种状态工作。

（3）废品监测系统预选键。该组键被预选表明废品监测系统投入运行。

（4）小张力控制预选键。该组键被预选表明轧制时轧件将处于小张力自动控制状态。

（5）热金属检测器/活套扫描器工作方式预选键。工作方式预选有两种方式:一种是"操作"方式;一种是"模拟"方式。所谓的操作方式是指:轧线上一切检测元件处于自动工作状态,可适时地启动提供轧件位置信息;所谓的模拟方式是指轧线上一切检测元件处于手动状态,即必须人工干预给出轧件位置信号,来达到模拟轧制过程、试验各种剪机、活套等辅助设备响应程度的目的,轧件在轧机中轧制时"模拟"方式不能被预选。

（6）灯光检测和报警复位键。主要用于检测光显示键(盘)的线路和信号通顺情况及中止报警装置的鸣叫。

（7）图像、画面的选择及打印键。该组键可能是一键盘,也可能是一组选择键。其目的是选择各种图像和画面,了解生产数据和情况或输入新的指令或打印各类表格。

（8）一组按照轧制工艺流程排列的轧机选址键。一个机架对应一个选址键。所谓的选址是指选择某机架作为调整控制的基准。调整控制包括单一机架启动、轧辊定位和轧机手动调速(或称秒流量修正)三种内容。

（9）轧机调速(或秒流量修正)键。该组键分为单机调速键和级连调速键,有升速"＋"和减速"－"两种形式。该组键与选址键联用就可实现对所选机架的调整控制。

（10）飞剪控制键。一台飞剪对应一组控制键,主要是完成对剪刀位置的初始设定和实现手动碎断指令的干预。

（11）卡断剪控制键。一台卡断剪对应一组控制键,主要是完成对卡断剪开/闭的手动干预。

（12）机组启/停键。机组启/停键按各个机组配置,由 3 个键组成:

1）机组准备状态就绪显示。该键是灯光键,灯亮表示该机组全部主传动完成了开机准备,该机组满足轧制条件。

2）启动键。此键控制机组内所有轧机运转。当按键指示灯闪耀时,表明机组中某一轧机主传动跳闸。

3）停止键。该键控制机组内所有轧机停止运行。

（13）紧停开关。各机组配备有紧停开关,用于重大设备和人身事故的紧急停机。紧急停机意味着切断了电机控制电源并以最大电流停机。

（14）故障信号指示灯键。该组键分机组配备,用于为现场信号板(或信号箱)提供机组轧制故障信号指示。

（15）轧辊冷却水控制键。该组键仅用于粗、中轧机组的冷却水开/闭控制,预精轧、精轧机组冷却水与机组启/停联锁,不单独设键。

（16）一套按工艺流程布置的轧线光电检测元件显示控制键。对应于每一个热金属检测器和活套扫描器都有一个显示控制键,其作用是在"操作"状态下显示轧件的实际位置和在"模拟"状态下模拟轧件的位置。

（17）一套程序设定修改键盘。主要作用是设定、修改、调用、贮存轧制程序中的有关内容,并将各参数量由显示值切换到实际执行值。

5.3.3　传动控制柜与操作方式

传动控制柜布置在主控台后方。传动控制柜面板上布置有按照工艺流程排列的轧制区各设备(轧机、剪机、活套、废品运输带等)的电源接通/断开按键;此外,还有相应的设备状况指示显示。状况指示的内容有:闭锁/机旁操作/主控台。有些厂家在该柜上还布置有剪机切头方式预选键。切头方式预选的含义是切头一次或切头二次或切头三次等。

5.3.4　屏幕显示与画面

5.3.4.1　轧制程序画面

轧制程序画面是轧钢生产中的主要控制手段,一般有下列要素组成:

（1）输入和显示轧制规格。

（2）输入和显示轧制规格所对应的出口机架号。

（3）输入、预选、贮存轧制程序号。

（4）输入并显示各机架的轧辊实际直径。

（5）输入并显示各机架的轧制线速度设定值。

（6）由输入的"设定线速度"和"直径"数据计算和显示电机的设定转速值。

（7）贮存设定转速值,并将该转速值切换成实际执行值。所谓的切换,就是将预设定值(如转速),转换成设备的实际执行值。

（8）显示轧制时,由脉冲测速器实测的电机转速值及由该转速换算出来的实际轧制速度。

（9）输入和显示每台飞剪的切头/切尾设定长度。

（10）输入和显示剪切速度超前设定量。

（11）显示夹送辊、吐丝机的设定速度和实际速度。

（12）其他的输入和显示因各厂家的控制方式不同而不同。一般还应有:日期、钢种、代号、坯料断面代号、轧制方式代号(如光面线材或螺纹钢)、测温点温度等。该画面内容可随机打印。

5.3.4.2　轧辊管理画面

有些线材厂家采用计算机对现场轧辊情况进行数据统计和管理,可大大提高轧槽使用的效率和更换的合理性,减少人工统计轧制吨位、槽数的繁重劳动。轧辊管理画面一般有以下要素构成：

(1) 输入和显示各架轧机轧辊的单槽设定使用吨位。

(2) 显示每个轧槽的实际轧制吨位。

(3) 输入并显示轧槽代号。

(4) 能存贮各轧槽的实轧吨位，即当输入和使用新的轧槽时，原轧槽吨位仍可调出并显示。

(5) 当轧槽的实轧吨位与设定吨位接近时(如达85%时)给出声、光信号；实轧吨位与设定吨位相等时，再次给出声、光信号。

5.3.4.3　主传动电机电流和轧制线速度的光柱/数字画面

该画面主要是提供轧制过程各机架的电机实测电流值及轧制速度。由于钢种、温度及轧制速度等因素的不断变化，轧制负荷也是时刻变化的，本画面显示了主电机电流值，能使操作人员了解主传动电机的负荷及超载情况，从而可避免由于轧制负荷过大而导致主传动电机跳闸的恶性事故发生。

5.3.4.4　活套偏差量和温度偏差量显示画面

前面已经介绍了活套对控制线材成品尺寸精度的重要意义和轧线温度检测的必要性。为了能有效地对活套量及轧制温度实施监督和控制，主控台操作人员必须及时了解各个活套的偏移量以及在线实测的各测温点温度与理论设定温度的偏差量信息。

5.3.4.5　轧制过程模拟显示

主控台控制着轧区几百米范围内的轧制生产过程。要确切地了解轧件的位置以及剪机、活套等设备群的动作状态是十分必要的，为此设置了反映轧件流向的图形，该图形称为轧制过程模拟显示。

5.3.4.6　工业电视显示画面

本显示系统由若干台工业电视监视屏组成，用于监视活套、剪机和吐丝机等处轧件通过的情况，每台电视监视屏可接收一处或切换显示几处的画面，例如：

(1) 精轧前水平侧活套监视屏。从轧件运动的具体形象，使操作人员清楚地观察到活套套量的大小和套形的稳定情况。

(2) 吐丝机监视屏。显示吐丝机处成品输出状况及斯太尔摩运输线的运输情况。

5.3.4.7　电流表

对应于粗、中轧机的每一台电机在主控台上都装有一块指针式或光柱式电流表，用于显示实际电流占额定电流的百分数值，操作人员可从实测电流值的波动情况来判断轧件在各机架间的堆拉关系，以决定对应的轧机是升速或降速达到微张微调的目的。

5.3.4.8　其他画面

(1) 为便于主控台操作人员能及时了解控制冷却参数的设定情况，在主控台能显示冷却程序画面。

(2) 主控台一般还配置有一组光电事故原因显示板或事故显示屏，以显示故障位置和发生原因。

（3）在装备有物料跟踪系统的高速线材厂家,主控台还有若干物料跟踪显示画面,用于轧件流向显示和有关生产管理数据的显示。

5.3.5 对讲通讯

主控台作为全轧线的中央信息站,配备有较为完善的通讯设施,可同全轧线各个操作点、维修点通讯联系。通讯设施包括:自动拨号电话、厂内调度电话、琴键式对讲机等。

5.4 轧制准备与参数设定

高速线材轧机采用大方坯($100mm \times 100mm \sim 140mm \times 140mm$）,高速度($v = 50 \sim 140m/s$）轧制,线材成品要求高质量、高精度,所以工艺参数的设定是至关重要的,线材生产本身就是一个联系各环节的有机整体,任何一个环节的疏忽都可能会给生产过程带来不利的影响。

在多种影响线材生产的因素中,操作人员不能偏向强求各个因素的全面最佳化,而应该采用总体优化的控制方式和手段,在轧制准备过程中,一般应从下面几方面考虑问题。

5.4.1 设定轧制程序

轧制程序主要有如下内容:轧辊(辊环)实际直径、轧制规格、轧制速度、夹送辊实际直径、剪机速度超前量及切头/尾长度等。

5.4.1.1 设定轧辊(辊环)实际直径

轧制线速度与电机转速的关系:

$$n_{电} = \frac{60i \times 1000v}{\pi D_k}$$

式中　$n_{电}$——电机转速,r/min;

　　　v——轧件线速度,m/s;

　　　D_k——轧辊工作直径,mm;

　　　i——减速比,$i = n_{电}/n_{轧}$;

　　　$n_{轧}$——轧辊转速,r/min。

由上式可知,电机转速与轧制线速度和轧辊工作直径有关。在孔型确定以后,一般来说轧辊实际直径与工作辊径的关系也随之确定,为减少运算的麻烦,操作人员在换辊后仅需输入轧辊实际直径,计算机内部可通过一定的运算关系求出轧辊工作直径。

轧辊的辊径是个变量,随着轧槽磨损后重车次数的增加而减少。为此,在每次换辊后,操作人员应仔细核对轧辊辊径值,并将其值正确输入计算机。辊径输入的错误将导致轧机电机转速的运算错误而破坏连轧关系的建立,这在实际操作中经常发生。

各机组采用的传动方式不同,辊径输入方式也就不同。粗轧、中轧、预精轧机组采用单独传动,辊径的输入是按单机架进行;精轧机组是集体传动,机组内各架间有严格的配辊关系,故仅考虑成品机架的辊径输入,即中间机架换辊时,不需输入新辊径,只有当成品机架换辊才输入成品机架新辊径。

5.4.1.2 设定轧制规格和出口机架号

对应于不同的轧制规格,采用的延伸道次不同和孔型系列不同,预精轧机组、精轧机组出口机架亦不同(例如,$\phi 5.5mm$ 规格,预精轧机出口机架是 15 号,精轧出口机架是 25 号;$\phi 11.0mm$

规格,预精轧出口机架是 13 号,精轧出口机架是 21 号)。在轧制程序表上基本都标明了各种规格成品所对应的出口机架号和孔型系列等,操作人员在接到生产任务单后,应从轧制程序表上选取合适的孔型系列和出口机架号。对于同一规格可采用两种孔型系列轧制的情况,应根据导卫、轧辊的备品备件准备情况来选取出口机架号。不同的轧制规格对应着不同的出口机架号,也就是不同的出口机架对应着不同的精轧机出口速度,因此,对应着不同的精轧机与夹送辊的速度关系,同时也决定了主传动与辅传动的速度匹配关系。

下一步的工作就是将轧制规格和出口机架号输入计算机。如果预精轧机组的机架没有全部投入使用(即有空过机架),别忘记断开空过机架的传动电源。

5.4.1.3　设定轧制线速度

各机架的轧制线速度配比实际上反映了高速线材连轧条件的建立。正确的连轧制度和合适的张力条件,可使轧件在轧制过程中处于稳定状态,相对地提高成品精度,减少事故产生。初始设定各机架轧制速度的依据是轧制程序表。轧制程序表所规定的轧制速度是优化计算的结果,是依据无拉无堆连轧条件计算出来的理想速度值。在设定各机架轧制线速度时,主要考虑如下几点:

(1) 应注意到对于同一成品规格,可能对应有几种轧制速度(例如,$\phi 5.5 mm$ 线材对应三种速度:$v_1 = 75 m/s$, $v_2 = 80 m/s$, $v_3 = 95 m/s$),这时,速度的选取不妨低一些,试轧正常后再提高速度。

(2) 应注意到轧制速度与轧件咬入的关系,在采用多次车削后较小辊径的轧辊时,需适当地降低轧制速度以帮助轧件咬入。

(3) 试轧的首要任务是保证轧件顺利通过各机架,因此,试轧时应选取较低的轧制速度。一般来说,试轧的轧制速度应比正常轧制速度低 10% ~ 30%。例:正常轧速 80m/s,试轧轧速应选 60 ~ 70m/s。

(4) 第一架开轧速度不应低于 0.1m/s,这是因为第一架轧制速度过低,意味着热轧件与轧辊接触时间就较长,有可能使轧辊表面加剧产生热龟裂;另一方面,过低的开轧速度意味着整个机列各机架的轧制速度较低,这可能会给某些设备的机械和电气控制带来不利影响。例如,飞剪的一个较低的剪切速度会使剪切力矩降低而产生剪切速度滞后现象。

(5) 在初始速度设定完成后,应进行张力的预设定。张力是连轧控制中最活跃的因素,其设定将在后面进行讲述。

5.4.1.4　夹送辊参数设定与检查

夹送辊设备、功能介绍详见 6.6.1.1,这里仅介绍与主控台有关的操作。

A　参数设定

夹送辊与精轧机的速度关系是保障高速轧制最重要的参数之一。在高速线材轧机夹送辊控制中,夹送辊与精轧机之间的速度超前关系(对应于不同出口机架有不同超前量),夹送辊对轧件头、中、尾的不同速度控制模式,以及夹送辊工作辊径换算系数已作为数学模型(数学模型概念:用数学关系式描述被控过程中各参量之间的客观关系,称这种数学关系式为对象或过程的数学模型。数学模型可分为表格法和公式法两种),固化在计算机程序中,现场人员所能控制的参数只有夹送辊实际直径、夹送辊电流限幅值、夹送辊开口度及夹持压力,主控台的任务仅是输入夹送辊实际直径。注意:计算机是根据精轧机的速度和夹送辊实际直径来计算夹送辊的速度,正确地输入夹送辊辊径是保证速度关系正确的前提。

B 检查

在试生产新规格时,操作人员必须对夹送辊相对于精轧机的速度超前系数进行验算。验算公式为:

$$K = \frac{v_夹}{v_精} = 5.24 \times 10^{-5} \times \frac{n_夹(D_夹 - C)}{v_精 i_夹}$$

式中 K——速度超前系数;

$v_夹$、$v_精$——夹送辊、精轧机线速度,m/s;

$n_夹$——夹送辊电机转速,r/min;

$D_夹$——夹送辊实际直径,mm;

C——夹送辊辊径补偿系数,mm,这是一个与孔型尺寸有关的数据;

$i_夹$——夹送辊速比。

超前系数 K 是个仅与精轧机出口机架有关的数值,范围在 1.05 ~ 1.15 之间。将计算出来的实际超前系数与设定超前系数比较,为判断夹送辊的速度超前合理性提供了依据。

5.4.1.5 设定剪机参数

轧制后的轧件必须切头、切尾,这是因为:要切除轧件头部劈头部分;要切除轧件尾部的不均匀变形部分;要切除轧件头、尾因温降过大而造成的局部过冷却部分。

轧线上各飞剪因执行的任务不同,剪切参数亦有所不同,主控台所控制的剪切参数有:剪切超前系数、切头长度、切尾长度、碎断长度。

A 剪切超前系数

剪切超前系数是剪机剪切速度与轧件轧制速度的比值,与轧件前滑、剪机剪切时动态速降以及轧件运行稳定性有关。通过观察轧件的切口形状和剪机剪切负荷,可判断出剪切超前系数是否合适,正确的剪切速度应使轧件的切口平齐无棱角。超前系数过小,则轧件切口带棱角,带棱角的轧件会造成进入下一机架的困难;另一方面超前系数过大,又可能使剪刃拖拽着轧件前进而增加剪机电机负荷。

在实际控制时,采用理论与经验相结合的方法来设定超前系数。一般来讲,对粗轧机后飞剪可不考虑动态速降对剪切的影响,而仅考虑轧件前滑的影响,对精轧机组前飞剪应考虑动态速降和轧件前滑对剪切的综合影响。这里推荐采用下列设定值:

飞 剪	剪切超前系数/%
粗轧机组后飞剪	5 ~ 15
精轧机组前飞剪	5 ~ 15
事故碎断剪	15 ~ 20

当轧件尾部已脱离轧机,仍要连续碎断轧件时,尾部的超前系数还将提高 10% ~ 20%,以靠剪刃的拖拽力使轧件前进。

B 切头、切尾长度和碎断长度

剪切长度的确定要根据剪机实际功能、精度考虑以下三方面的影响:

(1) 剪切导槽开口度等设备因素;

(2) 轧件头(尾)的轧制状况;

(3) 钢种材质的因素。有的厂家采用下列设定值:

剪　　机	头/mm	尾/mm	碎断/mm
粗轧后飞剪	200~300	100~150	400
精轧前飞剪	800~1100		
事故碎断剪			400

应该指出,对于头部易开花(劈头)的钢种(如易切削钢),必须增加切头量或切头次数;对于高碳钢必须切尾;对低碳钢的切尾无严格要求。

5.4.2　外部条件的要求与检查

外部条件的要求主要是对水、电、风、润滑而言,在开轧前操作人员应预先要求供给能源介质,一般来讲,要注意到下述几点:

(1) 轧辊冷却水。开轧前半小时应要求供应开路冷却水;电机闭路冷却水应要求常开。

(2) 传动电源。开轧前 1h 应要求将传动电源送到主控台传动柜上,以便于轧机的"机旁"操作。

(3) 油 – 气润滑。开轧前半小时应要求将导卫油 – 气润滑置于"手动控制",以便于对导卫润滑状况进行检查;开轧前 5~10min 将导卫油 – 气润滑由"手动控制"转换成"自动控制"。

(4) 压缩空气。压缩空气是所有电磁阀的动力源,一般要求压缩空气常通。

5.4.3　故障确认→开机→轧制模拟→开轧

在工艺参数设定完毕后,就涉及到了开轧前的具体组织与检查工作,这部分工作十分重要,往往是试轧生产成败的关键。一般来讲,包括下述内容。

5.4.3.1　故障确认与各区域准备状况检查

它可通过观察各种信号状态和设备原始位置来完成,无故障标志应是各种信号显示正常,自动控制功能设定正确(如活套、检测元件工作方式等),设备的位置正确(如剪机已经"校准"处于正常剪切位置)。各区域准备状况一方面可通过各种信号来观察,一方面要利用通讯手段询问,询问面要覆盖到轧线上所有与轧制有关的通讯点。

5.4.3.2　开机

当确认轧线无故障,各区域设备完好,各台设备工作牌齐全后,即可开机。开机步骤应是按粗轧机组→中轧机组→预精轧机组→精轧机组顺序进行。

5.4.3.3　轧制模拟

轧制模拟就是在主控台上利用人工干预模拟轧件流向,作用是对各系统设备(飞剪、活套、斯太尔摩线冷却水阀)的响应程度进行检查,当发现某台设备应该动作而未动作时(如粗轧后飞剪未做切头动作),就可提前采取处理措施。轧制模拟是开轧前必须进行的系统预防性检查。

轧制模拟的步骤:预选"试验"键→按轧制顺序逐个按下各光电检测元件模拟键→观察各台设备的响应状况→切断"试验"键,选择"操作"键。必须切记:轧制必须在"操作"状态下进行,否则活套调节不能自动控制。

5.4.3.4 开轧

完成了上述步骤,即可开始试轧,这时不要忘记在钢坯出炉前向全线通报开轧指令。

5.5 轧制过程控制操作

理论上,连轧机工作的稳定过程要求相邻机架金属秒流量都是常数,即

$$Fv = C$$

但实际轧钢过程中,轧件高度、宽度、温度、变形抗力等因素是随机波动的,会干扰已经形成的稳态过程。与此同时,各机架间的张力、前滑、压下量、宽展量也将随之变化,使轧件重新处于动态过程,并在新的条件下向新的动态平衡过渡。在新的动态过程中,如果不发生轧件堆死或拉断事故,最终必将重新建立新的动态平衡,保证轧制的正常进行。主控台操作人员应熟知这种因某种变量变化而引起的一系列参数变化的特点,在调整时,针对不同情况采取不同的措施,达到控制和优化轧制过程的目的。具体地说,主控台的调整应注意到如下几个方面。

5.5.1 张力与速度调整

5.5.1.1 机架间张力

轧制方法可分张力轧制和无张力轧制。张力轧制又分微张力、小张力和大张力轧制。无张力轧制只有在带自由活套的情况下才能实现。

在张力轧制的连轧过程中,要保证轧件通条上的尺寸稳定性是不可能的,即始终有一个前端和后端长度不参与连轧的动态过程,这里处于无张力轧制状态,因此轧件头部和尾部尺寸比有张力的轧件中间尺寸要大,其变化如图5-11所示。当机架间张力过大时,会导致轧件的头(尾)宽度大大超过中间宽度,即产生所谓的"肥头"。在机架间张力调整极差的情况下,往往造成轧制过程中轧件被拉断或起波浪、或堆钢(见图5-12),因此控制轧制中的张力是否适度是非常重要的。

图5-11 张力轧制的轧件尺寸变化

图5-12 由张力引起的波浪和拉断

5.5.1.2 机架布置与张力、无张力的关系

A 水平连轧

这种方式是将水平轧机布置成连续式,用于粗轧和中轧机组,其特点是:机架间存在着一定张力及轧件在机架之间需要扭转(见图5-13)。

B V-H布置(平-立辊轧机交替布置)

这种布置可避免轧件的扭转情况。在机架之间设置活套挑,则可进行活套轧制,也就是无张力轧制。预精轧机组采用这种布置(见图5-14)。

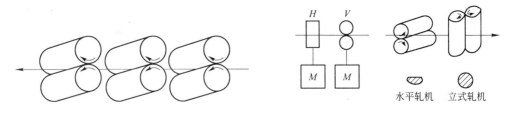

图 5 - 13　水平连轧机布置　　　　　　　图 5 - 14　V - H 布置

　　C　45°无扭精轧机

　　这种轧机布置如图 5 - 15 所示,各架轧辊彼此呈 90°,各自对垂直面呈 45°,轧件在轧制过程中不需要扭转。每台精轧机可以由 8 ~ 10 个机架组成,集体传动,在孔型设计上保证了微张力轧制,机架间张力主控台不可调。

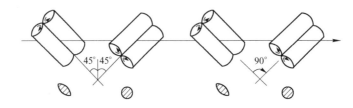

图 5 - 15　45°无扭精轧机布置

　　上述三种轧机布置形式中,张力控制的重点是粗、中轧机组水平轧机段。

5.5.1.3　前、后滑对张力的补偿作用

　　连轧的轧制过程存在前滑和后滑是众所周知的。当张力值固定不变时,前、后滑量亦相对保持稳定,当微量调节机架间速度差值使轧件所受张力自零值逐渐增大时,前、后滑亦会相应地逐步增大,从而起着减少速度差值的补偿作用。在张力未超过轧件的弹性变形极限前,前、后滑的变化量抵消(补偿)了大部分速度差值的影响,在此范围内,轧件虽受张力拉,但张力不能太大,要避免出现断面缩小的现象。否则,如果继续增大相邻机架的速度差值,张应力将超过轧件的弹性变形极限,轧件断面会被拉小,这时主要由轧件断面变化来补偿速度差值的影响,这就削弱了张力变化对连轧秒流量平衡的补偿作用。

　　认识到前、后滑对张力的补偿作用,对正确合理地控制机架间的张力具有指导性意义,这也是粗、中轧机组采用小张力轧制时,能够生产出合乎尺寸精度要求产品的道理。

5.5.1.4　粗、中轧机组机架间张力控制原则

　　粗、中轧机组必须采用小张力轧制,是为了补偿某些生产中不可避免的干扰因素(孔型磨损、钢温波动、坯料断面尺寸公差、坯料化学成分不均匀,双槽轧料不可能绝对同步等)对连轧平衡关系的影响,其张力值的控制应遵循下列原则:

　　(1) 保证轧制的顺利进行,不能造成轧卡堆钢现象。

　　(2) 控制的张力值要使轧件处于稳定状态的效应大于各种外界因素变化引起的不稳定效应。

　　(3) 应使轧件头、中、尾尺寸偏差尽可能小。现场的经验是粗轧机组出口轧件头、中、尾宽度

的波动应在总宽度尺寸的2%以下,精轧成品的头、尾超差圈数不应大于2~3圈。

（4）要考虑椭圆、圆孔型不同的咬入特点和孔槽磨损差异。一般来讲,椭孔磨损大于圆孔,椭→圆的机架张力值要稍大于圆→椭时机架间张力值。

（5）张力的控制主要靠调速来实现,调速必须采用级连调速的方式。

（6）下面给出某厂几个张力控制的实例:

1）全轧线采用新轧槽的张力预设定:

机架/号	1	2	3	4	5	6	7	8	9	10	11	12	13	14	15	精轧机组
张力/%	0	5	3	3	3	3	1	3	3	3	0	1.5	1.0	1.5	0.5	

2）正常轧制时张力预留控制1:

机架/号	1	2	3	4	5	6	7	8	9	10	11
张力/%	0	0	0	0.5	0.5	1	1	0.5	0.5	0.5	

3）正常轧制时的张力预留控制2:

机架/号	1	2	3	4	5	6	7	8	9	10	11
张力/%	1	1	0.5	0.3	0	0.5	0.5	0.3	0.3	0.3	

5.5.1.5 张力的判断和消减

张力的判断方法有多种,这里仅介绍几种应用于主控台的张力判断方法。

A 电流判断法

该法适用于轧制速度较低的粗轧机组,单线轧制。主控台操作人员可借助于各机架所对应的电流表在咬钢时电流指数的升降变化,来判断机架间存在着张力还是堆力。

例5－1 以A机架和B机架轧制时的电流表显示,说明判断张力的方法。

当轧件咬入B机架后,观察A机架对应的电流表,可能会出现下列三种情况。

（1）电流指数无变化,说明机架间无张力和堆力,如图5－16所示。

图5－16 粗中轧张力判断

（2）电流指数有增长，说明机架间存在着堆力。堆力的存在导致 A 机架轧制负荷大增，这时应降低 A 机架转速，如图 5 - 17 所示。

（3）电流指数减小，表明机架间存在着张力。张力的存在会导致 A 机架轧制负荷减小，这时应根据电流减小的量相应增加 A 机架的转速，如图 5 - 18 所示。

图 5 - 17　粗、中轧堆力判断　　　　　图 5 - 18　粗、中轧张力判断

判断出粗轧机组机架间的张力不正常时，应采用级连调速的方法使其合乎要求。

　B　棒击振动法

此法适用于中轧机组，单线、双线轧制均可。判断的方法是用一根铁棒敲击机架间轧件中点，凭借手感和观察轧件的振动，即可判断出机架间张力情况。

　C　观察法

观察轧件在机架间的运行情况，当机架间轧件抖动时，可能就要发生堆钢，这种抖动一般是前几道次存在着较大的拉力所致。当轧件头部出机架后行走不稳或剪机切头（尾）长度发生变化，则可判断这是由于前几道次存在着过大的张力或堆力所致。

一般情况是：张力过大时，切头长度增加，切尾长度减小。

　D　速度变化判别法

通过观察实际轧制时带活套机组的速度变化，在整根轧件上速度的变化量及吐丝机的吐丝形状，可以很好地判别粗、中轧机组存在着张力还是堆力。一般来讲，当粗、中轧存在较大的张力时，带活套机组的速度波动时间较长，精轧机速度变化大，吐丝机吐丝向一边倾斜。

　E　尺寸判别法

通过取样测量，根据轧件头（尾）的尺寸超差量和整盘线卷的头、尾尺寸超差卷数可以判断出粗、中轧的张力情况。

张力的判断需要一定的技巧和经验，这种技巧和经验来自对设备性能的了解和现场长期工作的体会。张力的消减以采用级连调速为宜。调速方法因各厂家基准机架选择的不同而不同，基准机架不能作为张力调速机架。张力的调整还需要与轧钢工密切配合。

5.5.2 辊缝与转速、张力调整的关系

辊缝调整和转速调整是张力控制调整的两个方面,没有正确的辊缝设定,就得不到正确的轧件红坯断面,也就不能行之有效地进行转速与张力的调整。

调整辊缝的目的是补偿孔型磨损或钢种变换等对轧件高度尺寸的影响,然而轧件高度尺寸的变化,导致秒流量出现了新的不平衡,为此要对相应机架的电机转速进行调整。预精轧机组由于活套自动调节和精轧机组集体传动及统一配辊等特点,主控台不需要进行转速调整补偿因辊缝调整带来的影响,与辊缝调整相对应的转速调节主要是对粗、中轧机而言。

实践证明,粗轧各机架辊缝调整量在0.5mm以下,中轧各机架辊缝调整量在0.3mm以下时,不相应地调整转速,也不会破坏轧制的正常进行。当辊缝调整量大于上述数值时,主控台可利用下式计算出所对应的转速调整量:

$$\Delta n_{n-1} = K\Delta S_n$$
$$\Delta n_n = -K\Delta S_n$$

式中 Δn——转速调整量,r/min;

K——系数,$K = 5 \sim 15$,取决于机架间预留的张力和机架的传动速比;

ΔS——辊缝调整量,mm。压下为"$-$",抬起为"$+$"。

必须注意,这里的调速是指采用级连调速方式。

例 5－2 第五架辊缝压下1.0mm,即$\Delta S_5 = 1.0$,则第五架级连升速:

$$\Delta n_5 = -K\Delta S_5 = -10 \times (-1.0) = 10 \text{r/min} \quad （取 K = 10.0）$$

因第五架为级连升速,第四架→第一架都随同升速,故对第四架应做级连降速处理。第四架级连降速 Δn_4 为:

$$\Delta n_4 = K\Delta S_5 = 10 \times (-1.0) = -10 \text{r/min} \quad （取 K = 10.0）$$

5.5.3 换辊(槽)后轧制转速调整与试轧

5.5.3.1 换辊后的转速修正

换辊是轧制生产中的常事。通常各机架的轧制速度在正常轧制时都有较为合适的数值,若因换辊使轧辊直径改变,则必须对转速进行修正。

换辊后的转速修正是针对粗、中、预精轧采用单独传动的机组而言,集体传动的精轧机组的中间机架换辊无需进行转速修正。

换辊后的转速修正原则是使换辊前后的轧制线速度不变。可用下式确定新的转速

$$n' = \frac{D}{D'} \times n$$

式中 n'——换辊后电机的设定转速,r/min;

n——换辊前电机的转速,r/min;

D'——换辊后的轧辊实际直径,mm;

D——换辊前的轧辊实际直径,mm。

也就是说,轧辊直径与转速成反比,当轧制速度相同时,辊径大者转速低。

5.5.3.2 换辊(槽)后的试轧

新轧辊的表面光滑无龟裂,摩擦系数较低,而且轧辊在存放时其孔型表面涂有防锈油以防锈

蚀,这也是降低摩擦系数的因素之一。因此使用新轧槽轧制时,轧件咬入打滑和轧制过程中由于摩擦系数的局部降低引起的断续打滑现象也时常发生。为了防止打滑,保证试轧顺利,除了轧钢工对轧槽表面进行预处理和试小样外,主控台也应对换辊(槽)前后机架的速度给予特别的注意。

换辊(槽)后的参数设定指导思想是:尽量保持非更换架次的轧制条件,缩小更换架次带来的影响,尽量使断面和速度分别靠近更换前的状态,为保证试轧顺利,预设定一定的张力,随后消减之并建立新的平衡。具体地讲,主控台操作应注意下述几个要点:

(1) 在换辊(槽)机架和上游机架间预加一些张力,以吸收轧制中轧件突然打滑产生的堆钢量和由于辊缝设定不当造成的秒体积增量。张力的预设定是以转速来体现,转速的微调量(相对量)约等于拉钢系数值。预加张力的方法是采用上游级连调速来完成。根据现场经验,两相邻机架间预加的张力值以2%～3%为佳。预加张力后相应机架的转速值由下式可得:

$$n' = (1 + c\%) \times n$$

式中　n'——预加张力后的转速,r/min;

　　　n——预加张力前的转速,r/min;

　$c\%$——张力百分比。张力为"－"号;堆力为"＋"号。

注:此式适用于上游调速的机架和机组。

例 5 - 3　设第四架、第五架换用新轧槽

已知:$n_3 = 680$r/min,$n_4 = 684$r/min,$n_5 = 670$r/min。

预设:3 号～4 号机架间3%张力,4 号～5 号机架间2.5%张力

则由上式可得:

$$n'_4 = (1 - 2.5\%) \times 684 = 670 \text{r/min}$$

即第四架级连降速14r/min。

$$n'_3 = (1 - 2.5\%)(1 - 3\%) \times 680 = 643 \text{r/min}$$

即第三架级连降速37r/min。

(2) 试轧一根1/3 长的短坯(后2/3 长坯料,退回炉内待用),并在粗轧后飞剪处碎断(如试中轧,可取粗轧来料人工喂入中轧机组)。试轧时不开轧辊冷却水。目的是利用热轧坯料打磨轧槽并试验各架的畅通情况。

(3) 控制尺寸,消减张力,正常轧制。

5.5.4　变换成品规格后轧制速度的设定

变换成品规格后的轧制速度设定原则是尽量使用孔型系统的共用孔型,保持共用孔型的原轧制速度配比关系,减少设定新轧制速度的架次。具体地说,成品规格的更换涉及以下两种情况。

5.5.4.1　两种成品规格分别是两个孔型系列(如 ϕ5.5mm→ϕ6.5mm)

这种情况下,共用孔型一般在粗轧或中轧的某一架。如图 5 - 19 所示,1 号～9 号机架是各种规格的共用孔型。操作人员在设定各架轧制速度时,可保持共用孔型的轧制速度不变,而仅设定共用孔型后的轧制速度。

5.5.4.2　两种成品规格是同一孔型系列(如 ϕ5.5mm→ϕ7.0mm)

这种情况下,一般粗、中、预精轧是共用孔型,这是因为无扭精轧机组孔型设计的特点是中间

图 5-19 孔型系列表

延伸孔也可做成品孔。这时,操作人员应保持粗、中、预精轧各机架轧制速度不变,仅输入新的精轧速度。新成品规格的精轧速度由下式计算:

$$v'_{精实际} = \frac{v_{精理论}}{v_{预理论}} \times v'_{预实际}$$

式中 $v'_{精实际}$——新成品规格的精轧速度,m/s;

$v_{精理论}$——新成品规格精轧机组理论出口速度,m/s;

$v_{预理论}$——新成品规格预精轧机组理论出口速度,m/s;

$v'_{预实际}$——旧成品规格采用的预精轧机组实际出口速度,m/s。

$v_{精理论}$、$v_{预理论}$ 在轧制程序表中查得。

采用共用孔型变换轧制速度方法的好处是大大缩短了试轧调试时间,提高了生产率。

应该指出,当精轧速度小于20m/s时(如轧 ϕ13.0mm 线材),就需对精轧机与夹送辊之间的速度关系作特殊的调整和控制。

5.5.5 钢温变化与调整操作

钢温是影响轧制生产的最主要因素之一,在正常轧制过程中,钢温变化是不可避免的,因此,应了解钢温对轧制的影响规律。钢温的影响主要体现在以下两个方面。

5.5.5.1 对电机负荷和轧机弹跳值的影响

钢温的高低直接影响着轧件的变形抗力,温度较低的钢坯变形抗力较大,所以电机负荷较大,操作人员应注意观察各机架电机电流值,防止电机超负荷运转。生产经验表明,当开轧温度从1080℃下降到1030℃时,粗轧机组电机负荷平均增加约5%左右。另外,较低温度的钢坯会导致轧机的弹跳增加,金属秒流量增多,结果将在机架间造成轻微堆钢现象,这种情况尤其发生在粗轧机后飞剪导槽处。

5.5.5.2　对轧制不稳定的影响

坯料头部低温会造成轧件头部宽展增加,并形成所谓的"黑头钢"。黑头钢最宜造成在粗轧机组最末一架的滚式进口导卫处卡住而堆钢。反之,高温钢则最有可能造成精轧机组内堆钢,这是因为精轧机组温升最大,轧件二次氧化严重而造成氧化铁皮脱落堵塞导卫而堆钢。同一根坯料上温度不均匀,则会造成张力波动而使活套调节处于不稳定状态,给成品精度带来影响。

钢温由加热炉操作台控制,但主控台操作人员必须对钢温的影响进行分析和判断,必要时应停轧保温,或放慢轧制节奏或单线轧钢。

5.5.6　坯料断面变化与调整

孔型设计能满足在公差范围内波动的坯料的咬入,但坯料断面的正、负偏差波动仍会使轧件宽展和张力条件受到影响。因此,当更换批号时,操作人员应对所轧批号的坯料公差情况有所了解,并采取相应的调整措施。一般来讲,坯料断面对轧制的影响通过微量调节第一机架、第二机架的转速即可得到补偿。例如,轧制修磨钢坯时,应将第一、第二机架电机转速各提高 5r/min,以增加秒流量。

5.5.7　多线轧制的影响与调整

在双线或多线轧制时,可能会由于两线轧制吨位不同而造成两线轧槽磨损不均,其结果是两线金属秒流量不同而影响正常的轧制过程。在这种情况下调整原则是:以张力小的一线作为调整基准,即保证张力小的一线正常轧制不堆钢,来保证双线的轧制,不利的后果可能造成另一线的成品精度受到一定影响。

保证两线轧槽均匀磨损的前提是双线均衡轧制生产。

5.5.8　精轧机与夹送辊的速度关系调整

前面已介绍过,精轧机与夹送辊的速度匹配是保证高速轧制不堆钢的前提,在实际轧制过程中,精轧机与夹送辊之间以恒张力控制形式来保证匹配关系。当精轧机的速度变化时,轧件前滑可能会发生变化而影响到精轧机与夹送辊之间的拉力关系,当拉力小至一定程度时,则可能造成堆钢事故。此外,不同规格成品的轧制速度不一样,摩擦系数和轧制条件也不一样,其结果是都影响了轧件的前滑而使精轧机和夹送辊之间的拉力关系发生变化而破坏了恒张力的匹配关系。

如何选用不同的夹送辊超前系数,并通过夹送辊的转速和电流限幅值来判断实际的拉力状况,并加以调整以保持合适的拉力值,是主控台操作人员重要的任务和关键的技巧。现场经验是当夹送辊电机实际电流与给定的电流限幅值相近,且夹送辊实际电机转速略小于设定转速时,夹送辊 – 精轧机间线材处于一个合适的张力控制状态。

最后指出:夹送辊的正确控制是现场 – 主控台 – 冷却控制台联合干预作用的结果。

5.6　安全生产操作要点

高速线材轧机轧制速度之快,使得由于某种失误导致故障发生时(如轧件从水冷段穿出),

现场人员是根本来不及躲避的,因此,安全生产操作是头等大事。操作人员精心操作,勤动嘴、动眼、动手、动脑对预防安全事故的发生极为重要。

5.6.1　轧制确认与检查

轧制确认与检查的内容有:

(1)轧制前应认真仔细检查主控台各种设施的完好性和各显示屏的显示准确性,确认无故障信号显示。

(2)轧制前应向各操作台(点)询问准备情况,这一点非常重要。

(3)轧制前的轧钢模拟操作是保证轧制后设备正常动作的前提,尤其对剪机的连锁模拟试验是每次开轧前必须进行的操作步骤。

(4)轧制前应将开轧信息通报全线。

5.6.2　轧制控制和操作

轧制控制和操作的内容有:

(1)应空载启动设备,严禁带负荷启动轧机。如果由于误操作,造成轧钢过程中轧机停止运转而将红钢卡在轧机中时,也不允许再次启动轧机。

(2)应该避免长时间的轧机过负荷运转,长时间的过负荷工作会损伤电机和导致电机过热或跳闸。操作人员应随时注意轧制温度的变化,避免因过低或过高的开轧温度可能给轧制带来的影响。

(3)对各机组的故障应采取不同的处理方式,其基本原则是尽量排空轧件后再停机,并避免后来轧件进入事故段。

需特别强调,粗轧后飞剪处的故障是经常发生的,在剪机处处理堆钢事故时,应首先切断飞剪的传动电源以确保安全。

(4)在可能发生重大设备事故和人身伤害时,应立即使用"紧急停车键"停止设备运转。现场生产表明,粗轧区紧急停车键的使用次数大大高于其他设备。这是因为粗轧区的轧件断面大,机组内又无剪机碎断轧件,当发生堆钢事故时,很可能因过大的堆力而倾翻轧机。但另一方面,紧急停车的使用会因轧件卡在机架内而大大增加了废钢处理时间。

(5)轧机的辊缝调整和主控台的转速调整最好不要同步进行,一次性调速范围不宜过大,以不大于 $5\sim10r/min$ 为宜。

5.6.3　轧线取样

根据设备布置特点,对不同区域要采用不同的取样方法:

(1)粗轧后飞剪。利用该剪进行切头、切尾取样。在轧件头部取样要不影响后续轧制,对轧件尾部取样时,则应考虑增大轧制节奏,还要防止出现因轧件尾部脱离轧制失去驱动力后的速度减慢,被下一根轧件追上的情况。

(2)预精轧前卡断剪。用此剪对轧件尾部取样时,应暂时停止出钢。

5.6.4　轧辊冷却水控制

轧辊冷却不足会加速轧槽表面磨损,严重时会因轧辊表面与芯部温度的严重不均而导致断辊的恶性事故。因此,主控台对轧辊冷却水控制应特别注意以下几点:

(1)粗、中轧机组轧辊一般采用球墨铸铁材质,该材质抗热敏感性较好。故允许在试轧短坯料时暂不给轧辊冷却水。

（2）应在未走钢时给冷却水,避免在轧槽中正走红钢时再给冷却水。因为急速冷却有可能使轧辊热应力过大而发生断辊的危险或加大轧槽表面的裂纹扩展。

（3）当轧机中有负载而需故障停机时,应立即关闭冷却水,当废钢从轧槽中取走后,应稍等待一段时间使轧辊内外温度均衡后再给冷却水。

（4）要禁止采用间断供应轧辊冷却水的方式。

5.7　常见故障分析和处理措施

5.7.1　粗、中轧区

该区常见故障如表5-2所示,表中列出了与主控台操作有关的故障类型。

表5-2　粗、中轧区故障表

序号	故障类型	故　障　原　因	处　理　措　施	备　注
1	机架间堆钢	（1）轧制速度设定不正确 （2）换辊(槽)后张力设定过小 （3）辊径输入错误	（1）正确设定 （2）检查张力,重新设定 （3）核对辊径,准确输入	轧件已咬入后堆钢
2	机架间堆钢	（1）钢温波动 （2）头部开花或过冷的头部在1号机架停留时间过长	（1）保温待轧 （2）单线轧制 （3）通知加热炉烧火工 （4）通知加热炉操作台操作工 （5）改善出钢条件	堆钢一般发生在粗轧机组末机架
3	机架间堆钢	（1）可能是导辊过磨损、导卫安装不良或导卫夹铁造成的导卫问题 （2）轧槽中有异物 （3）换槽后未打磨或钢坯表面氧化铁皮厚造成的轧槽打滑	（1）检查、更换导卫 （2）检查、清理轧槽 （3）打磨轧槽或调整加热程序和轧制速度,加大机架间的张力	轧件头部发生堆钢
4	机架间卡钢	（1）由于钢温过低,负荷过大,轧制速度过高,负荷过大,电控问题造成的电机过载跳闸 （2）由于设备事故、人身事故造成的紧急停车	具体问题具体分析	电机跳闸使轧件全卡在机架内
5	飞剪处堆钢	（1）飞剪不切头 （2）切头(尾)过长而卡在导槽内 （3）轧件切口不好影响咬入 （4）中途剪机动作,剪机失控 （5）电控问题	（1）检查电源和剪刃原始校准位置等 （2）检查设定值和张力 （3）重新设定超前系数或检查剪刃 （4）检查光电管 （5）进行电气检查	飞剪处堆钢多为电气故障

5.7.2　预精轧区

该区常见故障如表5-3所示。

表 5－3　预精轧区常见故障表

序号	故障类型	故 障 原 因	处 理 措 施
1	机架间堆钢	(1) 粗、中轧张力过大造成轧件在预精轧丢尾巴 (2) 套量过大或速度设定不正确 (3) 辊径设定错误	(1) 减小张力 (2) 重新设定或电气检查 (3) 核对辊径,重新设定
2	机架间堆钢	(1) 轧件"掉肉"充塞导卫 (2) 导卫本身问题 (3) 导卫安装位置不正确 (4) 来料尺寸不好	(1) 检查、更换导卫 (2) 控制来料尺寸
3	机架间堆钢	(1) 活套挑动作不正确,延时时间不对 (2) 活套挑导辊磨损严重 (3) 压缩空气压力低造成电磁阀工作不正常 (4) 活套扫描器故障 (5) 冷却水过多影响检测效果 (6) 电控系统原因	机械、电气检查
4	预精轧停车	(1) 废品检测系统作用 (2) 轧辊冷却水压不足 (3) 电机跳闸	找出原因采取对应措施
5	飞剪处堆钢	(1) 剪刃磨损 (2) 转辙器变形 (3) 轧件未切头 (4) 轧件切头过长 (5) 剪刃、转辙器原始位置不对 (6) 检测元件故障 (7) 电控故障	对工艺、机械、电气三方面进行检查

5.7.3　精轧区

该区常见故障如表 5－4 所示。

表 5－4　精轧区故障表

序号	故障类型	故 障 原 因	处理措施	备　注
1	精轧机废品箱中堆钢	水冷段通水过早。具体原因有(1)电气延迟时间不精确;(2)控冷台水冷程序误设定;(3)电磁阀未调好或电压不够等	控冷台手动试水并核实	吐丝小于12圈
2	精轧机废品箱中堆钢	25 号进口导卫问题。造成的原因有(1)导辊太松,被轧件冲开变形;(2)导辊表面装配精度差,刮伤轧件;(3)导卫粘钢,刮伤轧件,堵塞导卫	检查、更换导卫	吐丝小于12圈
3	精轧机废品箱中堆钢	(1) 水冷段安装位置不正确或有过磨损现象 (2) 水冷管中有异物	检查、更换水冷管	吐丝小于12圈

序号	故障类型	故 障 原 因	处 理 措 施	备　　注
4	精轧机废品箱中堆钢	夹送辊吐丝机有问题。具体包括(1)电流限幅值过低,夹送力不够;(2)辊径输入错误;(3)夹紧力太小,气缸压力设定错;(4)开口度错误;(5)吐丝机管内过磨损;(6)活套调节时,夹送辊响应不及时	(1)正确设定工艺参数 (2)检查电气、工艺参数	吐丝机吐出几十至几百圈后,中间堆钢
5	机架间堆钢	导卫夹铁造成堵塞。具体原因有(1)导卫夹铁堵塞;(2)辊缝设定失误;(3)导卫安装不好;(4)配辊错误;(5)来料尺寸不好;(6)来料的表面或内部有缺陷;(7)加热温度过高,氧化严重,在精轧机组内由于剧烈变形热加剧氧化,造成氧化铁皮脱落而堵塞导卫	对导卫进行检查	
6	碎断剪自动碎断	(1)斯太尔摩区停车 (2)精轧停车,钓鱼线被烧断 (3)精轧冷却水压力不足	具体问题具体分析	

复习思考题

5 – 1　了解主控台管辖的区域设备与主控台的功能。

5 – 2　掌握单机校正与级连校正、上游调节、下游调节与基准机架的概念。

5 – 3　了解轧制程序内容、工作辊径的概念。

5 – 4　了解废品监测的概念。

5 – 5　了解轧制线上检测元件的分布与作用。

5 – 6　了解活套的作用及活套自动控制原理。

5 – 7　了解剪机的分布、各种剪机的运动特点与事故段的分类。

5 – 8　熟练掌握轧制模拟与开机、开轧操作技能。

5 – 9　了解机架间张力对轧制的影响与张力的判断、调整。

5 – 10　掌握如何利用电流表判断张力。

5 – 11　动态速降的概念。

5 – 12　了解主设定系统的功能。

5 – 13　程序控制的作用。

5 – 14　小张力自动控制原理。

5 – 15　了解各事故段的故障处理原则。

5 – 16　掌握主控台各种显示画面的内容与功能。

5 – 17　掌握轧制程序的选用与设定。

5 – 18　掌握开轧准备状况检查与试轧组织。

5 – 19　掌握换辊、换规格后轧制速度的设定与调整。

5 – 20　掌握钢温、钢种、坯料断面变化与轧制速度调整。

5 – 21　掌握辊缝变化与转速调整的关系。

5 – 22　了解安全生产操作要点。

5 – 23　掌握一般性故障的判断与各事故段的故障处理原则。

6 线材的控制轧制与控制冷却

6.1 控制轧制的概念

6.1.1 什么叫控制轧制

控制轧制是指在比常规轧制温度稍低的条件下,采用强化压下和控制冷却等工艺措施来提高热轧钢材的强度、韧性等综合性能的一种轧制方法。控制轧制钢的性能可以达到或者超过现有热处理钢材的性能。

6.1.2 控制轧制的优点

控制轧制具有常规轧制方法所不具备的突出优点。归结起来大致有如下几点:

(1)许多试验资料表明,用控制轧制方法生产的钢材,其强度和韧性等综合机械性能有很大的提高。例如控制轧制可使铁素体晶粒细化,从而使钢材的强度得到提高,韧性得到改善。

(2)简化生产工艺过程。控制轧制可以取代常化等温处理。

(3)由于钢材的强韧性等综合性能得以提高,自然地导致钢材使用范围的扩大和产品使用寿命的增长。从生产过程的整体来看,由于生产工艺过程的简化,产品质量的提高,在适宜的生产条件下,会使钢材的成本降低。

(4)用控制轧制钢材制造的设备重量轻,有利于设备轻型化。

6.1.3 控制轧制的种类

控制轧制是以细化晶粒为主,用以提高钢的强度和韧性的方法。控制轧制后奥氏体再结晶的过程,对获得细小晶粒组织起决定性作用。根据奥氏体发生塑性变形的条件(再结晶过程、非再结晶过程或 $\gamma \rightarrow \alpha$ 转变的两相区变形),控制轧制可分为三种类型。

6.1.3.1 再结晶型的控制轧制

它是将钢加热到奥氏体化温度,然后进行塑性变形,在每道次的变形过程中或者在两道次之间发生动态或静态再结晶,并完成其再结晶过程。经过反复轧制和再结晶,使奥氏体晶粒细化,这为相变后生成细小的铁素体晶粒提供了先决条件。为了防止再结晶后奥氏体晶粒长大,要严格控制接近于终轧几道的压下量、轧制温度和轧制的间隙时间。终轧道次要在接近相变点的温度下进行。为防止相变前的奥氏体晶粒和相变后的铁素体晶粒长大,特别需要控制轧后冷却速度。这种控制轧制适用于低碳优质钢和普通碳素钢及低合金高强度钢。

6.1.3.2 未再结晶型控制轧制

它是钢加热到奥氏体化温度后,在奥氏体再结晶温度以下发生塑性变形,奥氏体变形后不发生再结晶(即不发生动态或静态再结晶)。因此,变形的奥氏体晶粒被拉长,晶粒内有大量变形带,相变过程中形核点多,相变后铁素体晶粒细化,对提高钢材的强度和韧性有重要作用。这种控制工艺适用于含有微量合金元素的低碳钢,如含铌、钛、钒的低碳钢。

6.1.3.3　两相区控制轧制

它是加热到奥氏体化温度后,经过一定变形,然后冷却到奥氏体加铁素体两相区再继续进行塑性变形,并在 A_{r1} 温度以上结束轧制。实验表明:在两相区轧制过程中,可以发生铁素体的动态再结晶;当变形量中等时,铁素体只有中等回复而引起再结晶;当变形量较小时(15% ~30%),回复程度减小。在两相区的高温区,铁素体易发生再结晶;在两相区的低温区只发生回复。经轧制的奥氏体相转变成细小的铁素体和珠光体。由于碳在两相区的奥氏体中富集,碳以细小的碳化物析出。因此,在两相区中只要温度、压下量选择适当,就可以得到细小的铁素体和珠光体混合物,从而提高钢材的强度和韧性。

在实际轧制中,由于钢种、使用要求、设备能力等各不相同,各种控制轧制可以单独应用,也可以把两种或三种控制工艺配合在一起使用。

6.2　线材的控制轧制

6.2.1　线材控制轧制概况

随着线材轧制速度的提高,轧后控制冷却成为必不可少的一部分,但是控制轧制在线材中的应用是 20 世纪 70 年代后期才开始的。由于线材的变形过程由孔型所确定,要改变各道的变形量比较困难,轧制温度的控制主要取决于加热温度(即开轧温度),在无中间冷却的条件下,无法控制轧制过程中的温度变化。因此,在过去的线材轧制中控制轧制很难实现。

为满足用户对线材的高精度、高质量要求,高速线材轧机得到发展,无扭精轧机组机型进一步改进。1984 年以后,摩根公司提供的 100m/s 高速无扭机组均为 V 型结构。新一代 V 型机组,在结构上做了重大改进,2 根传动轴近底面基础,机组重心下降,倾动力矩减少,增加了机组的稳定性。它噪声级别低,视野开阔,便于操作管理,机组重量较轻。在第 1 套 V 型机组问世以后,高速线材轧机将控制轧制技术引入了工艺设备等总体设计。

现代高速线材轧机已能生产高精度的产品,如各生产厂家生产 φ5.5mm 线材的尺寸偏差普遍可达 ±0.15mm,有些厂家可达不超过 ±0.1mm。为了满足用户对线材精度提出的更高要求,达到精密及极精密尺寸偏差(直径偏差 = ±(0.2% ~0.3%)×直径)。近几年出现了精密尺寸规圆机及精密轧机,有三辊柯克斯(Kocks)三机架无扭精轧机及两辊三机架(或二机架)台克森(Tekisun)高精度轧机。尤其是在 1985 年摩根公司推出台克森双机架轧机与无扭精轧机配合,轧出的 φ5.0 ~6.5mm 线材,可保证直径偏差为 ±0.1mm。台克森轧机可在 700℃轧制,轧制能力大,可以进行控制轧制,可生产某些汽车用的非调质钢及快速球化钢。

有的在高速线材精轧机组前增设预冷段(可降低轧件温度 100℃)及在精轧机组各机架间设水冷导卫装置,以降低轧件出精轧机组的温度等。

在第一套 V 型机组问世后,摩根公司在高速线材轧机上引入控温轧制技术 MCTR(Morgan Contralled Temperatare Rolling),即控制轧制。控温轧制有如下两种变形制度:

A　二段变形制度

粗轧在奥氏体再结晶区轧制,通过反复变形及再结晶细化奥氏体晶粒;中轧及精轧在 950℃以下轧制,是在 γ 相的未再结晶区变形,其累计变形量为 60% ~70% ,在 A_{r3} 附近终轧,可以得到具有大量变形带的奥氏体未再结晶晶粒,相变以后能得到细小的铁素体晶粒。

B　三段变形制度

粗轧在 γ 再结晶区轧制,中轧在950℃以下的 γ 未再结晶区轧制,变形量为70%,精轧在 A_{r3} 与 A_{r1} 之间的双相区轧制。这样得到细小的铁素体晶粒及具有变形带的未再结晶奥氏体晶粒,相变后得到细小的铁素体晶粒并有亚结构及位错。为了实现各段变形,必须严格控制各段温度,在加热时温度不要过高,避免奥氏体晶粒长大,并避免在部分再结晶区中轧制形成混晶组织,破坏钢的韧性。

一般采用降低开轧温度的办法来保证对温度的有效控制。根据几个生产厂应用控温轧制的经验,高碳钢(或低合金钢)、低碳钢的粗轧开轧温度分别为900℃、850℃,精轧机组入口轧件温度分别为925℃、870℃,出口轧件温度分别为900℃、850℃。

在设计上,低碳钢可在800℃进入精轧机组精轧,常规轧制方案也可在较低温度下轧制中低碳钢材,以促使晶粒细化。

中轧机组前加水冷箱可保证精轧温度控制在900℃,而在精密轧机处轧制温度为700～750℃,压下量为35%～45%,以实现三阶段轧制。

如能在无扭精轧机入口处将钢温控制在950℃以下,粗、中轧可考虑在再结晶区轧制,这样可降低对设备强度的要求。

日本有的厂将轧件温度冷却至650℃进入无扭精轧机组轧制,再经斯太尔摩冷却线,这样可得到退化珠光体组织,到球化退火时,退火时间可缩短1/2。

6.2.2　采用控温轧制的工厂举例

6.2.2.1　马钢高速线材轧机实际轧线温度

图6－1是一例马钢高速线材轧机实际轧线温度分布情况。从图中可知,加热温度为1150℃,开轧温度为1100℃。随着轧制过程中轧件温度的缓慢下降,轧件到粗、中轧机组出口(11号机架)时,即经过十一道次轧制后,轧件温度降到930℃。轧件进入到预精轧机组后,由于轧制速度加快,塑性变形产生的变形热来不及散失,因而轧件温度有所回升,出预精轧机组时温度达到1000℃。进入精轧机组,

图6－1　高速线材轧机轧线温度分布

轧制速度更快,轧件温度理应急剧升高,但该厂精轧机组各机架间设置了专门的轧件水冷装置,从而保持了轧件温度恒定不变,即轧件出精轧机组时温度仍为1000℃。此后,轧件进入水冷段冷却,到达吐丝机吐丝时,轧件温度下降到约900℃。

6.2.2.2　某厂双线线材轧机

其平面布置如图6－2所示。从中轧机组的最后一个双线机架开始,预精轧机组为 HV 排列,在精轧机组前、后都有水冷段和恢复段,在环式吐丝机前安装有小尺寸的精轧机架,吐丝机后为斯太尔摩冷却线,在精轧机组内,在两组(HV)之间,其距离扩大了,以便容纳较长的水冷段。

图6－3表示轧机以100m/s的终轧速度,轧制直径5.5mm低合金钢线材的温度曲线,这是通过模拟计算得到的。

出炉温度为950℃,轧件经过中轧机组后温度高于初始道次温度,为了避免线材表面过冷,因此,对两个冷却段要分配恰当,总温降在300℃左右,但在高精度精轧机前要求得到750℃均衡

图 6 - 2　双线线材轧机精轧系列示意图

1—原有机架;2—圆盘剪与套台;3—前两架预精轧机组与活套台;4—后两架预精轧机组;5—精轧机组前水箱;

6—切头剪、碎边剪;7—活套台;8—V 型配置无扭精轧机组;9—精轧机组后水箱;

10—高精度精轧机;11—夹送辊;12—延迟型斯太尔摩冷却线

温度。由于在精轧机组轧件急剧冷却,平均温度只升高了 100℃,轧件中心温度则升高到 950℃,因此,在精轧机组后需要继续冷却,使线材温度达到 750℃左右,变形温度低,改变了显微组织,可以采用两相区控制轧制,提高了线材的综合性能。

图 6 - 4 为直径 5.5mm 的线材以 120m/s 的终轧速度从精轧机组出来的温度曲线,此时终轧温度仍是 750℃。

图 6 - 3　轧制线材时轧件的温度分布曲线

(出炉温度 950℃,线材直径 5.5mm,终轧速度 100m/s)

图 6 - 4　直径为 5.5mm 的线材温度分布曲线

(终轧速度 120m/s,终轧温度 750℃)

6.2.2.3　新日铁君津厂摩根双线线材轧机

图 6 - 5 为新日铁君津厂摩根双线线材轧机的控轧控冷工艺布置图。在此轧机上,在中轧机间及中轧机后布置有两个水冷段,并在无扭轧机机组内设有水冷导管。在此轧机上进行控轧工

图 6 - 5　新日铁君津厂摩根双线线材轧机的工艺布置图

1—粗轧机组第 1~7 架(共 7 架);2—中轧机组第 8~13 架(共 6 架);3—1 号水冷段;

4—预转轧机组;5—2 号水冷段;6—无扭转轧机组

艺试验,不经淬火及回火处理就可生产出 $\sigma_s = 686MPa$ 的高强度螺栓。如采用低碳钢,其成分为: $w[C] = 0.1\%$、$w[Mn] = 1.5\%$,加少量铌、钒、钛用控制轧制工艺生产 $\phi8 \sim 13mm$ 高强度螺纹钢筋及高强高碳钢丝。其工艺是钢坯加热温度为 1200℃,开轧温度为 1150℃,粗轧压缩率为 39%;终轧温度控制在 700℃ 以上,约 750 ~ 850℃,终轧压缩率 $\phi8mm$ 的为 84%,$\phi10mm$ 的为 75%,$\phi13mm$ 的为 58%。

6.2.2.4 韩国浦项线材和钢公司第三线材厂

该厂建于 1988 年,采用的坯料断面为 160mm × 160mm,长 10.5m,单(支)重 2070kg,产品规格为直径 5 ~ 20mm 盘圆,钢种为高碳钢及合金钢,轧制速度为 120m/s,小时产量与年产量分别为 150t/h、54 万 t/a,加热炉是步进梁式的。该厂的平面布置如图 6 - 6 所示。

图 6 - 6 韩国浦项线材和钢公司第三线材厂双线线材轧机的平面布置图

1 ~ 5—第 1 ~ 5 架轧机(粗轧机组);6 ~ 11—第 6 ~ 11 架轧机(一中轧机组);12、13—第 12、13 架轧机
(二中轧机组);14 ~ 19—第 14 ~ 19 架轧机(预精轧机组);20 ~ 29—第 20 ~ 29 架轧机(精轧机组);
30—斯太尔摩冷却线

这个厂产量高,产品精度好,产品具有好的力学性能,此轧机采用了摩根公司的控温轧制及轧后冷却制度,更换了开坯机及坯料清理设备。

在此轧机上,根据不同的产品要求采用不同的开轧温度及冷却制度,得到不同的冷却曲线,如图 6 - 7 所示。其温度控制是依靠吐丝机前的水冷段及无扭轧机的前面及后面的水箱。水冷后线材进入斯太尔摩冷却线或进行自回火。吐丝温度根据钢种及产品最终使用的要求可从 550 ~ 950℃。

图 6 - 7 韩国浦项线材和钢公司第三线材
厂轧机上的线材温度曲线

1—加热温度 1060℃;2—加热温度 980℃;3—加热
温度 900℃,轧后冷却慢;4—加热温度 900℃,轧后冷
却快;5—加热温度 900℃,轧后冷却最快

6.2.2.5 现代化高速线材轧机

目前有关的资料指出,一个满足控温轧制及轧后形变热处理要求的现代化高速线材轧机的组成及其平面布置如图 6 - 8 所示。

此布置的特点是:首先在第一中轧机组后、第二中轧机组中、预精轧前及预精轧后各设置一组水冷箱,在精轧机出口处设置数组水冷箱,并具有平衡带,在无扭精轧机组内各机架间设有水冷导管。这些水冷段可以根据要求进行控温轧制;其次轧机设置采用 V 形配置的无扭精轧机组,并在无扭精轧机组轧后进行水冷,冷却后在吐丝机前安装 2 台台克森高精度精轧机。采用这种轧机组合的方式,除了对尺寸精度等有利外,由于可在低温下轧制,还可用控制轧制工艺生产一些非调质钢,以简化热处理工艺等;最后在此机组上设有加勒特式线材卷取机,可生产大规格的盘条。

图 6 - 8   现代化高速轧机的组成及其平面布置

1—粗轧机组;2—中轧机组;3—二中轧机组;4—预精轧机组;5—无扭精轧机组;6—水冷段;7—高精度精轧机;

8—慢冷线;9—斯太尔摩冷却线;10—中间水冷箱;11—加勒特式卷取机

6.3   控制冷却基本知识

在轧钢生产中(热轧),其生产出来的产品都必须从热轧后的高温红热状态冷却到常温状态。这一阶段的冷却过程将对产品的质量有着极其重要的影响。因此,如何进行线材的轧后冷却,是整个线材生产过程中产品质量控制的关键环节之一。

6.3.1   控制冷却的概念

轧钢生产中的冷却方法有许多种,但归纳起来只有以下两大类。

6.3.1.1   常规冷却

常规冷却的含义是指从轧机出来的热轧产品在其后的剪切、收集、打捆包装等精整工序中不加以任何控制手段,而让其在周围环境中自然冷却的一种方法,又称"自然冷却"。

6.3.1.2   控制冷却

控制冷却在轧钢领域内属于控制轧制的范畴,它是指人们对热轧产品的冷却过程有目的地进行人为控制的一种方法。确切地说,所谓控制冷却,就是利用轧件热轧后的轧制余热,以一定的控制手段控制其冷却速度,从而获得所需要的组织和性能的冷却方法。几十年来,许多工程技术人员和理论工作者为此做了大量的工作,使得各种热轧产品的质量大大提高。

对线材控制冷却的研究工作开始于 20 世纪 50 年代末至 60 年代初。当时由于连续式线材轧机的不断完善和发展,轧制速度越来越高,盘重越来越大,由此带来产品质量的一系列问题,促使人们对原来的自然冷却方法做出改进。到了 20 世纪 60 年代中期,随着无扭线材轧机的问世,美国、加拿大、德国、日本等国都相继对线材轧后的冷却问题开展了大量的试验研究,于是各种线材控制冷却方法也就应运而生。

6.3.2   线材控制冷却的目的和要求

在一般的小型线材轧机上,由于轧制速度低,终轧温度不高(一般只有 750 ~ 850℃),且线卷盘重不大,所以轧后的盘卷通常只是采用钩式或链式运输机进行自然冷却。尽管这种自然冷却的冷却速度慢,但因盘卷小,温度低,故对整个线材盘卷的组织和性能影响不大。

随着线材轧机的发展,线材的终轧速度和终轧温度都不断提高,盘重也不断增加。尤其是现代化的连续轧机,其终轧速度在100m/s 以上,终轧温度高于1000℃,盘重也由原来的几十公斤增至几百公斤甚至达 2~3t。在这种情况下,再采用一般的堆积和自然冷却的方法不仅使线材的冷却时间加长,厂房设备增大,而且会加剧盘卷内外温差,导致冷却极不均匀,并将造成以下不良后果:

(1) 金相组织不理想。晶粒粗大而不均匀,由于大量的先共析组织出现,亚共析钢中的自由铁素体和过共析钢中的网状碳化物增多,再加上终轧温度高,冷却速度慢,使得晶粒十分粗大,这就导致了线材在以后的使用过程中和再加工过程中力学性能降低。

(2) 性能不均匀。盘卷的冷却不均匀使得线材断面和全长上的性能波动较大,有的抗拉强度波动达 240MPa,断面收缩率波动达 12%。

(3) 氧化铁皮过厚,且多为难以去除的 Fe_3O_4 和 Fe_2O_3。这是因为在自然冷却条件下,盘卷越重盘卷厚度越大,冷却速度越慢,线材在高温下长时间停留而导致严重氧化。自然冷却的盘条氧化损失高达 2%~3%,降低了金属收得率。此外,严重的氧化铁皮造成线材表面极不光滑,给后道拉拔工序带来很大困难。

(4) 引起二次脱碳。由于线材成卷堆冷,冷却缓慢,对于含碳量较高的线材来说,容易引起二次脱碳。

上述不良影响随着终轧温度的提高和盘重的增加而越加显著。若适当地控制线材冷却速度并使之冷却均匀,则能有效地消除这些影响。因此,对于连续式线材轧机,尤其是高速线材轧机,为了克服上述缺陷,提高产品质量,实现轧制后的控制冷却是必不可少的。

既然自然冷却中出现的线材质量问题主要是由于冷却速度太慢所致,所以工艺上对线材控制冷却提出的基本要求是能够严格控制轧件的冷却速度,使其既能保证产品质量符合要求,又能尽量地减少氧化损耗。当然,在具体进行控制冷却设计和制定控制冷却工艺时,还应根据各生产厂的具体情况,从简化工艺、减少附加设备、降低生产成本、提高经济效益以及改善后部工序的劳动条件等几方面来加以综合考虑。

随着高速线材轧机的发展,控制冷却技术得到不断地改进和完善,并且在实际应用中越来越显示出它的优越性。

6.3.3 控制冷却的金属学原理

6.3.3.1 铁碳合金状态图简介

钢是一种以铁为基体的合金。不同成分的铁碳合金在不同温度下有不同的组织状态。把在十分缓慢的冷却速度下得到的、反映铁碳合金结构状态和温度、成分之间关系的一种图解称为铁碳合金状态图或称铁碳相图。它以成分为横坐标,以温度为纵坐标,用曲线描述铁碳合金的结晶温度和同素异构转变温度随成分而变化的全部过程,如图 6-9 所示。

完整的铁碳合金状态图应包括含碳量为 0%~10% 的全部铁碳合金,但由于含碳量大于5% 的铁碳合金性能很脆,没有实用价值,所以人们在研究铁碳合金时,只研究含碳量为 6.67% 这一部分。含碳最高为 6.67% 的铁碳合金称为渗碳体,如图 6-9 所示铁碳合金状态图实际上是铁-渗碳体图。

图 6-9 中的 ABCD 是液相线,表示液态铁碳合金在冷却时开始结晶的温度或固态铁碳合金在加热时全部熔化的温度。高于液相温度时,铁碳合金处于液态。AHJECF 线是固相线,低于此温度时,铁碳合金为固态。温度在两线之间的铁碳合金处于固液两相共存状态。PSK 线是代表珠光体在加热时全部转变为奥氏体的温度,也代表冷却时奥氏体开始转变为珠光体的温度,用 A_1 表示,一般为 723℃。GS 线是加热时铁素体全部转变为奥氏体的温度,又代表冷却时奥氏体开始

图 6 - 9　铁碳合金状态图
γ—奥氏体;α—铁素体;Z—珠光体;L—莱氏体

转变为铁素体的温度,用 A_3 表示。铁碳合金在 GS 线以上全部是奥氏体,在 GS 线以下是奥氏体 + 铁素体。

　　图 6 - 9 中转变温度曲线($A_1;A_3;A_{cm}$)称为临界点。它是在极缓慢的加热和极缓慢的冷却条件下(即平衡状态下)得到的。而这种条件在实际生产中根本不可能实现,所以实际上各转变温度曲线在加热时上移,称为 A_{c1}、A_{c3}、A_{ccm};而冷却时则下降,称为 A_{r1}、A_{r3}、A_{rcm}。理论转变温度(临界点)是介于 A_c 与 A_r 之间的。

　　加热和冷却时实际临界点的意义是:

　　A_{c1}——加热时,珠光体转变为奥氏体的温度;

　　A_{r1}——冷却时,奥氏体分解为珠光体的温度;

　　A_{c3}——加热时,铁素体转变为奥氏体的终了温度;

　　A_{r3}——冷却时,奥氏体中析出铁素体的开始温度;

　　A_{ccm}——加热时,二次渗碳体在奥氏体中溶解的终了温度;

　　A_{rcm}——冷却时,二次渗碳体从奥氏体中析出的开始温度。

　　通过合金状态图可以知道,碳钢加热到某一温度是什么状态,并能分析出钢在缓慢加热和缓慢冷却过程中的组织转变。因此,铁碳合金状态图是确定碳钢加热、轧制和冷却工艺的参考依据。

6.3.3.2　钢的组织状态

　　由铁碳合金状态图可知,钢在不同的温度下具有不同的组织状态。铁碳相图上反映的组织状态有奥氏体、铁素体、渗碳体和珠光体。它们分别具有如下性能和结构特点:

　　(1)奥氏体。碳在面心立方晶格铁中的固溶体。它是钢加热到一定温度(723℃)以上所呈现的一种组织状态。奥氏体的强度不高,而塑性、韧性都很好。因此,热轧一般是在奥氏体状态下进行。

　　(2)铁素体。碳在体心立方晶格铁中的固溶体。它的碳溶解度很小。随着温度的变化,在 723℃时碳溶解量最大,但也只有 0.025%。铁素体质软,强度低,延展性好。

（3）渗碳体。3个铁原子和一个碳原子的化合物，其分子式为 Fe_3C。渗碳体中的碳溶解量为 6.67%。其性质为硬而脆。

（4）珠光体。铁素体和渗碳体在温度低于723℃时组成的机械混合物。它的机械性能介于铁素体和渗碳体之间。

根据珠光体中铁素体和渗碳体相间间距的大小（又称珠光体粗细程度），将珠光体分为三种：间距较粗大的称为珠光体或粗珠光体；间距较细小的称为索氏体；间距极细小的称为屈氏体。其中索氏体具有良好的综合机械性能。它既有较高的强度，又有一定的塑性和良好的冲击韧性，是拉拔工艺的一种较理想的组织。

以上所述的奥氏体、铁素体、渗碳体、珠光体是在平衡状态下得到的组织，又称为平衡组织。此外，在非平衡状态下（如连续冷却条件下），还会出现一些非平衡组织。如贝氏体、马氏体。马氏体组织很脆，硬度高，因而韧性很低。

因为不同的组织状态具有不同的强度、硬度、塑性和韧性，因此生产中往往根据产品使用性能的要求来制定生产工艺，以获得用户满意的组织。

6.3.3.3 钢的组织转变

前面的知识告诉我们，钢在加热后的轧制过程中是处于奥氏体状态。轧后的冷却过程中，奥氏体将发生分解转变。奥氏体不同的分解温度（即不同的冷却速度）则可能得到不同的组织状态。我们把奥氏体冷却过程中，在不同温度下转变开始与转变终了点画在温度—时间（以对数坐标表示）的坐标纸上，并将开始点和终了点分别连接成曲线，这就构成了奥氏体等温转变图，如图 6-10 所示。由于曲线形状像字母 C，又称 C 曲线。

图 6-10 中除了 C 曲线外，还有临界温度线 A_1，马氏体转变开始线 M_s 和马氏体转变终了线 M_f。

奥氏体等温转变图可分为四个区域，如图 6-11 所示。

图 6-10 共析钢过冷却奥氏体等温转变曲线
A—奥氏体；P—珠光体；B—贝氏体；M—马氏体

图 6-11 C 曲线分区图

区域Ⅰ在 A_1 以上，为稳定的奥氏体区域。在这个温度区域里奥氏体不随时间发生变化。

区域Ⅱ在 A_1 线与 M_s 之间，它被奥氏体转变开始线 a 和转变终了线 b 分成三个部分。第一部分是纵坐标与 a 线之间的部分，为不稳定的过冷奥氏体区域，其不稳定程度随温度时间发生变化。曲线越靠近纵坐标，就意味着奥氏体越不稳定。由图可见，最不稳定区域是曲线的突出部分。此区域形状如鼻,故称为 C 曲线的"鼻点";第二部分是曲线 a 与 b 之间的部分,是过冷奥氏体等温转变区域。它在不同的温度下停留时形成不同的产物。对一般碳素钢来说,"鼻点"以上奥氏体分解成珠光体,"鼻点"附近分解成索氏体,再下是屈氏体,自屈氏体以下直到 M_s 点以上则转变成贝氏体组织;第三部分是曲线 b 的右边部分。该区域为奥氏体转变终了所形成的产物组成部分。

区域Ⅲ在 M_s 与 M_f 之间,是奥氏体向马氏体转变区域。温度越低,奥氏体数量越少,马氏体数量越多。

区域Ⅳ在 M_f 线以下,为已转变的马氏体和残余奥氏体区域。

需要说明的是,由于各钢种成分不同,所以各种碳钢、合金钢的 C 曲线都不完全相同,但它们可分别通过试验方法获得。

根据 C 曲线的图形特点,可以预先估计钢在热处理后所得到的组织结构,硬化性能以及物理和机械性能,特别是显微组织状态,如珠光体的粗细程度。这是因为知道了钢的 C 曲线位置,又知道所采用的冷却方法(即冷却速度),故我们可以判定钢在 C 曲线的哪一部分转变。假若在较慢的冷速下转变则形成珠光体,而随着冷速的加快,过冷度加大,奥氏体分解温度降低,转变区域则向下移动。这样依次形成的组织为索氏体、屈氏体、贝氏体。当冷速达到临界冷却速度时(获得马氏体组织的最小冷却速度称临界冷却速度),转变产物是马氏体。由此可见,控制冷却的实质就是控制奥氏体的分解温度。

对于线材产品,绝大多数是要求得到具有良好拉拔性能的索氏体组织。而获得这种组织的传统方法是对线材重新进行铅浴淬火处理。这就给后道再加工工序带来困难,使生产成本增加,工人劳动强度增大。采用控制冷却新工艺,不但能够避免热轧后自然冷却的一系列不良影响,而且还能收到近似铅浴淬火的效果,因而能够取代铅浴淬火。这是因为控冷新工艺所得到的冷却规范与铅浴淬火的冷却规范相近之缘故。图6-12为自然冷却、铅浴淬火以及控制冷却等几种冷却工艺曲线比较。

显而易见,C 曲线在钢的热处理中是选择冷热规范和制定生产工艺不可缺少的资料。对轧钢生产中的控制冷却来说,有了 C 曲线,

图6-12　含碳量为0.5%的普碳钢等温转变曲线
A—奥氏体相区;F—铁素体形成区;P—珠光体形成区;
M—马氏体形成区;Z_w—贝氏体形成区

就可以通过控制轧件的冷却速度使奥氏体在某一特定温度范围内进行转变,以获得我们所希望的、满足产品性能要求的金相组织,这就是控制冷却所遵循的金属学原理。

了解了这些简单的基本知识,对我们灵活掌握控冷操作和正确制定控冷工艺是十分有益的。

6.4　控制冷却的几种方法

6.4.1　线材控制冷却的3个阶段

6.4.1.1　奥氏体急速过冷阶段(一次冷却)

一次冷却是通过轧后穿水冷却来实现的,它是指从终轧开始到变形奥氏体向铁体或渗碳

体开始转变的温度(吐丝温度)范围内控制其开始快冷温度、冷却速度和控冷(快冷)终止温度。在这段温度中采用快冷的目的是控制变形奥氏体的组织状态,阻止晶粒长大或碳化物过早析出形成网状碳化物,固定由于变形引起的位错,增加相变的过冷度,为变形奥氏体向铁素体或渗碳体和珠光体的转变做组织上的准备。另外还可减少二次氧化铁皮生成量。相变前的组织状态直接影响相变机制、相变产物的形态、粗糙大小和钢材性能。经验表明,一次冷却的开始快冷温度越接近终轧温度,细化变形奥氏体的效果越好。

6.4.1.2 "等温"处理阶段(二次冷却)

热轧钢材进行一次快冷之后,立即进入冷却的第二阶段,即所谓的二次冷却(散卷冷却)。所谓散卷冷却就是将成圈的线材布成散卷状态,控制钢材相变时的冷却温度和冷却速度以及停止控冷的温度,以保证获得要求的相变组织和性能。

6.4.1.3 迅速冷却阶段(三次冷却)

当相变结束后,除有时考虑到固溶元素的析出采用慢冷外,一般采用空冷到室温,目的是为了减少氧化铁皮的损失。

根据冷却方式不同,又分为许多种。目前比较完备的有斯太尔摩法、施罗曼法、D－P 法、热水浴法(ED 法)、淬火－回火法、流态冷床法等。

6.4.2 斯太尔摩冷却法

斯太尔摩控制冷却法是由加拿大斯太尔柯钢铁公司和美国摩根设计公司于 1964 年联合提出的。目前已成为应用最普遍、发展最成熟、使用最为稳妥可靠的一种控制冷却法。这种方法的工艺布置特点是使热轧后的线材经两种不同的冷却介质进行两次冷却(即一次水冷,二次风冷)。重点是在风冷段实现对冷却速度的控制。其工艺布置示意图如图 6－13 所示。

图 6－13 斯太尔摩冷却线工艺布置示意图
1—水冷套管;2—吐丝机;3—运输机;4—鼓风机;5—集卷器;6—盘条

斯太尔摩冷却法的冷速可以调节。在水冷段可通过调节水量和水压的大小来控制冷却速度,在风冷段靠改变运输机速度(即改变线圈的重叠密度)和改变风机风量来控制冷却速度。

6.4.2.1 斯太尔摩控制冷却法的形式

包括标准型冷却、缓慢型冷却和延迟型冷却。

A 标准型斯太尔摩冷却法

这种控制冷却的工艺布置是线材从精轧机出来后首先进入水冷导管通水快速冷却。根据不同的钢种和用途将线材冷到接近相变开始温度(750~900℃)。冷却后的线材经吐丝机成圈散布在链式运输机上,盘卷在运输机运输过程中由布置在运输机下方的风机吹风进行冷却(见图 6－14)。

图 6 - 14　标准斯太尔摩运输机示意图

1—精轧机组;2—冷却水箱;3—吐丝机;4—风机;5—送风室;6—集卷器

标准型斯太尔摩冷却的运输速度为 0.25～1.3m/s,冷却速度为 4～10℃/s。

　　B　缓慢型斯太尔摩冷却法

　　缓慢型与标准型的不同之处是在运输机的前部加了可移动的带有加热烧嘴的保温炉罩。有些厂还将运输机的输送链改成输送辊,运输机的速度也可设定得更低些。由于采用了烧嘴加热保温和慢速运输(见图 6 - 15),所以可使盘卷在这阶段以很缓慢的冷却速度冷却,故称之为缓慢型斯太尔摩冷却法。

图 6 - 15　缓慢冷却斯太尔摩运输机示意图

1—吐丝机;2—加热和保温罩;3—保温罩;4—集卷器;5—风机;6—送风室

缓慢型斯太尔摩冷却的运输速度为 0.05～1.3m/s,冷却速度为 0.25～10℃/s。

　　C　延迟型斯太尔摩冷却法

　　此种冷却法是在标准型的基础上,结合缓慢型冷却的工艺特点加以改进而成。它是在运输机的两侧装上隔热的保温层(侧墙),并在两侧保温墙的上方装有可灵活开闭的保温罩盖(见图 6 - 16)。当保温罩打开时,可进行标准型冷却,若关闭保温罩盖,降低运输机速度,又能达到缓慢型冷却效果。它比缓慢型冷却法简单而经济。由于它在设备构造上不同于缓慢型,但又能减慢冷却速度,故称其为延迟型冷却。延迟型斯太尔摩冷却的运输速度为 0.05～1.3m/s,冷却速度

图 6 - 16　延迟冷却斯太尔摩运输机示意图

1—精轧机组;2—水冷段;3—吐丝机;4—风机;5—送风室;6—保温罩;7—集卷器

为 $1 \sim 10 ℃/s$。

标准型斯太尔摩冷却法适用于高碳钢线材。缓慢型斯太尔摩冷却适用于低碳及低合金钢线材。由于缓慢型冷却需要附加燃烧加热设备,投资大,能耗高,所以没有得到发展而被延迟型冷却所代替。延迟型控制冷却法适应性广,工艺灵活,所以近几十年来所建的斯太尔摩冷却线大多采用延迟型。

6.4.2.2 斯太尔摩控制冷却法的效果

斯太尔摩控制冷却法可适应于所有大规模生产的钢种,可得到控制金属组织,提高综合性能、减少氧化铁皮的综合效果。

经过斯太尔摩控制冷却法处理的线材,其氧化铁皮的生成量可控制到 0.2% ,比常规集卷冷却法少1%左右。由于氧化铁皮生成量少,且 FeO 的比重大,便于酸洗,故酸洗时间较常规冷却法可省40%左右。

就金属组织来说,斯太尔摩控制冷却法减少了金属组织中片状珠光体的含量。按常规冷却法所得到的片状珠光体含量为20% ~30% ,而按斯太尔摩控制冷却法所得到的片状珠光体含量则仅为10% ~20% 。

斯太尔摩控制冷却法尚可控制铁素体的平均晶粒度,因此机械性能波动很小,强度波动值一般不超过 ±20Pa,断面收缩率波动一般也不大于 ±2% ,这就提高了线材经受冷加工的能力,而接近了铅浴处理的效果。

6.4.2.3 斯太尔摩控制冷却法的特点

斯太尔摩控制冷却法的特点有:

(1)冷却速度可以人为控制,这就容易保证线材的质量。

(2)与各种控制冷却方法相比,斯太尔摩法较为稳妥可靠。三种类型可适用于很大生产范围,基本上能满足当前现代化线材生产的需要。

(3)设备不需要较深的地基。

(4)投资费用高,占地面积大。

(5)运输机上线材冷却靠风冷实现,因此线材质量受车间环境温度和湿度的影响较大。

(6)由于主要依靠风机降温,线材二次氧化较严重。

6.4.3 施罗曼冷却法

施罗曼控制冷却法是在斯太尔摩冷却法基础上发展起来的。与斯太尔摩冷却法相比,施罗曼法作了两项较大的变动:

(1)改进了水冷装置,强化了水冷能力,使轧件一次水冷就尽量接近于理想的转变温度,从而达到简化二次冷却段的控制和降低生产费用的目的。

(2)采用水平锥螺管式成圈器,成圈后的线卷可立着进行水平移动,依靠自然空气冷却,使盘卷冷却更为均匀且易于散热。这两项变动的结果取消了成圈后的强制风冷而任其自然冷却,这样就使得二次冷却过程基本上不受车间气温和湿度的影响,并可防止在相变过程中线圈相互搭接而造成相变条件不一致。这是施罗曼法的主要优点。

从工艺上说,施罗曼法和斯太尔摩法的主要区别在于斯太尔摩法侧重二次风冷,其对冷却速度的控制手段主要放在风冷区。而施罗曼法强调一次水冷,线材的温度控制主要靠水冷来保证。由于施罗曼法成圈后的二次冷却是自然冷却,冷却能力弱,对线材相变过程中的冷却速度没有控制能力,所以用施罗曼法冷却的线材在质量上不如斯太尔摩法易于保证。

6.4.4　其他控制冷却法

除了上述两种典型的控制冷却法之外,很多国家的线材生产厂根据自己的实际情况和设备特点,发展和研制了许多其他类型的控制冷却方法。其中包括间歇水冷法、ED 法和 EDC 法、迪马克 - 八幡竖井法以及流态床法等。这些方法的共同目的都是为了以最简单的经济手段得到最佳的质量效果。

6.4.4.1　间歇水冷法

间歇水冷法就是将水冷区分成若干段,每两段之间留有一定的距离不水冷(称为恢复段),使线材在通过水冷区时,间断地被水冷却。这种设计的目的是为了防止线材表面和芯部温差过大而造成组织不均匀,同时也是为了避免一次冷却过激而形成马氏体。

间歇水冷法设备虽然简单,但冷却速度难以控制,因此线材质量亦得不到保证。

6.4.4.2　ED 法和 EDC 法

ED 法是英文 Easy Drawing 的缩写,意思是"客易拉拔",所以中文称为"易拉拔法",又称热水

(a)

(b)

图 6 - 17　工艺布置示意图
(a)ED 法;(b)S - EDC 法

1—成品机架;2—水冷管或水冷箱;3—夹送辊;4—吐丝机;5—溢水墙;6—缓冲槽;
7—水冷槽;8—蒸汽排出管;9—托板;10—推头;11—运输带;12—1 号运输辊道;
13—2 号运输辊道;14—3 号运输辊道;15—4 号运输辊道;16—集卷站

浴法。

此种方法的工艺布置是将终轧后的线材先经一段水冷,其温度可控制在850℃左右。水冷后的线材进入吐丝机吐丝,并使吐出的线圈直接落进90℃以上的热水槽中,利用水受热后可在线材表面形成稳定蒸汽膜的特点来抑制冷却速度。有些资料表明,利用蒸汽膜导热,将线材在接近沸点的水中冷却,恰是高碳钢线材韧化处理所需的冷却速度。为了稳定蒸汽膜,有的在水中加入诸如肥皂之类的有机脂。

EDC法是针对ED法操作面积小和不便连续化控制的缺点,在ED法基础上发展起来的一种冷却方法。它与ED法的不同之处是用吐丝机将线圈散布在浸于水中的运输机上。运输机根据需要可调整速度和调整运输机在水中的浸入长度,以控制线材的冷却时间(见图6-17)。

ED法和EDC法的优点是占地面积小,工程投资少,操作较灵活。但用ED法和EDC法冷却的线材,奥氏体分解温度较高,因而强度较低,耐磨性差。

6.4.4.3 迪马克-八幡竖井法

此法是德国迪马克公司和日本八幡共同研制的一种塔式(竖井)冷却法,又称DP法。其主要工艺布置是将轧后的线材用水冷到600℃左右吐丝。吐丝后的线圈依次放在垂直链式运输机的托钩上(运输机垂直置于一柱形筒内),按一定速度下降(此速度可调)。同时从垂直塔壁上的风孔吹入压缩空气进行冷却。对有些需快速冷却的钢种亦可喷水急冷。此法工艺装置如图6-18所示。

竖井法一般只能用于轧速为45m/s以下的线材轧机,不适合高速线材轧机使用。

6.4.4.4 流态床冷却法

流态床法又称KP法,是日本神户钢铁公司研制的一种线材冷却方法。其工艺装置如图6-19所示。

由示意图可以看出,线材从成品轧机出来后,首先进入水冷管急冷(一般冷到650~750℃),然后经吐丝机落入流态床中。线圈在流态床中由链式运输机移送到集卷筒内集卷。

和其他控制冷却法一样,流态床法的冷却过程也是分两段进行。第一段是水冷管急冷,第二段冷却在流态床中控制进行。

图6-18 迪马克-八幡竖井冷却法
工艺装置示意图
1—卷线机;2—带有挂钩的输送链;3—冷却介质
(冷空气);4—集卷

流态床的基本原理是依靠一定速度的气流使固体颗粒流态化,形成一层类似液体沸腾的固体颗粒层。固体颗粒用一定直径的细小锆砂,刚玉或石英砂等,装入一隔热容器中。然后从容器底部可透气的绝热板气孔中通过适当速度的气流,这时固体颗粒即被气流翻起而全部处于悬浮的运动状态,形成一个固体颗粒悬浮运动空间,如同液体沸腾。再从底部通入煤气和空气混合气,依靠煤气在流态层中的燃烧使流态层具有一定的温度。这样就可根据不同材质和性能的要求,对线材进行加热、保温和冷却等处理。

图 6 - 19　流态床冷却法工艺装置示意图
1—精轧机;2—水冷管;3—夹送辊;4—成圈器;5—流态床;6—空气室;
7—集卷筒;8—运输链

值得指出的是,由于流态床法可以调节冷却介质(即固体颗粒流态层)温度来对冷却速度加以控制,所以用此法处理的线材质量比其他方法都好,甚至超过铅浴淬火的水平。但这种方法使用的设备复杂,车间噪声大,污染严重,而且线材表面二次氧化也较严重。

以上是各种线材控制冷却方法简单介绍。为了便于比较,特将它们各自的工艺特点列成表6 - 1。

表 6 - 1　各种冷却方法工艺特点比较

序号	冷却方法	工艺特点	优　点	缺　点
1	斯太尔摩法	水平式,散卷冷却,一次水冷,二次风冷,冷速可控	产品强度高,性能波动小,易于控制,氧化铁皮少	占地面积大,设备多,投资费用高,冷却过程在一定程度上受环境影响
2	施罗曼法	水冷段长,强制水冷。卧式吐丝机吐丝后的线圈可立着行走,散卷后自然冷却	设备较简单,易于操作和维修。冷却过程不受车间环境影响	产品性能难以控制
3	间歇水冷法	多段穿水冷却	设备简单,投资少	产品性能不均匀,且难以控制
4	热水浴法	有 ED 法和 EDC 法两种形式,冷却介质为沸水,靠蒸汽膜控制冷却速度	设备简单,占地面积小,投资费用低	产品强度较低,性能波动大
5	DP 法	立式冷却装置,冷却介质有冷风和水两种可供选择	结构紧凑,占地面积小,可在一定范围内调节冷却速度	生产效率不高,不适应高速线材轧机使用
6	KP 法	水平式,散卷冷却,冷却介质为固体颗粒	产品强度高,性能均匀,氧化铁皮少	设备复杂,维修困难,粉尘大,噪声高

6.5　控制冷却工艺参数设计

我们知道,线材的控制冷却主要是以改变金相组织,进而改善拉拔性能等为目的的一种热处理工艺,所以控冷工艺参数设计的理论依据是 C 曲线。

线材控制冷却需要控制的工艺参数主要是终轧温度、吐丝温度、相变区冷却速度以及集卷温度。这些参数是决定线材产品最终质量的关键,它们的改变会使产品性能产生很大的变化。因此,正确设定和控制冷却工艺参数,是整个线材生产工艺控制中一项极其重要的工作。

6.5.1 终轧温度的设定

由于奥氏体晶粒度影响相变过程中的组织转变和转变产物的形貌,因此通过控制终轧温度来控制奥氏体晶粒便有着一定的意义。

6.5.1.1 高碳钢、低合金高强度钢以及冷镦钢之类线材的终轧温度

对于强度和韧性要求较严格的高碳钢、低合金高强度钢以及冷镦钢之类线材,由于它们的使用性能和再加工性能的需要,要求奥氏体晶粒细化(粗晶粒冲击韧性差)、脱碳层薄,所以它们的终轧温度不能过高,一般应控制在930~980℃。

6.5.1.2 低碳软钢、碳素焊条钢线材的终轧温度

对强度性能要求不高,主要用于拉拔铁丝、制钉等用途的低碳软钢、碳素焊条钢等,由于含碳量低,奥氏体化温度高,所以终轧温度应相应高一些,一般可设定在980~1050℃。

6.5.1.3 轴承钢线材的终轧温度

对于轴承钢,为了避免网状碳化物形成,在轧机能力许可的情况下,应该使终轧温度尽可能低于900℃。如不能达到,则需在轧后快冷至650℃左右保温。

6.5.1.4 奥氏体-铁素体型不锈钢线材的终轧温度

对某些奥氏体-铁素体型不锈钢,为了让碳化物充分溶解,以便在后续冷却中得到固溶处理的效果,必须进行高温终轧。终轧温度一般不低于1050℃。终轧温度的控制可通过增加或减少精轧机机架间水冷量和精轧机前水箱水量来实现。

6.5.2 吐丝温度的设定

它是控制相变开始温度的关键参数。对于常见的各种线材,不可能存在合乎人们要求的、使产品具有最佳力学性能和冶金性能的唯一吐丝温度。最佳吐丝温度的选择应结合钢种成分、过冷奥氏体分解温度("C"曲线的位置)及产品最终用途等几方面的因素加以综合考虑。采用水冷段不供水的措施,吐丝温度可高达950℃,通过调水冷段的供水阀可获得低于950℃的吐丝温度,对于不同尺寸的线材为了得到同样的吐丝温度,阀门调节量就不尽相同,一般把吐丝温度控制在760℃以上。

在斯太尔摩控冷工艺中,一般根据钢种和用途的不同将吐丝温度控制在760~900℃。部分钢种选用下列吐丝温度:

钢　　种	吐丝温度
拉拔用钢(中碳)	870℃
冷镦钢(中碳)	780℃
碳素结构钢线材	840℃
硬线(高碳)	785℃
软线(一般用途低碳钢丝线材)	900℃
建筑用钢筋	780℃
低合金钢	830℃

对于高碳钢,如果含锰量增加,吐丝温度则可进一步降低。

通过改变吐丝温度可以引起强度性能的变化。对低、中碳钢为了提高强度,应降低吐丝温度,而对高碳钢,则要提高吐丝温度才能获得强度的增加。

其他冷却方法,诸如 ED 法、施罗曼法、间歇水冷法、KP 法等,因没有风冷段控制,故可参照斯太尔摩法将吐丝温度设定得再低一点,一般为 850~700℃。但对碳钢最低不应低于 600℃(表面温度不能低于 500℃),以防止产生所不希望的马氏体组织。

需要说明的是,对有些以强度为主的线材,如建筑用钢筋,为了提高其抗拉强度,有意将吐丝温度设定得很低(600℃以下),让其表面形成马氏体,然后在后续冷却中利用芯部余热进行自回火而得到回火马氏体。这样处理使线材抗拉强度大大提高。

6.5.3 相变区的冷却速度控制

相变区冷却速度决定着奥氏体的分解转变温度和时间,也决定着线材的最终组织形态,所以整个控冷工艺的核心问题就是如何控制相变区冷却速度。

对具有散卷风冷运输和这一类型的冷却工艺来说,冷却速度的控制取决于运输机的速度、风机状态和风量大小以及保温罩盖的开闭。

运输机速度是改变线圈在运输机上布放密度的一种工艺控制参数。通过改变运输机速度来改变线圈布放密度,从而控制线材的冷却速度,这是散卷冷却运输机的主要功能。一般说来,在轧制速度、吐丝温度以及冷却条件相同的情况下,运输机的速度越快,线圈布放得越稀,散热速度越快,因而冷却速度越快。但这种关系并非对全部速度范围都成立,当运输机的速度快到一定值时,冷却速度达到最大,即使再增大运输机速度,冷却速度也不再增加。这是因为运输机速度加快,增加了线圈间距,使线圈之间的相互热影响不断减小,直至消失,此时运输机速度增加,不能提高冷却效果。相反,运输机速度加快缩短了盘卷的风冷时间,反而会降低冷却效果。

运输机速度的确定除了与钢种、规格和性能要求有关之外,还与轧制速度有关。因为在运输机速度不变的情况下,轧制速度的变化使线圈间距有所改变,从而引起冷却速度变化,所以要求轧制速度保持相对稳定。资料表明,当轧制速度的变化值超过 2.5% 时,应对运输机速度作出相应比例的调节。

斯太尔摩控冷工艺根据轧制速度和轧制规格的变化,以 $\phi 5mm$ 线材的轧速为 75m/s 作为基准速度,给出了下列运输机速度范围:

冷却类型	线材规格/mm	运输机速度/m·min⁻¹
标准型	$\phi 5.5 \sim 16$	52.9~30.4
延迟型	$\phi 5.5 \sim 16$	一种 4.5~13.5, 另一种 5.5~16.7

根据冷却速度要求和冷却性质,标准型冷却的运输速度随线材规格的增大而减慢,延迟型冷却的运输速度则随规格的增加而加快。

对于可实现多段速度单独控制的辊式运输机,要求各段速度有一微量变化,以改变线圈之间的接触点。此外,无台阶的多段速度控制运输机的各段速度设定有个原则,即后段速度必须大于或等于前段速度,否则易造成线圈相互穿插而乱线。

散卷运输机下方一般有多台可挡控制风量的冷却风机,根据冷却的需要能进行多种状态的组合操作。现介绍如下:

(1)所有风机均开启,并以满风量工作。这种操作的冷却速度最大可达 10℃/s,主要适用于

要求强制风冷的高碳钢种($w[C] \geqslant 0.60\%$);

(2)各风机以75%、50%、25%、0%任意一种风量操作,可以实现$4 \sim 10℃/s$的冷却速度,这种操作适用于中等冷速要求的钢种;

(3)前几台开启、后几台关闭,或前几台关闭、后几台开启,或其中任意几台风机组合开启、其余关闭。这三种操作分别适用于要求先快冷后慢冷,或先慢冷后快冷,或非均匀冷速的钢种;

(4)所有风机关闭。这种操作的冷却速度可依据运输机速度(或线圈间距)和罩盖的开闭情况在$1 \sim 6℃/s$范围内得到控制。它适用于要求冷却速度较慢的低碳、低合金及合金钢种。

保温罩盖只有开、闭两种状态。按缓冷工艺即斯太尔摩的延迟型工艺操作时,罩盖关闭,进行强制风冷或散卷空冷时,罩盖打开;也可根据钢种特性和冷速要求,任意关闭其中某一段或某几段罩盖,其余打开。

6.5.4 集卷温度的确定

集卷温度主要取决于相变结束温度及其后的冷却过程。为了保证产品性能,避免集卷后的高温氧化和FeO的分解转变以及改善劳动环境,一般要求集卷温度在250℃以下。有时由于受冷却条件的限制,集卷温度可能会高一些,但不应高于350℃。所以,多数情况下要求集卷段鼓风冷却,以降低集卷温度。

6.5.5 头尾不冷段长度的设定

为了避免水箱水流对线材头部造成的阻力,每根钢的头尾要有一段不水冷。头尾不冷段长度的设定主要取决于钢种和规格以及水冷段的长度。一般对于小规格线材要等到头部全部通过三段水冷箱到达夹送辊时才能通水冷却。在尾部还未出水冷箱时就要从前到后每个水箱逐个断水不冷。对于中等规格的软线线材,一般是轧件头部到达下一水箱时,前一水箱才开始通水,尾部可全冷。对大规格线材,由于轧制速度慢、直径粗,故可让其头部通过某一水箱后就对该水箱通水。但大规格线材,尤其是大规格硬线,不能对其尾部冷却,否则尾部太硬不便于通过吐丝机成圈。

6.6 控制冷却岗位操作技能

高速线材生产一般都采用计算机控制,自动化程度高,所以生产工人的操作技能就体现在对生产过程的监控和对自动化控制的掌握程度以及对事故的预防、判断、分析和处理能力上。本节以应用较多的斯太尔摩冷却线为例来介绍控冷各岗位的设备特性和控制环节,以及操作要领和故障处理等操作技能。

6.6.1 控冷在线操作工操作技能

6.6.1.1 设备性能与技术要求

控冷在线操作工的工作区域是从精轧出口的水冷段到集卷筒。这段区域中的主要工艺设备有水冷段、夹送辊、吐丝机、斯太尔摩运输机和集卷筒。其工艺布置如图6-13所示。

A 水冷段设备性能

斯太尔摩水冷段全长一般为$30 \sim 40m$,由$2 \sim 3$个水箱组成。每个水箱之间用一段$6 \sim 10m$无水冷的导槽隔开,称其为恢复段。这样布置的目的一方面是为了使线材经过一段水冷之后,表面和芯部温差在恢复段趋于均匀,另一方面也是为了有效地防止线材表面因水冷过激而形成马氏体。水冷段布置如图6-20所示。

图 6 - 20　某厂水冷段的布置图

1—成品轧机;2—水冷箱;3—恢复区;4—夹送辊;5—成圈器

　　线材的水冷是在水冷喷嘴和导管里进行的。每个水箱里有若干个(一般为 3 个)水冷喷嘴和水冷导管。当线材从导管里通过时,冷却水从喷嘴里沿轧制方向以一定的入射角(顺轧向 45°角)环状地喷在线材四周表面上。水流顺着轧件一起向前从导管内流出。这就减少了轧件在水冷过程中的运行阻力。此外,每两个水冷喷嘴后面设有一个逆向的、入射角为 30°的清扫喷嘴,也称为捕水器,目的是为了破坏线材表面蒸汽膜和清除表面氧化铁皮,以加强水冷效果。这两个水冷喷嘴和一个反向清扫喷嘴组合成一个冷却单元。

　　为了防止水箱内水流从两端口流出,在每个水箱的入口端装有一个顺轧向喷水的压力为 1.2MPa 的清扫喷嘴,在出口端装有一个逆轧向喷水的 1.2MPa 清扫喷嘴和一个逆轧向喷吹的 0.6MPa 空气吹扫喷嘴,这样可以有效地防止水流出水箱,并且也使得线材出水箱时表面不带水。图 6 - 21 是水箱内各冷却单元布置示意图。

图 6 - 21　水箱内各冷却单元水嘴布置示意图

1—顺向清扫喷嘴;2—顺向冷却喷嘴;3—逆向清扫喷嘴;4—逆向空气清扫喷嘴

　　实际生产中,水冷箱内的冷却水不是常开的,因为从精轧机出来的线材速度快、温度高、尺寸小,因而很软。如果让其头部从水中通过则很容易被堵住,所以要让线材头部到达夹送辊后才能通水冷却,即头部不水冷。考虑到走钢时前后两根钢之间的间隔时间很短(一般为 5 ~ 10s),故在尾部未通过水冷箱之前就要对该水箱断水(即尾部不水冷),以保证下一根钢到来之前水管内的水能随线材尾部的通过而流完。头尾不冷段的长度靠计算机控制,由控冷操作台输入不冷段长度的设定值。当检测元件——位于精轧机前的光电管检测到线材头部(或尾部)到达的信号时,立即将信号送给计算机。计算机根据轧制速度和已设定的不冷段长度很快算出通水(或断水)的滞后时间,并送给执行元件——带时间继电器的电磁阀。电磁阀按计算机计算的滞后时间对快速截流三通阀进行通/断水切换控制。这种水阀通水时,将水流导向水冷箱各冷却单元,断水时再将水流导向排水道。实际上水在阀体内是常流不断的。采用这种阀是为了避免高速水流的通/断而引起的水击现象,同时可防止这时出现的水压波动对线材产生不利影响。

位于水冷箱之间的恢复段是由若干个 1m 左右的导槽相接而成。相接处留有间隙 10mm 左右。导槽为上、下两块合并而成，其截面形状如图 6-22 所示，其中图 6-22(b)所示是在上、下两块的正、反两面各自开有一条不同半径的半圆槽，分别用于轧制大小规格的线材(在改轧大规格时将上、下槽块的另一组半圆槽组合起来即可)，所以适用性较广。

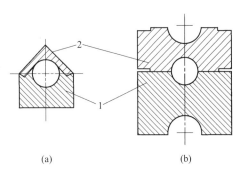

图 6-22　恢复段导槽截面形状
(a)固定式;(b)上、下可调式
1—导槽;2—导槽盖

B　水冷段技术要求

(1)冷却介质。水箱冷却介质为中性(pH 值 7~8)净化工业用水。水中杂质含量要求 50×10^{-3} g/L 以下,杂质颗粒度不超过 $50 \mu m$;水温允许偏差 $\pm 5℃$,水温最高不超过 $32℃$;清扫水压一般不低于 1MPa,冷却水压一般不低于 0.5MPa;水压要求恒稳,波动值不超过 $\pm 0.014MPa$;

(2)快速截流三通阀通断响应时间不大于 0.2s。

(3)水冷喷嘴和水冷导管以及恢复段导槽要求安装紧固,不得松动,并保持准确对中,对中偏差不大于 $\pm 0.5mm$。

C　夹送辊设备性能

a　夹送辊的作用

夹送辊位于水冷段和吐丝机之间,其作用是夹持水冷后的线材顺利进入吐丝机布圈。

b　夹送辊的类型

夹送辊一般有两种类型:一种叫导向辊(亦称导向轮或导向链),其结构如图 6-23 所示,它用于立式吐丝机。由于导向辊需将线材直线运行方向改变 90°后吐丝,所以不适应高速轧制。另一种夹送辊为水平悬臂夹送辊,如图 6-24 所示。它用于卧式吐丝机。这种形式的夹送辊不改变线材运行方向,所以轧速在 90m/s 以上的现代高速线材轧机都采用这种形式的夹送辊。

图 6-23　导向轮示意图
1—入口喇叭口;2—出口喇叭口;3—线材;4—导向轮

图 6-24　悬臂式夹送辊

c　悬臂式夹送辊

悬臂式夹送辊的结构与精轧机机架大体类似。它有上、下两个辊轴,两个碳化钨辊环装于两辊轴之上。所不同的是夹送辊上、下辊之间通过气缸作用,可进行张开/闭合动作,以实现对线材进行夹持和释放。夹送辊的夹紧力取决于气缸的工作力(该压力很容易调节)。当气缸的工作压力为0.4MPa时,它对线材的夹持力为4903N。夹送辊夹持力一般不应超过此值,因为夹持力过大会造成线材表面压痕。

　　d　夹送辊的驱动方式

有上辊驱动、下辊驱动和两辊同时驱动。

　　e　夹送辊辊环夹槽

夹送辊辊环夹槽选型有三种:圆形、菱形、平辊。它们对轧件的夹持行为,如图6-25所示。

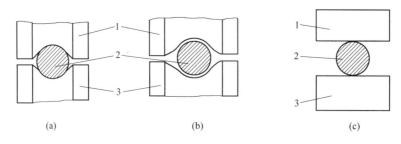

图6-25　夹送辊三种夹槽对轧件的夹持状态
(a)圆形夹槽;(b)菱形夹槽;(c)平辊

　　三种槽型以圆形为好。因为圆型与轧件接触方式是面接触,压强小,不会对线材表面造成压痕。后两种槽型为点接触,压强大,对红钢(尤其是软线)易形成压痕,而且平辊夹持稳定性亦不太好。

　　f　夹送方式及夹送长度

夹送辊对线材的夹持部位有三种方式:夹头、夹尾、全夹。夹送长度由人工设定,计算机控制。各生产厂根据自己生产的钢种、规格、轧制速度等因素,可对夹送方式和夹送长度进行合理的选择。

　　g　夹送辊的速度

夹送辊的速度一般超前精轧机出口速度的3%~5%,在轧速很高的情况下可以再增大些,但一般不应超过10%。其速度设定是由人工向计算机输入夹送辊辊径,再由计算机根据轧制速度和夹送辊超前系数算出夹送辊的速度计算值,该值即为夹送辊速度基准值。

　　夹送辊对大小规格的尾部夹送速度不同。夹小规格时尾部降速夹送,这是为了克服小规格尾部出精轧机所发生的升速现象,以保证吐丝平稳。夹大规格时,夹送辊实行尾部升速夹送,以推动线材尾部顺利成圈。为了防止夹送辊咬钢时引起的瞬时动态速降,夹送辊在线材头部咬入之前处于张开状态,头部一通过夹送辊立刻闭合咬钢。闭合后夹送辊在速度上与精轧机出口速度保持同步,但由于夹送辊的超前系数作用,故在精轧机与夹送辊之间存在一微小张力,此张力从夹送辊咬钢开始,到线材尾部出精轧机后消除。

　　夹送辊的张开/闭合动作信号靠置于夹送辊前的光电管发出。当光电管检测到线材头部时,发出信号给计算机,使夹送辊闭合。线材尾部通过夹送辊时,该光电管发出信号使夹送辊延时张开。

　　D　夹送辊的技术要求

夹送辊的技术要求有:

(1)辊缝设定范围为0.2~2mm,视不同规格和钢种进行调节。

(2) 夹送辊气缸工作压力为 0.2 ~ 0.35MPa, 视不同规格和钢种进行调节。

(3) 夹送辊导卫的安装对中较为严格。进口导卫要对准夹槽, 推到位后再夹紧固定。出口导卫与夹送辊辊面保持微间隙并夹紧固定。

(4) 夹送辊辊环和导卫都是易磨损件。辊环夹槽最大允许磨损深度可为 0.2mm, 导卫最大允许磨损深度可为 0.5mm。所以在生产中应勤查勤换。

E 吐丝机设备性能

吐丝机又叫成圈器。水冷后的线材经吐丝机形成一定直径的线圈布放在斯太尔摩运输机上进行风冷。早期的斯太尔摩冷却法采用立式吐丝机。由于立式吐丝机的导向机构不适应高速轧制, 所以后来又发展了卧式吐丝机。卧式吐丝机一般要设计有一定的倾斜度(其轴线与水平夹角 10° ~ 15°), 这是为了便于线圈倒落到运输机上。两种吐丝机的结构示意图如图 6 – 26 和图 6 – 27 所示。

图 6 – 26 立式吐丝机结构示意图

图 6 – 27 卧式吐丝机结构示意图

卧式吐丝机的基本结构是在一焊接结构的锥形基体上(称吐丝锥)嵌紧一根弯成螺旋形的空心吐丝管, 连同吐丝锥一起被罩在一个钢板结构的防护罩内(即机壳)。吐丝锥由一直流电机带动高速旋转, 随之而转动的吐丝管将线材绕成一圈圈的线圈倒放在斯太尔摩运输机上。线圈的理论直径与吐丝管直径相等,其实际线圈直径随轧件速度与吐丝机速度的比值而变化。在吐丝机出口的下沿装有左右两块托板,可灵活地调节托板倾斜角度,这是为了便于线材倒放和扶正线圈而设置的。吐丝机空转时,其速度比精轧速度超前3%左右,吐丝后(即夹送辊夹持后)则与精轧机同步运行,直至这根轧件走完。轧件尾部一出吐丝机,它便立即再升速到超前精轧速度3%。为了防止氧化铁皮留在吐丝管内,在吐丝管的入口端装有高压空气吹扫喷嘴,利用两根线材的轧制间隙时间向管内吹入清扫用的压缩空气。可以每吐一根清扫一次,也可以在连续吐几根后吹扫一次。吹扫频率取决于氧化铁皮量。

F　吐丝机的技术要求

吐丝机的技术要求有:

(1)吐丝机中最容易磨损的部件是吐丝管。生产中每根吐丝管的平均使用寿命为1~2万t。所以吐丝管要定期检查更换,否则将影响吐丝质量或导致事故发生。

(2)吐丝管一般用热稳定性好的锅炉钢制造。管壁要求厚薄均匀。管子弯曲加工要在专门的弯管机上进行。

(3)吐丝机在高速运转条件下会产生较大的振动。因此动平衡问题是制造吐丝机的关键。这不仅要求吐丝机有较高的制造质量,而且要有较高的安装质量。所以在吐丝机安装完毕后要进行动平衡试验,通过加、减平衡块来使振动值控制在允许范围内。

(4)吐丝管的安装要求也很严格。检查合格的管子不仅要紧紧地卡在吐丝锥的铣槽内,而且卡距也要符合要求,一般是每隔150mm装一个卡子。如果间距过大或卡子卡得不紧,则由于高速旋转产生的离心作用会使吐丝管弯曲变形而影响吐丝质量,甚至造成堵钢事故。

G　运输机设备性能

运输机设备性能包括:

(1)运输机位于吐丝机之后,全长约60~90m,设3~5个风机室,每个风机室规定长约9m,风量可以调节,风量变化范围为0%~100%,经风冷后线材温度为350~400℃,它是整个控制冷却系统的核心设备。其结构示意图如图6-28所示。

图6-28　散卷运输机结构示意图

(a)台阶升高位置;(b)台阶降低位置

1—风机;2—风冷段;3—线圈;4—集卷段;5—压送链;6—集卷筒;

7—集卷芯棒;8—升降梁;9—升降台阶

（2）辊式和链式运输机。斯太尔摩运输机有辊式和链式两种,链式运输机的结构比较简单,线材铺放在两根平行的链条上向前输送。但它无法错开线圈布圈后圈与圈之间的搭接点(热点)和线圈与链条的接触点(冷点)的固定位置,因而也无法改善这些搭接点和接触点处由于冷却速度不同而造成的性能波动。辊式运输机靠辊子转动带动线圈前进,因而不存在线圈与辊子之间的固定接触点。又因为辊道分成若干段,每段由一台电机单独传动,所以可以通过改变各段辊道速度来使圈与圈之间的搭接点改变,以改善各接触点和搭接点的冷却条件。因此,要从质量角度来看,辊式运输机比链式更好些。

为了使冷却段速度和集卷段速度独立可调,有的链式运输机分为两段,分别由两台电机传动。第一段为冷却段,速度0.25～1.4m/s;第二段为集卷段,速度0.25～0.9m/s。两段连接处为一落差可调的升降台阶(见图6-28)。

辊式运输机也有两段之分。冷却段为辊式,集卷段为链式。辊链两段速度相互独立可调。无论辊式或链式运输机,只要带有保温罩盖均可实现延迟型冷却。在运输机末端,即集卷筒入口前沿,装有使线圈水平落入集卷筒的压送链。压送链和集卷区输送链是由同一台电机实行同步传动。运输机的下方布置有若干台风机。进行标准型冷却时,风机开启,通过运输机下方风口对其上面的散卷线材吹风冷却。风机风量在0%～100%范围内分挡可调。

（3）"佳灵装置"。由于线材散圈铺放后,两侧堆积厚密,中间疏薄,如图6-29(a)所示。为了加强两侧的风量,使线材冷却更加均匀,近几年出现了一种风量分配装置(摩根/西马克把它命名为"佳灵装置")。这种装置可根据线圈两侧和中间堆积的厚薄疏密不同调节两侧和中间的风量分布,以此得到满意的均匀冷却效果。

风量分配装置结构及风量分布曲线如图6-29(b)所示。

图6-29 线圈疏密及风量分配

H 运输机的技术要求
运输机的技术要求包括:
（1）保温罩盖关闭严密,关闭后不得有缝隙。
（2）对于辊式运输机,辊道各段速度应满足后段速度不小于前段速度。
（3）运输机保温罩盖关闭后,罩盖与辊面(或链条)的净空高度不得小于500mm。

6.6.1.2 生产操作要领

A 工具准备
本岗位的必备工具有:月牙扳手、活动扳手、榔头、断线钳、塞尺、电筒、小方镜。自制工具有:长柄钩、短柄钩、磨头圆钢试棒。

B 设备检查
开机前,控冷在线操作工要对该区域的所有工艺设备进行检查。检查项目与方法如下:
（1）水冷喷嘴检查。逐个检查水冷喷嘴喷水口是否有堵塞物。对于喷口间隙可调的喷嘴,如环状喷水口喷嘴,要用塞尺检查喷水口间隙是否符合要求(一般规定此间隙为1mm)。
（2）水冷段对中度和畅通性检查。对中度检查,首先要检查水冷喷嘴和恢复段导槽是否安装到位。方法是用0.1mm的塞尺测试它们与安装底座的接触面间隙,若插不进即为合格。检查完毕后压紧水嘴的紧固螺杆和水冷管的楔形压铁,关好水箱。下一步是用一根直径略小于水冷管直径的磨头圆钢试棒(长4m左右),从恢复段导槽放入,分别通过各水箱和导槽,若无堵塞现象,则表明对中良好。

畅通性检查采用光源反射法。方法是在被检查段的一端斜放一小方镜,一人在另一端用手电筒照射。若镜子上有圆形发光点并清晰可见,则表明该段畅通良好。此方法一般由两人配合进行。可依据水冷段的长短分段检查,也可全段一次性检查。

(3)水冷段磨损情况检查。水冷段磨损严重会造成线材剧烈跳动以及堵钢事故。所以生产前要检查水喷嘴、导管和导槽的磨损情况。检查方法是用手指触摸喷嘴和导管的出入口以及恢复段的导槽。要求无不光滑的磨损沟槽,均匀磨损深度不大于2mm。

(4)水压、气压检查。生产前要检查水冷段的水压表、气压表读数。一般对水压和气压的要求是:

正向冷却水(低压水)0.5~0.6MPa

反向清扫水(高压水)1~1.2MPa

压缩空气0.5~0.6MPa

若各表压力值不合此要求,则需进行调压。

(5)通水试验。通知控冷操作台进行通水模拟操作。然后逐个观察各水阀是否按照程序的规定开启以及阀体有无漏水漏气现象。

(6)夹送辊、吐丝机检查。打开夹送辊防护罩,检查辊环夹槽是否与所轧制的规格相对应以及辊缝设定、气缸工作压力是否符合规定要求。此外,还要检查夹送辊导卫的安装和磨损情况以及辊环磨损情况。检查完毕,关好防护罩。

吐丝机除了更换吐丝管,一般无需打开检查。

上述工作完成后,利用机旁操作柜(箱)对夹送辊、吐丝机作机旁"爬行"(又称"缓动")试运转。主要观察其运转是否平稳,有无冲击、摩擦等异常声音。

(7)斯太尔摩运输机的检查。斯太尔摩运输机的检查方法是利用机旁操作柜进行机旁"运转"、"爬行"、"停机"等功能操作,并检查推动罩盖开闭的压缩空气是否送上。如操作灵活,运输机运转平稳无异常,则运输机处于正常状态。

上述各项目检查完毕后,立即将所有操作柜上的选择开关设在"操作台"(即"自动")位置,同时报告控冷操作台"设备就绪"。

6.6.1.3　生产操作

正常生产中,控冷在线操作工一般要做下列工作。

A　保温罩盖开/闭设定

开机后,操作工要按照冷却程序的规定,把各段保温罩盖打开或关闭。

操作要领:为了防止罩盖突然开/闭对设备造成冲击和振动,要求点动操作气阀,缓慢开闭罩盖。打开的罩盖要挂好保险钩,防止振动落下。

B　清理头尾乱线

由于轧制情况的变化,吐丝机吐出的线圈往往头尾不好,因而难以集卷,为了保证集卷的顺利进行,操作工要对集卷前的头尾乱线进行清理。

清理方法是:

(1)处理头部乱线(拖线)。用断线钳将乱线(拖线)部分剪断,让其落入集卷筒,挂钩后取出。

(2) 处理尾部乱线(包括拖尾、圈大)。用断线钳或液压剪将乱线部分剪断,并用长柄钩从输送链上将剪断部分拉下。

操作要领是:

(1) 线卷处在行进中,所以要求剪切运作准确而迅速。

(2) 若乱线清理后仍集卷不顺,则需人工协助钩拉集卷。

(3) 如盘卷堆积过厚,超过压送链咬入高度,则应升起压送链让线卷通过。

C 调节布圈不正

吐丝机吐出的线圈有时不处于运输机中间位置,而是偏向一侧。这种现象通过操作台调节吐丝速度一般能得到纠正。但如果操作台调节不能奏效的话,则需操作工调节吐丝机下沿托板。调节方法是:线圈偏左倒,调高左侧托板(同时也可降一点右侧托板);线圈偏右倒,调高右侧托板(同时也可降一点左侧托板);调节托板时应注意,其外沿高度不能高于线圈出口高度。

D 更换冷却程序工作的内容和操作方法

a 标准型换延迟型

按照延迟冷却程序的规定将保温罩盖关闭。该项工作操作要领是从前至后随着线材尾部向前运行而逐个关闭无线圈区的保温罩盖,以防止辊道(链条)上温度散发。

b 延迟型换标准型

等辊道(或链条)上所有线卷走完后,按照标准冷却程序规定,打开各段保温罩盖,由操作台启动风机吹风冷却 1~2min 后才能走钢。这是为了让热状态下的辊道迅速冷却下来。

E 更换磨损件

控冷线设备的主要磨损件有:水冷喷嘴、水冷导管、恢复段导槽、夹送辊辊环和导卫、吐丝管等。它们的更换标准及更换方法如下所述。

a 更换喷嘴、导管和导槽

它们如有不光滑的磨损沟槽,或磨损沟槽超过 2mm,就应换掉。其中水冷导管如果只有一条磨损沟槽,可以不换,但要将导管转一角度(90°~180°)使用,以避开原磨损点。水冷段的磨损件更换后,要作对中度和畅通性检查。

b 更换夹送辊辊环与导卫

夹送辊辊环与导卫的允许磨损为:

$$辊环夹槽 \qquad 0.2mm$$
$$导卫 \qquad 0.5mm$$

磨损超过此值应予更换。更换方法与精轧机相同。

c 更换吐丝管

吐丝机的磨损件是吐丝管。更换吐丝管按以下步骤进行:

(1) 松开防护罩锁定装置,并推开防护罩。

(2) 转动吐丝锥至正确位置。若吐丝锥不对位,防护罩上的门就打不开。

(3) 拔出定位销并打开活动门。

(4) 卸下吐丝管挡圈的紧固螺丝,并横向打开挡圈。

(5) 松开管夹螺丝,卸下销子和管夹。

(6) 转动吐丝锥,取下吐丝管。

(7) 将新吐丝管放入吐丝锥上的固定铣槽,并转动吐丝锥和管子,使吐丝管能自如地到位(吐丝管需事先检查有无变形和异物堵塞)。

（8）上好管夹、销子、垫片及螺丝，并以 80N · m 的力矩拧紧这些螺丝（如拧得过紧，则容易使管子受挤压变形）。所有的螺丝必须螺纹朝内，即朝向齿轮装置。

（9）合上挡圈，并紧固螺丝。

（10）将吐丝锥转至正确位置。

（11）合上并锁紧防护门。

（12）推回防护罩并用插销销住。

吐丝机还有一项更换件工作是对吐丝机下沿托板的更换。轧制小规格时，吐丝速度快，线圈在吐丝管出口处布圈紧密且前冲力大，所以要用大托板；轧制大规格时，吐丝机吐圈密度松且前冲力小，故要换上小托板。托板换上后要注意调整好托板倾斜角度，一般以托板外沿离线圈铺放面 10 ~ 30mm 为好。

所有更换件，如表面涂有防锈涂层，都应先用煤油或柴油将涂层清洗干净才能安装到设备上。

F　吐丝温度估测

生产中，有时由于水压的波动，电磁阀失灵、水嘴被堵等原因，造成吐丝温度突然间的改变。此外，有时因测温系统的内部毛病，使吐丝温度测量值与实际值偏差很大而处于失控状态。因此，要求操作工能根据吐丝处红钢的颜色来目测吐丝温度，判断其是否正常，以便及早地发现问题。吐丝温度与红钢颜色的判别如表 6 - 2 所示。

表 6 - 2　吐丝温度的目测

红 钢 颜 色	吐丝温度/℃	红 钢 颜 色	吐丝温度/℃
暗　棕　色	530 ~ 600	樱　桃　色	790 ~ 820
棕　红　色	600 ~ 670	亮樱桃色	820 ~ 850
暗　红　色	670 ~ 750	亮黄色红色	850 ~ 900
暗樱桃色	750 ~ 790	桔　黄　色	900 ~ 1050

G　轧制缺陷检查

生产过程中，除了精轧机调整工（或红检工）定时检查成品外，控冷操作工也应时常观察检查线材有无轧制缺陷（折叠、耳子、麻面、结疤、划痕、尺寸超差等），以便及时发现轧材缺陷，减少废品，这对生产过程的质量控制（尤其是对无在线测径仪的线材厂）是十分必要的。

6.6.1.4　事故处理及原因分析

A　水冷段

水冷段常见事故主要是堵钢，原因一般有如下几种：

（1）水冷管或导槽内有堵塞物，如线材断头；

（2）水箱开水过早，使线材头部穿过水箱时因阻力过大而受堵；

（3）水压波动太大，造成对线材的冲击；

（4）水冷段某处磨损严重，造成线材运行受阻；

（5）水冷段导管或导槽直径太大，造成线材在管内弯曲被堵（见图 6 - 30）；

图 6 - 30　管径过大造成的线材弯曲示意图

（6）夹送辊速度低于精轧出口速度，使线材堵在水冷段。

水冷段堆钢的处理方法是立即停止轧制，迅速打开水冷箱和恢复段，清除出各喷嘴、导管和导槽内的废钢。同时检查清理出的废钢是否有弯头、打结、互相缠绕等现象。还要逐段检查磨损情况和水压以及是否有堵塞物，以便迅速查出堵钢原因。在事故处理后，按照设备检查程序重新检查一遍水冷段，确认无误后，再关好水箱等待生产。

堵钢若由于(4)、(5)两条原因引起，则应更换设备部件。

B　夹送辊吐丝机

夹送辊吐丝机的事故有堵钢、拉断等，造成这些事故的原因有：

（1）夹送辊前光电管检测信号失灵，使夹送辊不能按时张开/闭合而造成堵钢；

（2）夹送辊夹槽与所轧规格不符，或上下辊错位造成堵钢；

（3）导卫安装不正确，导卫、辊环磨损严重或导卫内有异物导致堵钢；

（4）吐丝管内有异物，吐丝管变形或磨损严重引起堵钢；

（5）夹送辊辊缝或气缸工作压力设定不合理造成堵钢或拉断；

（6）精轧机、夹送辊、吐丝机三者速度配合不合理引起堵钢；

（7）精轧机和夹送辊之间张力过大造成拉断；

（8）夹送辊、吐丝机振动过大导致堆钢或拉断；

（9）线材内部质量缺陷(冶炼缺陷)或轧制缺陷(严重折叠)造成拉断。

夹送辊、吐丝机出现堆钢或拉断事故时要立即停机，清理出留在夹送辊和吐丝机内废钢(吐丝管内废钢若取不出，则要更换吐丝管)，并对夹送辊辊环、导卫的安装，辊缝、气缸压力的设定进行检查。若不符合规定要求，须立即调整。否则就要考虑上述的张力、速度、光电管等因素。

另外，对于延迟型冷却，由于运输机运行速度很慢(0.05m/s)，如果轧制速度太快，有时会使线圈在吐丝机出口处堆积过高来不及运走而造成堵钢。这种情况下只有将钢拉出吊走(如线卷不乱则让其输送到集卷筒集卷)。在不影响线材性能质量的前提下，应提高一点运输速度以减小堆积厚度，否则就要降低轧制速度。

此外，为了防止堆钢造成线材头尾留在水冷段，在发生成品机架堆钢和夹送辊吐丝机堆钢事故时，都应检查水冷段内有无异物。

C　运输机

运输机在生产中一般不易出事故。有时可能会由于吐丝机吐圈不好而造成挂线、乱线。这种情况下操作工只需用断线钳剪断挂线、乱线部分，一般不会影响线卷运输。但是如果运输机上线卷堆积过厚过密，容易造成电机和机械设备超负载，有时会导致电机跳闸或断链事故。

D　集卷筒

集卷筒出现的卡钢、堵钢事故较多，除了部分是由于电气、液压等故障外，还有下列工艺原因：

（1）集卷速度不合理。速度过大，造成线圈撞击筒壁歪斜落下；速度过小又易使线圈落不到鼻锥上。

（2）运输机速度设定不合理。前段速度大于后段，使线圈在运输中相互交错造成集卷时倾翻。

（3）吐丝机吐圈不好造成集卷不顺。

（4）升降台阶位置设定不对，导致线圈落下台阶时交错乱线。

集卷筒堵钢的处理方法有两种：一种是可以放慢集卷速度进行边集卷边处理。例如少数线圈歪斜或直立落进集卷筒引起的卡钢。这种情况下立即用机旁操作柜使运输机以"爬行"速度运行,吐丝机继续吐丝。然后用钩柄或其他工具捅捣卡钢处,使其落下鼻锥。处理完后再使运输机恢复原速。另一种是立即停机处理。如集卷筒内乱线堵死,分离爪打不开等。这种情况下要立即将运输机停下来(或按下"紧停"键),中止吐丝(精轧前卡断剪卡断)。然后将集卷筒内线卷全部拉出吊运走,并清理好运输机上的乱线。处理完毕后模拟操作一遍集卷动作过程,若正常则恢复"自动"集卷,启动运输机等待生产,同时通知操作台轧钢。

除以上列举之外,操作工通过检查线圈表面质量,还可以发现下列问题:

(1)线材四周一部分白亮,一部分黯黑。这是恢复段回水所致。因为恢复段有水,使线材一部分浸在水中造成冷却过度,因而颜色黯黑。出现这种情况要检查水箱两端的清扫喷嘴(捕水器)是否打开、安装反向或被杂物堵住。

(2)线材表面有伤痕。这种伤痕有三种情况:1)在整个长度上呈连续光滑的压痕。这是夹送辊夹紧力太大所致,应减小气缸工作压力并适当抬高辊缝。2)线材全长上有连续划痕(擦痕)。这可能是夹送辊导卫或末架精轧机导卫内有异物(如粘铁)或严重磨损,应检查这两处导卫。3)线材表面有周期性伤痕,伤痕之间的间隔长度与夹送辊辊环周长差不多。这种现象说明夹送辊辊环或成品机架辊环有问题,应停机检查。

6.6.1.5　操作安全事项

操作安全的注意事项有:

(1)操作中劳保用品要穿戴整齐。

(2)检查设备或停机处理事故时,应给出信号板上"轧制故障"信号。有安全挡板的地方要放下安全挡板。

(3)开机前,所有设备的安全防护盖罩(罩网)都必须关好且插上安全销固定。

(4)停机处理机内事故(故障)时,要将机旁预选开关设在"机旁"或"闭锁"位置。

(5)不准用手直接接触红钢。

(6)吊车吊运废钢时,捆扎线要用钢丝绳或 $\phi6.0 \sim 7.0$mm 的低碳钢(软线)线材,不准用硬线或其他规格的线材捆扎。捆扎扭结处的扭结道数不得少于三道。用 $\phi6.0 \sim 7.0$mm 的单股线材吊运的重量不得超过 400kg。

(7)无领行证不得指挥行车吊运。

6.6.2　控冷操作台岗位的操作技能

6.6.2.1　操作台的控制功能

由于每套线材轧机的自动化控制水平不同,操作台的控制功能亦不一样。但概括起来一般具有如下功能:

(1)夹送辊、吐丝机、运输机的启动/停机控制。操作工揿动操作面板上对应设备的启动/停止按钮,可对各运转设备进行启动/停止操作。

(2)吐丝温度的控制。通过调节冷却水量来控制吐丝温度。

(3)头/尾不冷段长度调节。通过键盘或数码转盘改变不冷段长度设定值,以控制头尾不冷段长度。

(4)吐丝系数和夹送辊电流限幅值的调节。调整吐丝系数和夹送辊电流限幅值,可改变吐丝机速度和夹送辊夹尾制动力,从而保证良好的吐丝质量。

(5)运输机速度的调节。通过改变运输机速度来改变散卷的铺放密度,以达到控制风冷段冷却速度的目的。此外,对辊式运输机,还可以通过各段速度的变化来拉开线圈之间的搭接点。改变运输机速度的途径有两条,一是改变速度基准值设定,二是采用级联调速。

(6)风量调节和风量分配。改变风量可改变盘卷的冷却速度。根据盘卷堆积密度来调节风量分配装置,可使风量大小在运输机中心和边缘得到合理的分布。

(7)冷却程序的贮存、调用和修改。通过操作台的键盘可将新的冷却程序输入到计算机贮存,并可用键盘调用和修改任何贮存的冷却程序。

(8)温度监测显示。操作台有若干个温度显示器,可显示全轧线若干个测温点的实测温度,便于操作人员控制调整。

(9)物料跟踪。物料跟踪有人工记号和计算机自动跟踪两种操作。人工记号靠操作台操作工通过通讯对讲系统对每根钢坯的入炉、出炉、轧制、冷却、运输、打捆、卸卷等各工序进行人工记录。自动跟踪是以计算机代替人工进行上述各工序的记录过程,并通过终端显示屏幕显示出来。对自动跟踪可进行除号、改号等人工干预操作。

(10)故障报警与显示。生产中的各类故障由计算机检测元件检测到后,在操作台进行报警与屏幕显示。操作台操作工可根据显示的故障种类和故障区域采取相应的处理措施。

(11)工业电视。操作台装有若干台工业电视,用以监视现场生产情况。对于控冷区,一般是监视吐丝和集卷。

6.6.2.2 生产操作要领

A 开机前准备

开机前要对操作台的设备逐一检查,若无损坏,则对启动控制柜上各运转设备和监控设备进行授电操作,即按下磁场和电枢"接通"按钮(有的称为"一次电源"或"总电源"接通)。

授电后,分别打开各显示器开关,检查显示内容中的图像、图表、文字等是否清晰,画面切换是否灵活。若一切正常完好,即可按照生产计划单(轧制表)上所要轧制的钢种、规格,调出相应的冷却程序显示在主画面上。此时,操作台准备工作就绪。

B 开机

操作台开机的前提是:现场设备处于就绪状态(以在线操作工的报告为准);接到生产调度(或值班员、作业长)的"开机"指令。具备这两条,操作工可进行开机操作。开机程序如下:

(1)用对讲机通知现场人员设备将启动,注意安全;

(2)依顺序分别揿下风机、运输机、吐丝机夹送辊的"启动"键;

(3)如果轧制表要求对盘卷切分,则揿下"切分"键;

(4)各设备启动后,试运转1~2min。若一切正常,即清除信号板上"冷却集卷区轧制障碍"信号;

(5)通知调度(或主控台),本区域生产条件具备,可以来钢。

C 工艺参数调节

a 吐丝温度的调节

由于显示器上显示的温度值时刻都在波动,所以生产上允许温度显示值(实际值)对设定值有一定的波动范围,一般为±10℃。超过此范围便需要进行人工调节。吐丝温度的调节是通过增加或减少冷却水量来实现。吐丝温度过高时应增加水量,反之减少水量。水量增减应以所能控制的最小增量进行逐步增减。水量的最小增减量因控制手段不同而异。有的以控制单个水嘴的开闭来实现,以这种方法控制的最小增减量就是一个水嘴的水流量;有的通过改变总水量的百分比来实现,这种方法控制的水量最小增减量是人为设定的百分比变化量。但无论采取哪种控制方法,此项操作的要领是:水量的增减应由小到大逐级进行。每增减一级,需停下来查看显示温度的变化。直到温度控制在设定值的 ±10℃ 以内为止。切不可一次增减过多而造成温度反向波动,这样往往会导致线卷全长性能波动较大。

b 吐丝系数的调节

吐丝系数用来调节线圈直径大小和纠正布圈的左右偏向。每台吐丝机吐出的线圈直径在设计上都有其规定值(马钢高速线材厂为 φ1040 ~ 1080mm)。超过规定值范围会给后面的集卷带来不便,因此要对其进行调节。调节吐丝系数实质上是调吐丝机的速度。对于顺轧向看逆时针旋转的吐丝机,如线圈偏左倒或线圈直径偏小,则表明吐丝机速度太快,应负向调节吐丝系数(即减小吐丝系数),反之,线圈偏右倒或线圈直径偏大,则应正向调节吐丝系数。对于轧速高达 100m/s 的高速线材轧机,吐丝系数按不同规格一般取 2% ~ 7%。最大调节范围不应超过 ±10%,否则会因吐丝速度与夹送辊、精轧机速度不匹配而造成拉断、堆钢等事故。

c 运输机速度和风量的调节

调节运输机速度和风量是为了控制线圈冷却速度。控制能力较好的运输机上装有可移动式测温仪,它可以根据需要被安放在运输机的任何位置以测量该点的线材表面温度,并在操作台上显示出来。操作工根据显示的温度测量值与设定值比较,若超过 ±10℃,则要进行人工调节。调节方法一般是:采用延迟型冷却工艺时,调节运输机速度,当温度超高,运输机增速,反之降速;采用标准型冷却时,调节风量,当温度超高,风量增加,反之风量减小。

此项操作的要领是:对于辊式运输机,调速时不允许后段辊速小于前段辊速;对标准型冷却,在允许速度范围内,后段速度应逐渐大于前段速度,以消除线圈相互搭接处的冷却不均匀现象。另外,集卷速度控制在 0.4 ~ 0.7m/s 为佳。

d 风量分配(佳灵)装置的调节

风量分配装置调节取决于线圈的堆积密度。一般是堆积越密,线圈靠近运输机两侧部分的冷却就越慢,因而两侧需要较大的风量。风量分配的调节根据操作工的经验掌握,以线材得到均匀冷却为好。

e 升降台阶调节

多段式运输机(两段以上)中,各段联结处的升降台阶落差依前后两段运输机速度而定。一般是按下列原则确定:前段速度大于后段速度时,台阶处于降低位置(落差大),如图 6 – 28(b)所示;前段速度小于或等于后段速度时,台阶处于中间或升起位置(落差中等或小),如图 6 – 28(a)所示。

D 物料跟踪操作

由计算机控制的物料跟踪系统通过冷热金属检测器实现对生产过程中的物料跟踪,并通过显示屏幕显示跟踪内容,但生产中的异常情况如剔废、中间轧废、检废以及错号等现象,自动跟踪系统则不能自动处理。为此需要人工通过键盘对其进行清除或改正。多数跟踪计算机是以光标来进行除号或改正操作,即将光标指向所需修改的内容,然后按下相应的功能操作键进行“清除”、“改正”等处理。还有一种计算机是采用定位除号,它是让待处理的盘卷进入显示屏幕上的某一规定区域(除号区)时再进行除号操作,对除号区以外的盘卷,除号操作不起作用。

控冷操作台的主要跟踪内容是记录集卷挂钩后的盘卷批号和盘卷号与钩号的对应。因此,该操作台操作工须人工记录每一盘卷的批号、盘卷号和钩号,或向跟踪计算机输入钩号。

另外,为了防止漏记、错记(混号),控冷操作台应对批号、盘卷号、钩号以及轧废、检废等内容随时与前、后岗位取得联系,以免出现差错。

E 更换冷却程序操作

生产中,如下一批号使用的冷却程序与在轧批号不同,那么在轧批号的最后一根钢吐丝时,要通知主控台暂缓来钢,并调出新的冷却程序。等吐丝完毕,即通知控冷线操作工按程序内容进行换程序操作(开/闭保温罩盖)。当运输机上同批号盘卷全部离开运输机的冷却区后,即进行程序切换,使新程序的设定值投入操作(程序切换内容有:冷却水量、风量、运输机速度、头尾不冷段长度、夹送辊电流限幅值、吐丝系数等)。切换完成后,即可通知开轧下一批号。

F "紧停"操作

凡是会导致设备或人身事故的紧急情况,不停车将出现严重后果时,应按"紧停"键进行紧急停车。

6.6.2.3 异常情况的观察、判断、分析与处理

生产过程中,往往会有一些异常情况出现,如不及时处理则容易导致事故发生。现将生产中遇到的一些异常情况及其原因分析和处理措施列成表6-3。

表6-3 异常情况的原因分析与处理

异常情况	原 因 分 析	处 理 措 施
吐丝温度波动大,难以控制	(1)水压波动太大,导致水流量变化频繁; (2)测温仪松动或抖动,使得测温点不固定; (3)温度检测和显示系统故障	(1)采用稳压措施; (2)固定测温仪,使之定点测温; (3)检查测温仪、显示器及电路
吐丝温度调节失灵	(1)气压不足,气阀打不开; (2)电磁阀失灵; (3)控制系统故障	(1)调节气阀压力; (2)更换或检修电磁阀; (3)检查有无控制信号
吐圈质量不好	(1)粗中轧张力过大,造成尾部吐圈不好; (2)精轧机组的速度波动频繁,使吐丝机速度来不及响应,因而引起吐圈大小不规整; (3)精轧机、夹送辊、吐丝机三者速度配合不好,导致吐圈过大或过小; (4)吐丝管变形或磨损严重,造成吐丝布圈不规整; (5)水冷段磨损严重,线材通过时抖动厉害而影响吐丝; (6)夹送辊孔型磨损,导致夹持力不够	(1)调整粗中轧张力; (2)稳定轧机速度; (3)重新校准三者速度配合; (4)更换吐丝管; (5)更换水冷段磨损件; (6)压一点夹送辊辊缝或增加夹送辊气缸压力,或更换辊环
前后两卷头尾搭接	轧制节奏过快,运输机速度过慢	(1)放慢轧制节奏,使前后两卷间隙不小于1m; (2)在不影响性能情况下,提高运输机速度
运输机电机跳闸或运输辊道打滑,运输链断链	运输机负荷过重	(1)放慢轧制节奏,以减少线卷在运输机上的数量; (2)在不影响性能情况下,提高运输机速度,以减小线圈堆积密度(注意:电机跳闸后重新启动时,若运输机上仍有较厚的盘卷,则应以最慢速度启动,以防启动负荷太大而再次跳闸)

续表 6 - 3

异常情况	原 因 分 析	处 理 措 施
线材在水冷段及吐丝机夹送辊处拉断	(1) 精轧机和夹送辊之间张力太大； (2) 材质内部缺陷(严重缩孔、疏松、夹杂、偏析等)	(1) 调整精轧机与夹送辊之间张力； (2) 对钢坯进行入炉前检查(探伤、清理)
线材全长或断面性能波动超差	(1) 水压波动严重，或人为调节过于频繁； (2) 恢复段回水，使线材断面上冷却条件不一致； (3) 取样部位不对或盘卷材质有问题	(1) 对冷却水采取稳压措施，操作中尽量减少水量调节次数； (2) 检查水箱两端的清扫喷嘴(捕水器)安装是否正确、被堵以及电磁阀是否接受信号，水阀阀体是否损坏漏水； (3) 头尾各剪去 10 ~ 20 圈，重新取样检验，并对相邻两盘卷作同部位取样检验，以作比较

6.6.2.4　部分钢种冷却特点应用举例

不同成分、不同用途的钢种有其不同的冷却特点，这是为了满足特定的使用性能要求而确定的。对于生产工人来说，了解和掌握各钢种的用途及相应的冷却特点，对在生产过程中的质量控制和有关质量异常情况的及时发现、分析、判断和处理，以及对冷却程序提出修改和优化的合理化建议等几方面，都是十分必要的。现将部分钢种的用途、控冷目的和冷却特点等要求列成表6 - 4。

表 6 - 4　部分钢种的用途、控冷目的和冷却特点

钢　　种	控冷目的	达到目标	适合的组织	冷却特点	轧制要求	生产手段	成品用途
低碳软钢、焊条钢 0.06% ~ 0.20%	提高拉拔性能	尽可能软化	铁素体 + 粗碳化物	均匀慢冷	无特殊要求	斯太尔摩延迟冷却	制作玻璃钢丝、铁丝、钉子、焊条芯
冷镦钢 0.20% ~0.50%	省略软化退火	尽可能软化	铁素体 + 珠光体(不含贝氏体)	缓慢冷却	奥氏体细化(低温终轧)	斯太尔摩缓慢或延迟冷却	螺丝、螺钉、铆钉、汽车紧固件、标准件等
	简化球化退火	缩短球化时间	铁素体 + 细珠光体	控制急冷(水) + 缓冷	低温终轧	EDC 法或斯太尔摩延迟冷却	
高碳钢、弹簧钢 0.60% ~0.85%	省略铅浴淬火	高强度、高拉拔性能、高韧性	平均相变温度600℃以上的细珠光体——索氏体(少量的铁素体，不含贝氏体和马氏体)	轧后急冷 + 快冷(水冷 + 空冷)	奥氏体粗化(高温终轧)	斯太尔摩标准冷却或其他冷却	钢绳、预应力钢丝、预应力钢绞线、弹簧等
				急冷(水) + 保温	奥氏体晶粒大小取决于冷速	斯太尔摩延迟冷却	

续表 6-4

钢　种	控冷目的	达到目标	适合的组织	冷却特点	轧制要求	生产手段	成品用途
轴承钢(全淬透)	简化或省略球化退火	缩短球化时间(得到球化早期组织)	细珠光体(索氏体)+非网状碳化物均匀析出	急冷(水)+保温	低温终轧	斯太尔摩缓慢或延迟冷却	滚珠、滚柱、轴承套圈等
低合金高强度钢0.1%~0.35%	省去离线淬火回火及拉丝中的热处理	高强度、高韧性	完全马氏体	急冷(水)	奥氏体粗化	直接淬火	高强度预应力钢筋
		高强度、高加工性能	细珠光体+细碳化物析出	快冷(水)+保温	低温终轧(未再结晶奥氏体)	EDC法或斯太尔摩延迟冷却	高强度螺栓
奥氏体不锈钢	省去固溶处理	软化、高耐腐性	粗珠光体,无晶界碳化物	急冷(水)+保温	奥氏体粗化(高温终轧)	直接固溶处理	各种不锈钢制品

6.6.2.5　操作安全事项

（1）所有操作面板、控制台板、仪器仪表等电气设备上不得放有盛水容器（如茶杯、暖壶、水瓶等），以防止水溢出造成设备漏电或损坏。

（2）设备启动前要进一步确认是否具备启动条件（即是否"就绪"），并通过对讲通知现场各岗位"设备启动"，提醒注意安全。

（3）严格执行操作牌制度，无操作牌不准操作或启动设备。

（4）操作中执行《技术操作规程》、《安全操作规程》和《标准化作业程序》，严禁违章作业。

6.6.3　集卷操作

6.6.3.1　设备性能与技术要求

A　设备性能

集卷工序是将冷却运输机上平铺的散卷收集成竖立的整卷,并翻转90°挂到C形钩上的生产操作过程。该工序的主要设备有:集卷筒、移卷小车以及挂卷用的翻卷机(见图6-31)。

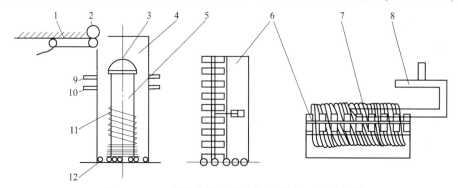

图6-31　C形钩盘卷运输的集卷、挂卷过程示意图

1—运输链;2—压送辊;3—鼻锥;4—集卷筒;5—芯棒;6—翻卷机;7—盘卷;8—C形钩;9—分离爪;
10—切分剪;11—盘卷;12—移卷小车

从运输机送来的线圈呈水平进入集卷筒后,通过位于集卷筒中心位置的鼻锥,落在一线卷托板上。鼻锥由一芯棒顶住,线卷托板套在芯棒上并和芯棒一起分别由一台液压缸控制,可自由升降。为了避免每圈线圈的落差太大而造成线卷的松散不齐、倾斜、卡积以及盘卷直径不规则,在收集开始时托板升至芯棒上部位置,随着线卷收集数量的增多托板缓慢下降,使线圈下落的高度几乎保持固定。当一根线材收集完成后,位于鼻锥下方、沿筒体四周布置的八个分离爪由气缸推动伸出,托住鼻锥,靠分离爪暂时存放下一根线材。随之,托板托住整卷盘卷与芯棒一起下降。下降到位后,集卷筒下方的导向门打开,线卷连同托板、芯棒一起移送到翻卷机内。翻卷机的夹持器落下将线卷夹紧并上升,使线卷离开托板。随后芯棒下降,从盘卷中抽出。移卷小车(连同芯棒、托板)退出翻卷机。此时翻卷机将夹紧的垂直线卷翻转90°,使之呈水平,由 C 形钩穿入挂卷。与此同时,移卷小车返回到集卷筒内复位。芯棒和托板由液压缸作用上升,直到芯棒顶住鼻锥后分离爪才打开,分离爪上积存的线圈又落到托板上,重新进行集卷循环过程。集卷筒内装有切分剪,可根据用户要求把大卷重的盘卷切分成两个小卷。

包括集卷、移卷、翻卷在内的整个集卷过程都是完全自动地进行,由计算机实行逻辑顺序控制。当线圈头部进入集卷筒前沿时,位于此处的限位开关发出"开始集卷"信号,使分离爪打开,线圈落在托板上。当一卷收集完毕,即尾部进入集卷筒时,限位开关又发出"集卷结束"信号,分爪重新合上托住鼻锥,以使前后两卷的头尾分开。

为了防止设备误动作和人为误操作而损坏设备,计算机对某些部件的动作实行联锁保护控制。

B　技术要求

其内容有:

(1) 集卷高度为 500～3500mm,集卷后盘卷内径 850mm,外径 1250mm;

(2) 一般是一根线材集一卷,但同批号中不足半卷的可两卷集一卷;

(3) 严禁不同批号、不同钢种混合集卷。

6.6.3.2　操作

A　工具准备

操作岗位应备有断线钳、长柄钩(自制)等操作工具。

B　生产检查

将机旁选择开关设在"手动"位置,利用机旁操作柜上各功能开关,对整个集卷过程的各个分动作进行手动模拟操作。操作程序是:

(1) 分离爪打开、合上;

(2) 托板、芯棒下降;

(3) 导向门打开;

(4) 移卷小车移入翻卷机;

(5) 夹持器压紧;

(6) 芯棒下降;

(7) 小车移出,返回集卷筒或翻卷机上升;

(8) 芯棒、托板上升或翻卷机翻转至水平位置;

(9) C 形钩进入;

(10) 翻卷机下降;

(11) C 形钩退出;

（12）翻卷机立起至垂直位置。

如果上述动作准确无误、运动部件无摩擦、松动等异常，并且操作灵活，则将选择开关全部恢复到"自动"位置。然后对限位开关给出"集卷开始"模拟信号，进行一次自动集卷过程的模拟操作。如果自动集卷过程中动作正常，程序无误，即可通知操作台"集卷准备就绪"。

C　集卷

在正常情况下，集卷过程都是自动进行，操作工无需进行任何手动干预，但必须随时注意集卷过程是否正常，各运动部件的动作是否到位和符合程序设定。一旦发现有动作失灵、液压缸、气缸漏油漏气或无压之类的机械故障，以及设备掉电、程序混乱等电气故障而不能继续集卷时，必须立即停止集卷。如情况紧急，可按下"事故紧停"键，并根据故障性质通知有关人员处理。

6.6.3.3　事故处理

集卷岗位的工艺事故主要是堵钢、乱线、挂线。其中除了部分是由电气或机械设备故障而引起的之外，工艺上导致这些事故的原因主要有：

（1）运输机上线圈布放不整齐；

（2）两卷或多卷头尾互相搭接；

（3）线圈相互交错插在一起，造成集卷时倾翻，没有套在鼻锥上；

（4）集卷速度不合理；

（5）集卷筒入口处卡钢。

出现这类事故的处理方法是立即将机旁选择开关设在"手动"位置，用断线钳剪断挂线、乱线部分，并用长柄钩拉出。然后清除集卷筒内的卡钢线头，规整好托板上的线卷，用"手动"操作打开导向门、移卷、翻卷各动作过程。将集卷机构内的乱卷部分全部清理完，然后使各动作部件处于初始位置（即受卷状态），再将选择开关恢复"自动"位置。为了慎重，应模拟一次"自动集卷"操作。

6.6.3.4　操作安全事项

参照控冷在线操作工岗位"操作安全事项"。

复习思考题

6-1　了解控制轧制和控制冷却的概念。

6-2　了解控制轧制的优点和种类。

6-3　掌握线材控制冷却的目的和意义。

6-4　常见的控制冷却方法有哪几种？它们各自的工艺布置和设备特点有什么不同？

6-5　掌握钢在不同的温度下具有不同的组织状态。

6-6　了解 C 曲线的概念和它的作用。

6-7　了解斯太尔摩控制冷却法的效果和特点。

6-8　掌握不同钢种的终轧温度和吐丝温度的取值及其原因。

6-9　了解夹送辊、吐丝机、运输机、集卷筒及翻卷站等设备的机旁操作内容及方法要领。

6-10　如何进行吐丝机布圈的机旁调整及升降梁的调节？

6-11　了解盘卷头尾修剪量的确定原则及修剪操作方法。

6－12　了解控冷操作台的设备检查程序、开/停机程序以及设备的一般操作。

6－13　掌握冷却程序的调用、修改和贮存。

6－14　何谓索氏体,其性能和转变特点如何?

6－15　掌握吐丝温度的肉眼估测。

6－16　掌握控冷线和翻卷站的常见故障(事故)及处理。

6－17　掌握生产上的工艺参数(吐丝系数、吐丝温度、水量、风量、运输机速度、头尾不冷段长度)调节与修正。

6－18　控制冷却工艺参数对产品性能有何重要影响。

6－19　冷却程序(工艺参数)的设计原则及其方法步骤。

6－20　控冷区各种工艺事故(故障)的判断、处理、原因分析及预防措施。

7 精 整

7.1 成品的修整、检查和取样

7.1.1 成品修整

7.1.1.1 线材成品的头尾修剪

线材成品的修整主要是它的头尾修剪。相对地说,线材头尾部分容易产生缺陷。因为在轧制过程中线材头尾部分的钢温比中间要低一些,且在有张力轧制的机组,轧件头、尾还未形成张力轧制,使得头尾处轧件宽展量偏大,容易造成尺寸超差。由于线材的头尾部分不水冷,导致盘卷头尾未冷却部分的机械性能较差。此外,线材头尾部分的失张,往往使得吐丝形状不好。为此,在盘卷打捆之前,要进行修整,将线材头尾的缺陷(尺寸超差、性能超差、线圈不规整等)剪除,对于高速线材轧机生产的线材产品,头尾修剪量一般为大规格线材头尾各剪去 1~2 圈,小规格线材头尾各剪 3~5 圈。

7.1.1.2 线材修剪的主要工具

有液压剪和断线钳。液压剪的剪体吊挂在可以转动的悬臂梁上,剪体不仅能随悬臂梁转动,而且还可以沿着悬臂梁移动。所以,液压剪能方便地剪切线材。断线钳仅仅用于规格小、修剪量不大的低碳钢线材。人工使用工具修剪线材,劳动强度大,操作条件恶劣,随着线材规格的增大,靠这些修剪工具不能有效地完成线材修剪任务。所以,世界上有些高速线材厂已经直接在集卷过程中完成线材的头尾自动修剪工作,如图 7-1 所示。

7.1.1.3 线材成品修整后的要求

其内容为:

(1) 线材两端部的缺陷部分(包括未水冷部分)要切净。

(2) 盘卷的内外圈,特别是内圈应规整,否则影响打捆操作。

(3) 盘卷端部的线圈不得散乱或托挂。

(4) 一盘线卷应是一根完整的线材,不得剪成多头。

7.1.2 成品检查

线材成品检查包括线材外观质量检查和性能检验。性能检验是按照国家或企业标准以及合同中用户提出的技术条件进行的。外观质量检查是检查线材的形状、尺寸和表面缺陷是否符合标准规定的要求。

(1) 线材断面形状,是用它的椭圆度来衡量的。椭圆度是指线材横截面两个相互垂直直径不等的差值。在实际生产中常常用不圆度代替椭圆度。不圆度是指线材横截面最大和最小直径的差值。

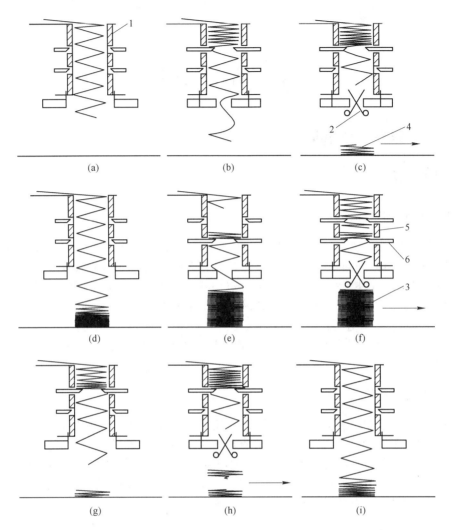

图 7-1　集卷过程中头尾自动修剪示意图

(a)进卷;(b)切头准备;(c)切头;(d)成品卷出筒;(e)成品卷出筒完毕;(f)切卷;
(g)第二卷出筒;(h)切头,并运走头、尾;(i)成品卷出筒

(2) 线材断面尺寸超差。它是指线材实际尺寸超出标准中规定的允许偏差,即大于规定的正公差或小于规定的负公差。

(3) 线材表面缺陷检查。线材外观质量检查的另一个内容是线材表面缺陷检查。对于不同用途的线材,其表面质量的要求也不一样。建筑用材的表面质量要求较低。如普通碳素钢盘条允许某些轻微的表面缺陷存在。缺陷的深度或高度放宽到不大于 0.2mm。而深加工线材,其表面质量要求相应高些,并且还对线材的化学成分、脱碳层深度、金相组织、全长机械性能均匀性等有所要求。

线材表面缺陷的检查一般用肉眼进行。对于技术要求较高的线材,可借助多种检验手段来进行检查,如酸洗检验、扭转试验和顶锻试验等。此外,为区分钢种,在成品检查处还可进行钢种的火花检验。

目前,已有一些先进的检测设备运用于棒材、线材生产中的在线连续检测。图 7-2 是装在成品出口机架后的一种连续自动测径仪。它将检测到的成品尺寸信号输送给计算机,计算机向集卷筒内剪机发出头尾修剪量的指令,并自动划分线材精度等级输送到在线检验站。轧钢工根据数字或图像显示内容控制线材成品的精度。此外,还运用了一些表面缺陷检测设备,如超声波探伤仪,涡流检测装置和漏磁检测装置等。由于线材生产的特殊性,这些设备一般用在检验室,对线材进行抽样检验,而不能向棒材生产那样成功地用于在线检测。

图 7 - 2 线材轧钢厂的在线检测设备布置图

7.1.3 取样

线材修整完毕即可取样。线材取样一般是按批进行的,其取样部位是除头尾若干米外,在盘卷的其他任何部位均可取样。每批线材取样数量取决于线材用途和检验项目。表 7 - 1 为线材取样数量的规定。

表 7 - 1 线材取样数量规定

| 标　准 | 名　称 | 取样数量/根·批$^{-1}$ | | | | | | | | | | | |
		化学成分	拉力	断口或低倍	显微组织	脱碳	冷热顶锻	冲击韧性	夹杂	淬透性	硬　度	网状碳化物	冷弯	淬透性深度
GB 700—79	普通碳结钢	1	1										1	
GB 699—65	优质碳结钢	1	2	2	2	2	3	2	2	2	≥3,每批的2%			2
GB 1298—77	碳工钢	1		2	2	3					5	2		3
GB 1222—84	弹簧钢	1	2	4	2	2			2	1	3			
YB 9—68	轴承钢	1		2	5	5			5		每批的10%≥3,每批的2%			
YB 534—65	冷镦钢	1	2	4		2	3		2					
YB 1499—84	建筑用钢	1	2					3					2	

一次取样检验不合格的线材,应再次在该盘卷上取样进行复检。并在此批线材中再增加一倍取样数进行检验,都合格时,此批线材才为合格品。

7.2　盘卷的运输与打捆

7.2.1　盘卷运输的类型和特点

线材的盘卷运输是线材精整工序中的重要环节。在运输线上盘卷将完成修整、成品检查、取样、打捆、称重、挂牌和卸卷等工序。盘卷运输方式分为辊道运输、链式运输、板式运输和钩式运输;按照盘卷的放置形式可分为立式运输和卧式运输,如图 7 - 3 所示。

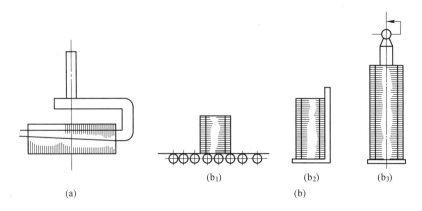

图 7 - 3　盘卷运输方式示意图
(a)卧式运输方式;(b)直立运输方式;(b₁)辊道或链式;(b₂)座椅式;(b₃)吊挂式

7.2.1.1　立式运输

立式运输又分为无芯棒式运输、座椅式运输和芯棒式运输。竖立的盘卷直接通过轨道或板、链式运输机运送的方式为无芯棒式运输。座椅式运输是将盘卷立放在"椅子"形的装置上,并通过运输带或辊道运输。盘卷立放在吊装的带芯棒托架上称为芯棒式运输。这三种运输方式中,前两种的盘卷高度有一定限制,堆积过高会倒塌,所以只适应小型线材轧机的几百以内的小盘重。芯棒式运输因有芯棒扶正,盘卷可相应堆高一些,一般可承受 1t 左右的散卷,它适用于中等盘重的高速线材轧机。

7.2.1.2　卧式运输

卧式运输(即钩式运输)是将集卷后的盘卷挂在运输线的 C 形钩上进行运输的一种方式。钩式运输有三种形式,即钢缆或链条拖动 C 形钩的集体传动运输线、分段传动的 $P - F$ 线(驱动—游动运输线)和单独传动的单轨运输线,如图 7 - 4 所示。钩式运输线上的 C 形钩与它前进方向一致的称为顺钩布置。C 形钩与前进方向垂直的称为横钩布置。

高速线材生产中盘卷的运输形式一般选用 $P - F$ 线或单轨运输线,这类现代先进设施具有如下特点:

(1) 盘卷可以在任意位置停留或移动,便于人工检查成品尺寸和缺陷以及取样等操作。

(2) 盘卷在运输过程中没有擦伤,克服了其他运输形式中盘卷的相对滑动和推拉等动作。

(3) 易于集中和疏散 C 形钩,能适应生产中突发性情况。

(4) 当某一 C 形钩有故障时,可将它移送到检修线修理而不影响其他 C 形钩的运行。

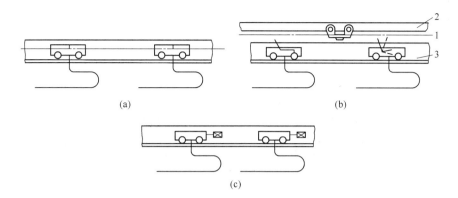

图 7-4　钩式运输机的钩子传动方式示意图

(a)钢绳传动系统;(b)游动系统(P-F线);(c)单独电机传动系统

1—轨迹;2—钢绳或链条;3—下轨道

（5）可变的运行速度既保证了运输线的生产节奏，又降低了盘卷在运行过程中由惯性产生的冲击力。

　　$P-F$ 线和单轨线的这些优点适应了高速度、高产量（大盘重）、高质量、高自动化程度的线材生产，因此，$P-F$ 线和单轨线已成为高速线材生产中主要的盘卷运输方式。

7.2.1.3　$P-F$ 线的构造和工作原理

　　$P-F$ 线是由驱动链、游动 C 形钩小车以及制动器、稳钩器、转辙器等辅助装置构成。驱动链在一定间距内设置支撑轮，它运行在高架的工字梁轨道上，即所谓的驱动轨道。驱动链分段由各自的电机驱动，驱动链的速度一般为 10～18m/min，各段链条的速度可以不相同，驱动链上每隔一定间距设置一推动块，以实现小车驱动或游动的功能。

　　游动 C 形钩小车的前车和拖车通过一根负荷杆连接，前车有一只带动爪，它和辊子杠杆相连（见图 7-5）。游动 C 形钩小车运行在驱动轨道下方的双槽钢轨梁上，称为游动轨道。游动小车本身无动力，它是靠驱动链的推动块带动游动小车上的带动爪使游动小车运动的。

图 7-5　$P-F$ 线结构示意图

1—驱动辊道;2—游动辊道;3—带动爪;4—前车;5—拖车;6—传动链;7—推动块

　　在游动小车需要停留的地方都设置有制动器，制动器安装在游动轨道上。制动器动作使游动小车上的带动爪缩回，与驱动链的推动块脱离接触，而使该游动小车停止运行。当第二辆游动小车过来碰到第一辆游动小车上拖车的尾杆时，将前车的操纵杆抬起，绕支点 A 转动，利用杠杆原理把前车的带动爪拉下,使其脱离驱动链的推动块(见图7-6)。这样游动小车便在制动器处游动轨道下停下来。游动小车继续行驶时,制动器松开,游动小车带动爪又自动升起,顶着驱动链的推动块便可继续行驶。

图7-6　游动小车示意图

1—推杆;2—带动爪下降位置;3—拖车;4—前车

转辙器功能是使游动小车换向以及将它从某一条传动链引渡到另一条传动链上。

$P-F$线在集卷、打捆以及卸卷处设有稳钩器,牢固地握住C形钩,使得盘卷能够自由地挂钩与脱钩,同时也避免了盘卷与C形钩相摩擦造成线材的擦伤。

7.2.1.4　单轨线的结构和工作原理

单轨运输线是盘卷运输的另一种形式。它是由运输轨道、C形钩小车、道岔和横移桥组成。单轨线为封闭式的环形线路,它的生产能力要大于轧机生产能力,这样才能在打捆机、单轨线出现小故障进行短时修理时不停轧。为此,在单轨线上有一段能存贮一定数量C形钩小车的事故缓冲段。事故缓冲时间一般为20~30min。考虑到C形钩小车的检修或事故抢修,在单轨线上设有维修段,只要将C形钩小车开进维修段便可脱离单轨线的控制。单轨线的长度主要取决于轧制能力、盘卷自然冷却的速度、精整区工艺布置以及事故缓冲和维修能力等综合因素。C形钩的数量主要取决于轧制能力、C形钩小车的尺寸和运动速度、精整区域工艺布置、单轨线长度、C形钩小车在单轨线上合理分布以及盘卷是否切分等因素。

A　单轨运输轨道的结构和特点

单轨运输轨道固接在高架的钢结构支撑梁上。它是由翼板、腹板和轨道三部分焊接而成(见图7-7)。这种构造使得单轨运输轨道达到强度高、重量轻的效果,具有良好的耐磨性、抗弯曲以及抗变形能力。

在翼板下方布置了7条摩电道。摩电道是外部包有绝缘胶皮的倒置V形金属合金导体。它通过支撑架紧固在单轨运输轨道的腹板上。摩电道分布在轨道左右两侧。左侧(顺小车前进方向看)有四条,其中三条为380V供电线,另一条为接地线。右侧有三条,一条为传递C形钩小车位置信号的控制线,一条为接受

图7-7　单轨运输轨道示意图

1—轨道;2—腹板;3—翼板

C形钩小车启动和停止指令的控制线。这两条控制线是分段控制的。每段摩电道长度约为一辆C形钩小车的长度。此外还有一条用于C形钩小车供电的控制线,其电压为220V。整个单轨线的摩电道可分几组控制。若某一组摩电道电源接通,则该组摩电道上的C形钩小车就运行。若某一组摩电道的电源被切断,该组摩电道不工作。此时控制计算机认为在该组摩电道上停留的C形钩小车数量已达到饱和。

B C形钩小车的构造特点和工作原理

C形钩小车由C形钩、齿轮电机、滚轮以及控制箱组成(见图7-8)。

a 滚轮

每辆小车共有26个滚轮,其中有2对(4个)承受小车载荷的承载轮,2对(4个)位于C形钩小车头和尾的导向轮,8对(16个)在轨道直角边运行的侧压轮。侧压轮作用是限制C形钩小车的左右摆动,保证小车在运输轨道上平稳运行。C形钩小车在小角度范围内可以摆动,但在摆动角超过35°的部位设有阻挡小车摆动的缓冲装置。另外,还有2个平行于地面的引导轮,它的作用是使小车在横移桥上向打捆机横移时,引导C形钩小车准确地在打捆机上定位(见表7-2)。

图7-8 C形钩小车示意图
1—单轨运输轨道;2—承载轮;3—导向轮;4—齿轮电机;
5—导杆;6—C形钩

表7-2 C形钩小车滚轮分类表

序 号	名 称	数 量	功 能
1	承载轮	4	C形钩小车运行主动轮
2	导向轮	4	C形钩小车运行导向
3	侧压轮	16	抑制C形钩小车摆动
4	引导轮	2	引导C形钩小车准确进入打捆机

b 齿轮电机

每辆C形钩小车由单独齿轮电机驱动。齿轮电机是由结构紧凑的齿轮系统将高速运转的电机转速变成低速运转。它的特点是体积小、结构紧凑。

c 控制箱

C形钩小车控制箱承担传递或接受计算机信息指令,控制小车的运行以及故障报警等任务。当下游摩电道上停留有C形钩小车时,紧挨着的上游C形钩小车便按计算机发出的"停止"指令而依次停留在各段摩电道上。当下游小车继续行驶时,上游小车又得到"前进"指令,继续向前运行,这样有效地防止了C形钩小车之间相撞的现象。

C形钩小车控制分为"自动"和"手动"两种状态。正常情况下它是计算机自动控制。手动控制时,C形钩小车不影响其下游C形钩小车的运动和上游C形钩小车的防撞功能,只影响它相邻摩电道的上游C形钩小车运行。

在集卷区,C形钩小车的换向是通过机械限位开关实现的。在小车需要换向的地方,单轨轨梁装有一个固定挡块,当C形钩小车运行到固定挡块处,双向限位开关的杠杆被固定挡块强迫地向左或向右转动,从而改变C形钩运动方向。

C 形钩小车的故障通过它的故障闪光灯进行故障报警。故障处理完毕后,消除故障记忆,C 形钩便可继续运行。

C　道岔的结构特点和动作原理

a　道岔的作用及类型

道岔的作用是将满载的 C 形钩小车分散或汇聚到各个精整工序,并将汇聚的空钩准确地分配到各个集卷站挂卷。

根据道岔分配盘卷的形式,单轨线道岔一般可分为分散型道岔和汇聚型道岔。小车在前进过程中由一个运动方向变为两个不同运动方向的装置称为分散型道岔。而由两个不同运动方向变为一个运动方向的装置称为汇聚型道岔。

b　道岔的结构

道岔由固定外框架、移动内框架、转臂机构和电机组成(见图 7-9)。外框架紧固在高架的钢结构梁上,移动内框架借助滚轮支撑在外框架的轨道上。在移动内框架上带有直道和弯道的单轨梁以及一个固定橡胶挡块。橡胶挡块始终阻挡在轨道的开口处,防止 C 形钩小车从脱开的轨道上滑脱。

c　道岔的动作原理

道岔由计算机控制,实现转入"直道"或"弯道"的自动化运转。在正常情况下,上游的 C 形钩小车到达道岔入口时,根据下游工序的情况,由计算机自动调度。如果两辆 C 形钩小车同时到达会聚型道岔入口时,则优

图 7-9　道岔示意图
1—移动框架;2—固定框架;3—转臂机构;4—电机

先赋予运行在单轨轨道已经与道岔的轨道相连接的那辆 C 形钩小车通行。如果道岔上游 C 形钩小车已趋于饱和,自动平衡系统将进行疏散控制,道岔交替地接通"直道"和"弯道"。若要对道岔上某轨道给予优先通行,则道岔要转为手动状态,使道岔上"直道"或"弯道"始终接通某一单轨线。

D　横移桥构造特点和工作原理

a　横移桥的作用

位于打捆机上方的横移桥不断将松散盘卷运送到打捆机上进行打捆,同时将打完捆的盘卷送回到单轨运输线。

b　横移桥的结构

横移桥结构如图 7-10 所示。横移桥通过支撑轮运行在高架的钢梁上,每台横移桥有两条平行的单轨轨道。横移桥处于停止位置时,有一条轨道和单轨运输线轨道相连接,另一条轨道与打捆机中心轴线重合。横移桥的电机经过减速后,驱动万向接轴和链传动装置,带动横移桥移动。链传动装置对称分布在横移桥两侧,避免横移桥在移动过程中由于受力不均而产生偏移现象。

横移桥在移送过程中,其移动速度是个变化值,这种速度的变化由设于行程位置上的各个限位开关实现。在横移桥始点位置的两侧装有缓冲器,减轻机械撞击,保证其移动位置的平稳性。横移桥与单轨轨道连接处安装有一个安全叉。横移桥向打捆机移动时,它与单轨脱离接触,该段单轨线形成了一个缺口。安全叉能防止下一个 C 形钩小车在此滑脱,安全叉受横移桥的位

图 7-10 横移桥示意图

1—电机;2—传动链;3—横移桥;4—固定支架;5—单轨轨道;6—缓冲器

置控制,一旦横移桥不就位,安全叉就处于工作状态(见图 7-11)。

c 横移桥移动过程

横移桥移动是一个往复过程,不断地将散卷送入打捆机,并将已打捆的盘卷送回单轨线进入下道工序。它向打捆机输入和输出盘卷是按以下循环供料程序进行:横移桥与某单轨线的轨道连接;相关的安全叉处于"开启"状态;上游等待打捆的载有盘卷的 C 形钩小车进入横移桥,检测小车位置是否正确;C 形钩小车处于准确位置;第一辆小车的打捆周期结束,逻辑控制器发出横移指令;横移桥横移与另一条单轨线连接,该单轨线上安全叉处于"开启"状态,而另一侧安全叉处于"闭合"状态;横移桥横移准确到位,它的电机的电源被切断;第二辆载有待打捆盘卷的 C 形钩小车的打捆程序开始;第一辆载有打捆盘卷的 C 形钩小车离开横移桥,上游等待的下一辆载卷 C 形钩小车进入横移桥;C 形钩小车处于准确位置;打捆完毕,逻辑控制器发出横移指令,横移周期重复进行。

图 7-11 安全叉结构示意图

1—单轨轨道;2—处于闭合位置安全叉;
3—处于开启位置安全叉;
4—横移桥操作杆;5—杠杆

7.2.1.5 盘卷运输的操作技能

盘卷运输的操作方法随设备的形式、结构特点和自动化程度而不同。下面介绍马钢高速线材厂单轨运输系统的操作方法。

A C 形钩小车手动操作方法

C 形钩小车正常运行时,是由计算机控制的自动过程。在自动工作过程中,C 形钩小车只能前进,不能后退。小车后退时,需要手动操作。小车定位不准或出现故障时,同样需要手动操作。手动操作是靠设置在 C 形钩小车端头的操作盒实现。操作盒上装有自动/手动选择开关、"前进"和"后退"按钮、"快速行驶"按钮和"制动闸释放"按钮。此外还有一个 C 形钩小车的紧急停止开关。按下此开关,该 C 形钩小车立即停止运行而不影响其他 C 形钩小车的运行。

C 形钩小车的手动操作方法是:将选择开关扳到手动位置,再根据需要按动"前进","后退"按钮使 C 形钩小车慢速爬行。将"快速"按钮和"前进"(或"后退")按钮同时按下,C 形钩则以正常速度移动。如果要使 C 形钩小车倒退运行,则要先空出轨道上要倒退的距离,再将它后面 C 形钩小车处在紧停或手动状态以避免两台相对而行的小车碰撞。当小车因故障不能运行时,按下"自动闸释放"按钮,借助外力推拉故障 C 形钩小车运行。

　　B　道岔手动操作方法

　　为了有效地分散或会聚 C 形钩小车以适应高速化生产,道岔移动是自动进行的。在生产中有时某段单轨需要优先通行,这就需要手动操作。手动操作的控制盒装在靠近道岔的单轨立柱上。控制盒有一个选择开关和一个"直道"、"弯道"按钮。手动操作时,可先将道岔入口处的 C 形钩小车处在"手动"或"紧停"位置,再将道岔选择开关扳到"手动"状态,按动"直道"或"弯道"键。直到道岔上轨道与单轨轨道对正,然后使入口处 C 形钩小车恢复到"自动"位置,C 形钩小车则自动进入道岔。手动操作完毕后,应立即使道岔选择开关恢复到自动状态。

　　C　横移桥的操作要领

　　横移桥分为自动和手动两种操作方式。在自动状态下,横移桥是按照"循环运送程序"由计算机进行控制。横移桥控制按钮安装在打捆机的控制柜上,设有自动/手动选择开关、电源接通和切断按钮以及横移桥前进和后退按钮。操作前应检查横移桥移动是否平稳,是否能与单轨运输线准确连接,安全叉开闭是否正常。手动操作时,按住"前进"或"后退"按钮直到横移桥与单轨线完全连接为止。C 形钩小车在横移桥上是否定位准确,直接影响横移桥的移动。C 形钩小车定位不准,横移桥则不移动。此时,应手动干预 C 形钩小车的运行,使它处于准确的位置上。生产中有时出现横移桥在移动过程中,突然停止运行,这主要由于 C 形钩小车在横移桥上定位精度不高,在横移过程中,C 形钩小车与固定梁上引导轨道相擦,造成 C 形钩小车偏离了摩电道上定位段,使得横移桥逻辑控制器失去了"小车定位准确"信号,横移桥立即停止运行。这时需要人工给 C 形钩小车重新定位。

7.2.2　打捆机

7.2.2.1　打捆机类型和特点

　　A　打捆机的作用与类型

　　盘卷进入打捆机之前,在运输线上呈松散的状态。为了便于盘卷运输和存放,应将盘卷牢固地捆扎起来。打捆机是盘卷进行轴向压缩和捆扎的设备。线材打捆机一般分为三种类型:立式打捆机、单卷卧式打捆机和多卷卧式打捆机。多卷卧式打捆机可将几个打过捆的盘卷再次压紧后,捆扎在一起。立式运输线大都采用立式打捆机。松散的盘卷不需要其他辅助设备直接送入立式打捆机进行打捆。立式打捆机也可用于卧式运输线,但在盘卷进出立式打捆机处,要借助于盘卷翻卷装置将盘卷从水平状态变为垂直状态进入打捆机,打完捆再由垂直状态变为水平状态返回到运输线。

　　B　卧式打捆机

　　a　卧式打捆机的打捆方式

　　随着线材生产的盘重增大和轧制速度提高,卧式运输逐渐取代了立式运输。卧式打捆机也渐渐在高速线材生产中取代了立式打捆机。卧式打捆机有两种打捆方式:向一侧挤压和对称挤压。第一种压紧方式是靠一台移动式压紧车和固定支座完成。移动式压紧车将盘卷向固定支座挤压进行压紧[见图 7 - 12(a)]。第二种方式的压紧是由两台移动式压紧车从盘卷两端均匀地压紧盘卷[见图 7 - 12(b)]。

　　b　卧式打捆机的捆扎内容

　　卧式打捆机的捆扎装置随结扣的形式、捆扎材料的形状和捆孔道次而不同。结扣位置一种是在盘卷端部,另一种在盘卷的侧面。结扣在盘卷端部位置时,使得打捆装置的扭结头不能有效

图 7 – 12　卧式打捆机两种打捆方式示意图
(a)单向挤压打捆;(b)对称挤压打捆
1—挂钩;2—盘卷;3—移动式压紧车;4—固定支座

地防止氧化铁皮进入扭结器,同时结扣直接受到盘卷的弹性恢复应力作用。捆扎道次一般分为4道捆扎和3道捆扎。4道捆扎的捆扎线互相成90°分布,3道捆扎时的捆扎线相互成120°分布。捆扎材料为带钢和线材。常用的带钢规格有:32mm×0.9mm、19mm×0.8mm等,带钢的优点是捆扎整洁,结扣平整,但是带钢价格昂贵,不能通过焊接实现无头供带。用作捆扎材料线材的规格一般为ϕ5.5~7mm,要求线材有较高的延伸率和适中的抗拉强度,捆扎线表面氧化铁皮要尽量少,避免使用二次氧化严重的线材。用作捆扎材料的线材,它们的头和尾可以焊接起来,实现无头供线,有效地提高打捆机的作业率。

C　线材打捆机的功能

为了改善打捆的质量,缩短打捆周期,适应高速的轧制节奏,线材打捆机应具有如下功能:

(1)较短的打捆周期。

(2)移送盘卷方便。

(3)压力可调。

(4)打捆功能可靠。

(5)避免盘卷在打捆过程中擦伤。

(6)维修简易,方便。

打捆周期是由盘卷输入、压紧、打捆和盘卷输出时间所决定的。打捆周期应小于轧制周期。一般情况下,线材的打捆周期应在60s以下。

无论哪种钩式运输线,载有盘卷的C形钩小车进出打捆机时,都要脱离钩式运输线的干线。因此,要求C形钩小车进出打捆机时方便、可靠。这样,也降低了打捆周期。

打捆的压力调节是非常重要的。它直接关系到是否向用户提供捆扎紧密,外形良好的盘卷。线材打捆机的压力一般为100~450kN。打捆功能可靠包括两个方面:一是盘卷自动打捆的成功率高,故障少;二是盘卷捆扎的紧固性和持久性好,保证捆扎线在以后的运输中不松散,不移位或断裂。

盘卷打捆要保证向用户提供良好外形的盘卷,并避免线材表面出现机械擦伤或挤伤。打捆机动作频繁,受力大,场地氧化铁皮多,捆扎线与相关零部件长期摩擦等都是打捆机容易产生故障的客观原因。因此,打捆机应做到及时而定期地维修以保证它有正常生产的能力。

7.2.2.2　打捆机构造和工作原理

A　打捆机构造特点

图 7 – 13 是一台单卷卧式打捆机,该打捆机由压紧车、打捆头、升降台板、供线装置、电气和

液压设备组成。

图 7 - 13　斯密特 - 克莱门斯公司全自动卧式打捆机结构示意图

1—底座;2—1 号压紧车;3—2 号压紧车;4—芯棒;5—升降台;6—打捆头;
7—打捆头鞍座;8—扭结器;9—驱线装置;10—盘卷;11—2 号压紧车液压缸;
12—1 号压紧车液压缸;13—C 形钩;14—机旁控制板;15—导线车

　　打捆机底座上安装有 1 号、2 号压紧车,两台压紧车上下导辊分别支撑在底座的上下导轨上。两台压紧车由液压缸驱动。在盘卷停放位置的下方有升降台板,它在打捆过程中把盘卷托起,使盘卷脱离 C 形钩。升降台板的高度可以调节。1 号压紧车通过支撑辊在底座的轨道上运行,辊子的高低可以通过偏心套来调节,以保证压紧车运行的平稳。在 1 号压紧车上安装有 4 只打捆头鞍座;4 只打捆头;4 块手动的操作按钮板;油路、电缆等。打捆头是个组合部件,即组装在焊接框架上的扭转机构、线材夹持器、剪切机构以及液压马达驱动的驱线装置等构成的整体。打捆头通过快速接头安装在打捆头的鞍座上。2 号压紧车包括导线车、液压阀座、压紧车本体的液压缸。2 号压紧车通过支撑辊运行在打捆机底座的轨道上,支撑辊可以通过偏心套调节。在压紧车上装有导线车的轨道。导线车位于 2 号压紧车的中心部位,由支撑辊支撑,并由液压缸驱动。导线车上安装 4 个穿线导槽。液压阀座内有 1 号、2 号压紧车、导线车以及升降台板的控制阀。

　　供线装置包括液压马达驱动的馈线轮、带十字导辊的导线管和存放捆扎线的芯棒。为了使打捆线能顺利进入打捆头,在打捆机与芯棒之间,每个打捆头都有一个液压马达驱动的馈线轮。

　　打捆机的动力是由自己的液压泵站提供的。打捆机全部操作分为计算机自动程序控制和接触器控制。打捆过程的自动程序控制是计算机根据打捆的动作程序以及各限位开关检测的信号,通过接通或切断电磁阀的电源来控制液压缸或液压马达的启停。

　　B　打捆机工作原理

　　横移桥将载有松散盘卷的 C 形钩小车送入打捆机后,打捆机的 1 号压紧车首先向前运行,当两台压紧车与盘卷距离相等时,2 号压紧车以同样速度向盘卷运行,从盘卷的两侧均匀地压紧盘卷。当 1 号压紧车上的光栅被盘卷遮挡时,升降台板上升托起盘卷。同时,2 号压紧车上的导线车前进,直到两台压紧车的导槽相互闭合后,驱线轮开始进线(见图 7 - 14)。捆扎线通过感应开关和计数轮使其在打捆头内准确到位,然后夹持器夹紧捆扎线,导向车后退使导槽张开,4 个打捆头朝盘卷径向靠近,同时驱线轮反转第一次收紧捆扎线,液压缸驱动的回

图 7 – 14　捆扎线的导向运行示意图

1—盘卷;2—捆扎线;3—剪子;4—夹持器;5—扭结器;
6—导线轮;7—驱线轮;8—捆扎线长度计数装置;
9—直导槽;10—矫直机

转轮位于盘卷的外侧,以防捆扎线在收紧过程中划伤盘卷。然后回转轮张开,捆扎线第二次收紧。扭结齿轮旋转扭结,剪切机构切断捆扎线,4 个打捆头径向后退,同时推杆顶出扭结头。1 号、2 号压紧车开始退回到原始位置,在 1 号压紧车后退的同时,供线装置的液压马达反转,将捆扎线退回到芯棒内盘卷上。升降台板下降,捆扎好的盘卷又落到 C 形钩上,横移桥横移使 C 形钩载有打好捆的盘卷返回到原单轨线上,下一个待打捆的盘卷进入打捆机,如图 7 – 15 所示。

7.2.2.3　打捆机的操作要领

（1）操作前的系统检查。检查分为静态和动态检查。静态检查主要检查打捆机的机械、液压和电气系统是否正常。如各个运动部件应处于准确的起始位置,信号显示系统应显示正常,液压元件无漏油现象等。对受冲击力和震动较大的零部件,应检查松动情况。动态检查主要检查打捆机动作的平稳性和准确性,导槽对中和闭合的严实情况。还可根据打捆机的动作和信号显示来检查限位开关的检测功能是否正常。当限位开关的检测距离超过规定值时,便失去了检测功能。造成这种现象的主要原因是固定螺丝松动。

（2）选择合适的打捆方式。一般情况下,选用一次压紧打捆方式。对于较难压实的大规格、大卷重的高强度线材可选用二次压紧打捆方式。为了防止压力过大压断线材,在第二次压紧时压力应小于第一次的压力。

（3）选择适当的打捆压力。捆扎盘卷的外观形状和防松性能的好坏,主要取决于打捆压力。打捆压力是由操作工根据被压紧盘卷的大小、规格和材质的不同来选用的。打捆压力选择得适当,被压紧的盘卷则具有良好的外观形状并且压实紧密,没有明显的弹性恢复力。普通线材的打捆压力为 9 ~ 18MPa。

（4）操作方式的选择。打捆机有三种操作方式:"手动","自动"及"全自动"。操作时,打捆机选择开关应以"手动"扳至"自动"或"全自动",打捆头和横移桥的选择开关从"手动"扳至"自动"。此时,打捆机就具备了启动条件。

（5）打捆过程中,若指示灯显示某打捆头出现故障,应将故障打捆头选择开关从"自动"扳至"手动",打捆方可继续进行。这是因为计算机得到故障信号后就中断了打捆机操作,当故障打捆头的开关扳至"手动"时,计算机又发出继续工作指令,该打捆头停止工作,其余打捆头继续完成打捆任务。

（6）需要补充捆扎道次时,在打捆机的整套打捆动作还未结

图 7 – 15　盘卷打捆示意图

1—驱线;2—定位;3—夹紧;
4—收线;5—扭结;6—剪切

束之前,应将横移桥的选择开关从"自动"扳至"手动"。整套打捆动作结束后,将需补充捆扎道次的打捆头选择开关扳至"自动",其余打捆头的选择开关为"手动"状态,具备这些条件后,便可重新启动打捆机。

(7) 操作打捆头的机旁操作按钮板或进入打捆机处理故障时,应具备的条件是打捆机的选择开关处于"手动"位置,横移桥选择开关处于"手动"位置,相应打捆头的选择开关处于"手动"位置。这3个条件是保证人身和设备安全的必要条件,缺一不可。

(8) 数台打捆机同时工作情况下,若一台打捆机停止操作,在停机之前,首先应将该打捆机区域的盘卷全部排空,然后再按操作程序停机,以避免盘卷继续进入或停留在该打捆机区域,而给下道工序带来混号或其他麻烦。

(9) 要选择好打捆线的材质。打捆线在打捆过程中产生了拉伸和扭转,在扭结扣处产生了明显的塑性变形。因此,要选用含碳量较低、氧化铁皮较少的线材。它具有良好塑性(延伸率在30%左右)和适中的抗拉性能($\sigma_b = 370 \sim 400\text{MPa}$)。

(10) 更换打捆线时,一种是通过人工将更换的打捆线穿入打捆机的打捆头内。这种方法不需要其他辅助设备,但需多人配合(2~3人),更换时间长(5~10min)。另一种方法是将两卷线卷的头和尾部,通过对焊机焊结起来,实现无头供线,这种方法操作简便,节省人力。需要注意的是焊接时,线材的头和尾要对齐成一直线,焊接处的凸起部分一定要磨平。

7.2.2.4　打捆机故障的预防和处理方法

(1) 打捆机工作时要注意观察,杜绝不规整的盘卷进入打捆机。若盘卷的内圈散乱变形、盘卷的头尾线圈拖挂着进入打捆机,可能会造成堵塞打捆机芯棒和导槽,或损坏设备的零部件,并由此引起打捆机故障,甚至使4个打捆头都不能工作。处理这类故障的时间一般较长。因此,在操作中应经常观察,及时发现和避免这类事故的发生。

(2) 经常用压缩空气吹扫打捆机,保持打捆机的清洁,以减少故障发生。打捆时从盘卷剥落的氧化铁皮沉积在限位开关上,易造成检测信号失灵,出现误动作。另外,断线头和其他撕裂金属片,卡在零件或导槽内也会造成打捆机故障。打捆机工作时间越长,吹扫打捆机间隔时间应越短。正常工作情况下,一般每隔20min左右吹扫一次。吹扫完毕后,可对一些零部件(如扭结齿轮等)进行润滑。

(3) 要从异常的声音中发现事故隐患,以杜绝事故的发生或扩大。打捆机在打捆过程中发出异音时,要查找它的声源,分析其原因,并及时采取措施。打捆机长时间工作后,可能造成一些零部件松动、磨损、限位开关超出规定检测距离或氧化铁皮沉积造成检测失灵等都可能引起某一动作机构失灵而产生异音。因此,能听出设备故障的声音对操作者维护和使用好设备是相当重要的。

(4) 从重复出现的故障中查找原因,并采取有效措施,防止同类事故发生。出现故障后,应首先搞清楚故障类型和部位,然后查找事故发生原因,观察和分析发生故障时打捆线的运动轨迹,有助于查找故障原因。打捆头内剪刃重叠量和间隙的大小,矫直轮的压下量和其他零件动作的准确程度等都直接影响打捆线的运行。

(5) 打捆机常见的故障。生产中打捆机的故障较多,现将现场中常见故障及其产生的原因和处理方法列成表7-3。

表 7-3　打捆机常见故障

故障种类	原 因 分 析	处 理 方 法
穿线时间过长	(1) 捆扎线没有在打捆头内准确定位 (2) 捆扎线在导槽、回转轮、剪刀等处堵塞	(1) 将故障打捆头和横移桥的选择开关分别从"自动"扳至"手动",完成其他打捆头的打捆程序
未 夹 紧	(1) 捆扎线未准确到达规定位置 (2) 夹持器松动	(2) 打捆完毕,打捆机选择开关扳至"手动"
未 收 线	(1) 捆扎线在收线时被卡住 (2) 夹持器没有夹紧线	(3) 通过机旁操作按钮,打开导槽、夹持器、扭结器、回转轮
未 扭 结	扭结器未到达前进最终位置	(4) 取出乱线,用压缩空气清扫打捆头
打捆机不复位	(1) 打捆头故障(故障信号灯显示) (2) 捆扎线的扭结扣未能从打捆头中推出 (3) 打捆头盖板未张开	通过"手动"状态,使打捆机(头)复位后,清楚故障显示,按"复位"键使打捆机恢复起始状态

7.3　电子称量系统操作技能

盘卷称重设备一般使用磅秤、电子秤。现代高速线材生产线上多采用电子秤。它具有称重准确,重量自动显示,称重周期短等优点。

盘卷称重设备一般布置在卸卷之前或卸卷之后,即盘卷在钩式运输线上称重或脱离钩式运输线后称重。不管采用哪种形式,在称重或挂标牌前,操作者应知道该盘卷的批号(炉罐号)、钢种、规格、出炉顺序、检验是否合格等。在没有计算机跟踪时,只能靠人工用物料单来跟踪。由于线材生产速度快、产量高、变换的环节多,这种跟踪方法很难适应生产要求。当用计算机跟踪时,操作者通过计算机终端显示屏幕直接了解线材生产情况和技术数据。

马钢高速线材厂称量系统由电子秤、标牌打印机和跟踪显示器组成。当载有盘卷的 C 形钩小车在电子秤的升降托板上定位后,升降托板上升,托住盘卷后进行称重。升降托板的升降是由它本身液压系统驱动的。该液压系统由电机、油泵、液压缸和液压控制零部件组成。升降托板支撑在压力传感器上,传感器的重量信号直接输入到电子秤的计算机,并传送到跟踪显示器和标牌打印机(见图 7-16)。这样,盘卷的重量以及上述数据一并在标牌上打印出来。

图 7-16　电子秤、跟踪、标牌打印系统示意图

7.3.1　电子秤

7.3.1.1　电子秤的操作功能

电子秤控制装置上有两行显示屏,上行为重量显示屏。称重完毕后,重量值便显示在屏幕上。下行为功能显示屏,显示内容有日期、时间、批号、钢种、规格、钩号以及故障和操作方式等显示。显示屏下方为操作键盘,如图 7 – 17 所示。

电子秤带有一台打印机,每次称重完毕后,打印机自动打印盘卷的日期和时间、批号、钢种、规格、钩号及盘卷重量。另外,打印机还具有打印班产累计、批重累计和日产累计的功能。打印机的操作键盘由信号显示灯和操作键组成,如图 7 – 18 所示。

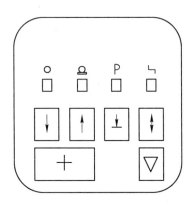

图 7 – 17　电子秤控制装置示意图　　　　　图 7 – 18　打印机操作键板示意图

7.3.1.2　电子秤的操作方法

电子秤的操作方法是:

(1) 启动。接通电子秤电源开关后,内部检测程序开始执行。若电子秤有故障,显示在下行功能显示屏内。此时,可按"错误纠正"键,清除故障。

(2) 电子秤在无载情况下,显示屏上重量显示为零。若不为零,按"零位校准"键使显示屏上重量显示为零,确保称重精度。

(3) 通过数字键、字母键以及"字母符输入"键分别将每批盘卷的批号、钢种、规格输入到电子秤的计算机内。若需要更改输入内容,可以通过"清除字母符"键清除旧的内容,然后输入新的内容。

(4) 称重有两种方式:自动和手动。在自动操作状态下,盘卷在电子秤托板的上方定位,手动输入钩号,升降托板自动升起托住盘卷称重。盘卷重量在显示屏显示稳定后,打印机自动打印,然后升降托板自动下降。在手动操作状态,盘卷在升降托板的上方定位后,手动使升降托板上升到位,输入盘卷的钩号,重量显示稳定后,启动打印机打印,手动使升降托板下降。

(5) 当盘卷卷重接近电子秤最大称重限度时,应手动操作升降托板为宜,如果显示屏显示重量突然降为零(盘卷重量超过电子秤称重范围),应立即停止操作。

(6) 为了使电子秤累计准确,应在每批、每班、每日结束时及时累计,否则会使新批号的盘卷累计到旧批号的盘卷中去。累计重量操作前,应清除功能显示屏里的显示内容。

(7) 每次打印后,通过"输送打印纸"键将打印纸调出一格,这样便于阅读重量。另一方面在重新打印时,打印纸再自动复位,这样打印纸打印整洁。如果打印机故障处理完毕后,也应将打印纸调出一段距离。否则,打印机重新开始打印之前,打印系统内部自检后,打印纸会退回一段距离,造成新的打印内容和旧的打印内容重合在一起,影响打印清晰和整洁。

7.3.2 标牌机

7.3.2.1 标牌机功能

标牌机是一台标牌打印装置和一台控制计算机的总称,通过外部电缆将它们连接起来。标牌打印内容可以通过它上面的键盘人工输入,也可以由跟踪计算机输入。标牌打印内容显示在控制计算机的显示屏上,内容有:日期、批号、钢种、规格和重量以及同一打印内容标牌的数量,下面为信号显示系统和操作键盘。标牌选用金属标牌。金属标牌由一组橡胶夹送辊道送入打印机,在打印时,金属标牌相应地左右和上下移动,盘形打印头直接将打印内容打在金属标牌上。平整、光洁和尺寸精确的标牌是保证标牌打印机正常工作的必要条件。

7.3.2.2 标牌机的操作方法

标牌机的操作方法是:

(1) 接通主机的控制电源,显示屏立即显示本机的几种操作方式,数字"1"表示与跟踪计算机联机,数字"2"表示与跟踪计算机不联机。

(2) 选择操作方式。如选用与跟踪计算机联机方式,按数字键"1",再按"Return"键。

(3) 向标牌打印机的控制计算机输入日期、批号、钢种、规格和同一内容标牌的打印数量,显示屏显示标牌打印内容。

(4) 将盘卷的质量等级(C、B、A 级)输入标牌机。

(5) 输入打印开始信号。如果已将重量以前的内容打印完毕,而重量信号还未输入时,标牌机在等待。一旦重量信号输入,打印机又继续执行。

(6) 若需要修改打印内容,可将光标移动到需修改内容的下方,重新输入新内容即可。

7.3.3 精整区域跟踪设备

7.3.3.1 精整区域跟踪设备的功能

在精整区域跟踪计算机的终端设备由一台可进行画面选择的显示屏幕、一台打印机以及操作键盘构成。屏幕上能分别显示三种跟踪画面,操作者根据需要任选其中一幅画面。第一画面显示 6 个盘卷的生产数据,第二画面的上方显示每批号的生产计划数据及剔废、轧废量,下方显示 16 个钩号自钢坯到盘卷的重量和切废量以及检验结果。当第一个批号超过 16 卷时,则在第三画面上显示,第三画面显示 21 个钩号。打印机在每批结束时自动打印。如需临时更改某些内容,可通过跟踪操作键盘的功能键来实现。

7.3.3.2 跟踪设备的操作方法

跟踪设备的操作方法是:

(1) 接通跟踪显示屏的电源,选择显示画面。

(2) 盘卷称重前,输入盘卷的钩号。

（3）称重完毕后,输入盘卷的重量。若选择画面1,第一排显示刚称完重量的盘卷数据,其他依次下移,若选择其他两幅画面,则依次向后排列。

（4）当某一批号称重完毕后,跟踪打印机自动打印这一批号盘卷的总重、钢坯总重,如果一批盘卷数量超过16卷时,便自动转到"画面3",此时,打印机也会自动打印画面3。

（5）如果需要了解某批号的跟踪内容,将批号通过数字键盘输入,然后按"字符输入"键,再按"画面2"键,屏幕便立即显示操作者所需了解的内容。

（6）在打印机自动打印之前,需要打印显示画面时,先按选择打印画面号,然后按"打印现行画面"键。

（7）输入新批号的计划数据时,序号又从"1"开始,旧的画面便清除。如果需要存贮旧的内容,可按"存贮画面"键,需要打印存贮画面时,可按"打印存贮画面"键。

7.4 卸卷站操作技能

卸卷站的作用是把钩式运输线上的盘卷卸下,并把盘卷集并成2～3卷,便于吊车一次吊走堆垛。图7－19是一种盘卷卸卷和集卷机的示意图。卸卷机将钩式运输线上的盘卷托起,C形钩离开盘卷后,卸卷机翻下,使盘卷落入集卷机的收集杆上。卸卷机由曲柄连杆机构使之摆动而完成卸卷。集卷机收集杆的数量一般为3根或4根,它相应的工作回转角为120°或90°,收集杆的长度由收集盘卷的高度和数量决定。集卷机上收集的盘卷可由吊车或叉车运走。

图7－19 盘卷卸卷机与集卷机示意图

1—卸卷机;2—收集杆;3—线卷;4—集卷机

图7－20所示是另一种卸卷机示意图。卸卷小车的横杆上升,托住钩式运输线C形钩上的

图7－20 盘卷卸卷机示意图

1—卸卷小车;2—升降横杆;3—固定收集架;4—链条传动机构;5—盘卷;6—C形钩

盘卷,横杆的升降是由液压缸实现。卸卷小车将卸下的盘卷送到固定集卷台上。卸卷小车来回移动由马达驱动的链传动机构执行。吊车式叉车将集卷台上的盘卷运走。

图 7 – 21 所示是又一种卸卷机示意图。卸卷机将钩式运输线上的盘卷托起,C 形钩脱出后,盘卷滚向步进式集卷机,并将盘卷向前移送,然后通过吊车将它上面的盘卷吊走。

图 7 – 21　盘卷卸卷装置示意图
1—电机;2—蜗轮减速机;3—曲柄机构;4—托卷板;5—C 形钩;6—衔接钢板;
7—步进梁;8—固定挡板;9—盘卷

7.4.1　卸卷站的设备布置和工作原理

马钢高速线材厂的卸卷站布置形式如图 7 – 21 所示。它是由卸卷机构和步进机构组成。卸卷机构与步进机构呈垂直布置。通过一块与水平面有倾角的钢板连接,步进机构侧面的固定挡板使盘卷准确地落入步进式集卷槽内。卸卷机构由电机经减速驱动曲柄机构,使托卷板做上下摆动,将钩式运输线上盘卷卸下。

集卷机由电机经减速机使集卷槽做步进动作(见图 7 – 22)。步进机构最大承重载荷为 6t。

图 7 – 22　步进机构
1—固定框架;2—步进梁;3—电机与伞齿轮装置;4—联接轴;5—蜗轮装置减速机;
6—曲柄齿轮装置

7.4.2　卸卷站操作

卸卷站的操作在操作室里进行。操作室里设有若干功能键和功能开关,可对卸卷站进行如下功能操作:

(1)卸卷站功能开关位于"闭锁"位置,盘卷经过该卸卷站而驶向下游的卸卷站。

（2）卸卷站选择开关位于"释放"位置,载有盘卷的 C 形钩小车都停留在该卸卷站等待卸卷。

（3）操作方式选择开关位于"停机"位置,控制电源被切断。

（4）操作方式选择开关位于"手动方式"位置,按动"上升"按钮,使托卷板上升,按动"C 形钩小车运行"使 C 形钩小车驶离卸卷站,按动"下降"使托卷板下降,按动"前进""后退"键,使步进梁前进或后退。

（5）操作方式选择开关位于"自动方式"位置,启动"连续循环"键后,托卷板自动上升,然后C 形钩小车自动前进,托卷板下降,盘卷滚动进入步进梁,当步进梁的光栅被遮挡后,步进梁自动步进几个步距后自动停下。

（6）按动"紧急停车"键,卸卷机构和步进机构立即停止运动。

复习思考题

7－1　成品修整目的和方法。

7－2　高速线材经常采用何种运输方式以及它们的特点是什么?

7－3　单轨运输线组成、性能、结构特点和操作方法。

7－4　不同形式打捆机的类型、性能和操作方法。

7－5　打捆机操作要领和故障产生原因和消除故障措施、方法。

7－6　电子秤、标牌机的功能、工作原理和操作方法。

7－7　卸卷站的功能、工作原理和操作方法。

8 高速线材轧机产品的质量控制

8.1 产品缺陷及质量控制

企业生产经营的最终目的是求得最佳社会效益,企业的生产经营活动不仅是为了本企业的经济效益,而且更主要的是为用户服务,使用户满意。用户都希望得到品种、规格对路,质量优良,价格便宜,服务周到的产品,其中除产品外形规格尺寸必须对路之外,内在质量是用户最关心的。为了满足用户对盘条质量日益提高的要求,20 世纪 60 年代出现了高速线材轧机,而且得到了迅速地发展。高速线材轧机的问世和发展,又为当今热轧盘条的使用者提供了获得高效益的条件。这也正是我国近年来引进国外高速轧机线材生产技术的原因。

我国几套高速线材轧机建成不久,原冶金工业部就发布了高速线材轧机所产热轧盘条的行业标准,其水平与国际上的标准相当,而国际上许多生产厂家的盘条实物质量多优于标准所定指标,以求在商品竞争中取胜。

8.1.1 线材使用的质量要求

随着工业的发展,线材的应用领域越来越广,对线材品种质量的要求越来越严格,也越来越专门化。这促进了线材轧机的发展。线材产品不论是规格还是钢种都越来越多。线材的直径通常为 5~13mm,由于制造标准件的需要,许多冷拉坯料直接使用盘条,盘条比直条拉拔头少,连续性强,拉拔效率高。因此,盘条直径在不断扩大。国外一些轧机已生产直径为 36mm 的盘条,甚至生产直径大到 60mm 的盘条,这些大直径盘条有的在小型轧机上生产,有的在线材轧机上生产,所以有些标准将线材的直径范围规定得很大。我国已把线材轧机产品的最大直径由 9mm 扩大到了 22mm。但常见的线材产品规格范围只有 5~13mm。

常见的盘条多为圆断面。异形断面(如方、椭圆、六角、半圆等)盘条生产量较少,盘条标准通常也只规定圆形材的技术条件。线材轧机也生产盘状交货的螺纹钢,其尺寸、性能要求也都按螺纹钢的标准执行。

线材的钢种非常广泛,有碳素结构钢、优质碳素结构钢、弹簧钢、碳素工具钢、合金结构钢、轴承钢、合金工具钢、不锈钢、电热合金钢等,凡是需要加工成丝的钢种大都经过热轧线材轧机生产成盘条再拉拔成丝。因为钢种、钢号繁多,所以在线材生产中通常将线材分成以下四大类:

(1)软线。软线系指普通低碳钢热轧圆盘条,现用的牌号主要是碳素结构钢标准中所规定的 Q195、Q215、Q235 和优质碳素结构钢中所规定的 10、15、20 号钢等;

(2)硬线。硬线系指优质碳素结构钢类的盘条,如制绳钢丝用盘条,针织布钢丝用盘条,轮胎钢丝、琴钢丝等专用盘条,硬线一般碳含量偏高,泛指 45 号以上的优质碳素结构钢、40Mn~70Mn、T8MnA、T9A、T10 等;

(3)焊线。系指焊条用盘条,包括碳素焊条钢和合金焊条钢的盘条。

(4)合金钢线材。它系指各种合金钢和合金含量高的专用钢盘条。如轴承钢盘条、合金结构钢、不锈钢、合金工具钢盘条等。低合金钢线材一般划归为硬线,如有特殊性能也可划入合金钢类。

线材按用途分为两类,一类是直接使用的,多用作建筑钢筋;一类是深加工后使用的,用来拉丝成为金属制品或冷镦制成螺钉、螺母等。

对线材质量要求更多的是必须满足后部工序的使用性能。一般线材交货技术条件规定的质量内容有:外形及尺寸精度;表面质量及氧化铁皮;截面质量及金相组织(截面是指垂直于线材中心线的断面);化学成分及力学性能(包括深加工的工艺性能);盘重;包装及标志。

线材用途不同其质量要求也各有侧重,如冷镦材除对力学性能有严格要求外,最主要的是要求冷镦不开裂,而要想保证不开裂就要严格控制夹杂及表面裂纹、折叠、划伤等会造成开裂的缺陷。焊条钢盘条的质量要求最主要的是对化学成分及偏析要严格控制。

8.1.1.1　精度

提高线材产品精度无疑会给各种使用部门带来好处。高精度线材作钢筋使用可以减少钢筋允许受力的离散差值从而节约钢材。高精度线材用于拉拔加工可以提高金属的拉拔性能,减少拉拔中的不均匀变形和由不均匀变形引起的模压差,从而减少断丝、改善钢丝表面质量。

高速线材轧机产品的直径偏差达到 ±0.15mm 毫无困难,甚至可以精确到 ±0.1mm、±0.05mm,但是对热轧产品要求极高的精度是十分不经济的。极少量的高精度产品只能在轧机最良好的状态下生产,保证高精度需要常换槽孔。而过高的精度要求在使用中不一定都有明显作用。如对软线、焊线,用直径偏差为 ±0.15mm 与 ±0.25mm 的原料进行拉拔比较,发现冷拉的产品质量、生产效率、加工成本几乎没有什么区别。生产超过实际需要的极高精度产品在经济上是一种浪费,即使是要求冷拉性能很高的制品,对线材精度的要求也不甚高。当热轧生产高精度产品增加的费用高于在冷拉工序增加一次热处理的费用时,人们就不再要求用热轧方法提高精度来适应拉拔需要了。国外高速轧机的线材产品实际交货精度见表8-1。

表8-1　国外高速轧机的线材产品实际交货精度

成品直径 φ/mm	直径偏差/mm	不圆度/mm	备　　注
5.5~7	±0.15	0.24	
7.5~8.5	±0.16	0.25	
9~9.5	±0.18	0.29	
10~13	±0.20	0.32	
44、50	±0.50	0.60	盘卷交货

8.1.1.2　表面

线材表面要求光洁和不得有妨碍使用的缺陷,即不得有耳子、裂纹、折叠、结疤、夹层等缺陷,允许有局部的压痕、凸块、凹坑、划伤和不严重的麻面。线材无论是直接用于建筑还是深加工成各类制品,其耳子、裂纹、折叠、结疤、夹层等直接影响使用性能的缺陷都是绝对不允许有的。至于影响表面光洁的一些缺陷可根据使用要求予以控制,直接用作钢筋的线材表面光洁程度影响不大。用于冷镦的线材对划伤比较敏感,凸块则影响拉拔。我们所说的表面裂纹、结疤等影响表面光洁的缺陷和麻面等都是缺陷。它们在实际判定中有时也难区分,所以有些厂将这类表面缺陷的深度都限量,表8-2列出3种直径为5.5~9mm的线材对表面缺陷的具体要求。

表 8 – 2　几种线材表面缺陷的深度限量

线 材 种 类	φ5.5 ~ 9mm 线材的表面缺陷深度限量/mm
冷镦用线材(不锈钢、耐热钢、弹簧钢、轴承钢)	<0.15
硬线(结构钢、工具钢、易切钢、铆钉钢)	<0.25
琴钢丝用线材	<0.10

　　线材表面氧化铁皮愈少愈好,这不仅可以提高金属收得率而且可以缩短酸洗时间,减少酸耗,甚至可以用机械除鳞取代酸洗,根除环境污染。从易于去除和抗锈蚀性好的要求出发希望氧化铁皮的成分以 FeO 为主。要求氧化铁皮的总量小于10kg/t,国外一般可达 8kg/t。要控制高价氧化铁(Fe_2O_3、Fe_3O_4)的生成,就严格控制终轧温度、吐丝温度和线材在350℃以上温度停留的时间。

8.1.1.3　截面质量及金相组织

A　截面质量的概念

　　通常标准中没有截面质量之称。但将缩孔、中心疏松、夹杂等缺陷完全归并于表面缺陷也并不十分科学,这类缺陷不进行截面检查有时很难发现。有些缺陷如脱碳、过热等不借助金相显微镜也不能定量准确地判定。而这类缺陷在评价线材质量中占重要地位。

　　含碳量在0.3%以上的线材,应严格控制其表面脱碳层的深度,脱碳的表面层形成犬牙状铁素体嵌入基体中,将严重影响线材的抗拉强度,尤其影响其疲劳强度。用于冷拉的线材由于内外组织差异还会增加变形抗力。所以重要的直接用作冷拉材和高强螺栓、冷镦的线材都要严格控制脱碳的深度。表 8 – 3 是一些厂家实际控制的脱碳层深度。

表 8 – 3　冷拉、冷镦用线材的脱碳层要求

钢　种	线材直径范围/mm	铁素体脱碳层深度/mm	全脱碳层深度/mm
碳素钢	<9.5	<0.101	<0.305
	9.5 ~ 12.1	<0.127	<0.356
	12.7 ~ 18.6	<0.152	<0.404
低合金钢	4.8	<0.051	<0.152
	4.8 ~ 6.4	<0.076	<0.203
	6.4 ~ 9.5	<0.076	<0.254
	9.5 ~ 12.7	<0.102	<0.305
	>12.7	<0.127	<0.356

　　缩孔、夹杂、分层、过烧等都是不允许存在的缺陷。

B　过烧缺陷

　　过烧有可能是钢坯带来的,钢的加热温度过高(接近熔点),氧进入金属内部,氧化并部分地熔融金属的晶界和其间的杂质,使晶粒之间的结合削弱,金属力学性能很差,局部过烧在加工时会造成金属部分脱落或出现严重龟裂。

C　过热缺陷

　　过热是加热温度高或高温停留时间长、晶粒长得过大、晶粒结合减弱的一种现象,当加热不当时可能出现,过热钢轧制时出现裂痕和龟裂。过热虽较过烧程度轻并可经热处理予以消除,但

都是线材所不允许有的缺陷。

D　金相组织

为了保证线材的力学性能特别是工艺性能,必须对线材的金相组织予以控制。因为金属材料的化学成分、晶体结构和金相组织与线材的性能存在着对应关系。只强调化学成分与性能的关系,而不了解材料的金属结构、组织状态就不能全面地正确地评价材料。有些缺陷如非金属夹杂的成分、分布、形态如不借助于显微组织就不能观察,所以许多重要用途的线材提出金相检查内容和判定的技术条件。线材的金相检查项目通常包括非金属夹杂、晶粒度及显微组织。

a　非金属夹杂的影响

钢中存在的非金属夹杂对拉丝的断头率、断面收缩率乃至拉拔速度都有影响,特别是在加工中不变形的非金属夹杂对拉丝影响更大。当拉细丝时在细小的断面上非金属夹杂就是一个断裂源,拔的愈细影响愈大、愈容易断裂。另外,自攻螺丝如有非金属夹杂可能造成丝扣的残缺。非金属夹杂对线材深加工影响很大。我国通用标准对非金属夹杂未作具体规定,只是在特别要求中提出双方协议。国外,如英国布莱顿公司对制绳钢丝及弹簧钢丝用盘条的夹杂物都有严格规定。

b　晶粒度的影响

对优质碳素钢及制绳钢丝用盘条的晶粒度一般都有严格规定,国际市场对晶粒度要求更为严格,只允许有一个"级"的波动,因为只要出现大小不均的混合晶粒,就对拉拔和冷镦非常不利。

c　显微组织的影响

线材的显微组织对力学性能、工艺性能影响最大。硬线盘条、合金钢盘条不允许出现淬火组织(马氏体、屈氏体和马氏体区)。中、低碳钢盘条不允许出现魏氏组织。锰钢中如含有较多的奥氏体组织对拉拔也非常不利。对含碳量较高的钢来说,其游离铁素体不得大于1.5%,可分辨珠光体量不得大于20%,要求为细片层珠光体即索氏体,这种组织有利于拉拔,可以省掉预处理工序。

8.1.1.4　化学成分及力学性能

A　化学成分的影响

化学成分是线材质量控制的主要内容之一。化学成分、表面缺陷、偏析、钢的洁净度是线材生产判断炼钢工序、连铸或开坯工序产品质量的四项内容。其中对化学成分要求最为严格,它是判定钢材质量的主要依据。各类优质钢、合金钢对成分要求更为严格,化学成分不符合要求绝对不能保证合金钢性能。所以有些特殊钢规定必须真空精炼或电渣重熔提纯,以确保钢的洁净。

a　对碳的要求

为了保证线材质量均匀,性能一致,其碳含量波动范围应尽可能小,不仅要求同一浇注批号的碳含量波动小,而且要求同一钢号的碳含量都相同,以保证同一钢号的线材质量稳定。另外要限定偏析值保证线材成分及性能均匀。对碳钢线材而言,含碳量每增加0.1%则抗拉强度就相应增加78.4MPa,而延伸率下降4%。所以通常要求同批线材碳含量波动不超过0.02%。目前我国标准规定的允许碳含量波动范围都比较大。相信随着炼钢工序精炼手段的完善,我国炼钢水平一定能赶上并超过目前的国际先进标准。

b　对其他因素的要求

对碳的要求如此,对其他硅、锰、硫、磷、铜、砷等元素,凡是影响钢材性能的都应严格控制,特别是对有害元素的控制更应百倍注意。

B 偏析的影响

各种元素的偏析也是控制的重要内容,局部的元素集中往往产生恶果,且不谈硫、磷、铜等危害大的元素集中,就是碳偏析也要求严格控制。如制绳钢丝用盘条碳含量的中心偏析可使中部出现渗碳体块,拉丝时会产生中心断裂。偏析是由上工序带来的,要想保证线材的偏析度必须对钢坯的偏析作出明确的验收规定。

C 力学性能的要求

力学性能包括工艺性能,是线材使用的最直接的质量指标。力学性能通常包括屈服点、抗拉强度、伸长率及面缩率,有些钢材要求冲击韧性、低温、高温性能等。工艺性能主要指拉拔性能,即一次可达减面率或顶锻开裂敏感性等。对性能的要求着重于均匀性,同钢号、同批或同盘的性能差越小越好。有些厂规定每盘同一圈等距离6点的抗拉强度差不得超过±20MPa,同条差不得超过±30MPa,同批差不得超过90MPa。

8.1.1.5 盘重

增加盘重对热轧线材生产与线材深加工冷拔都有好处,盘重大可以提高热轧生产的作业率与成材率。同样盘重大也可以减少冷拔生产的停机间歇时间及接头工作,特别是对于高速连续冷拉作业尤为突出。所以大盘重同样可以提高冷拔工序的效率。在低速拔丝机上有人作过比较,用500kg重盘条比用50kg重盘条的效率可提高一倍。盘重越大对冷拔越有利。但有人指出大盘重不利于运输,认为不超过2000kg为宜。用户对盘重的要求各异,所产线材盘重超过1500kg的厂家在集卷工序应安装分卷设备。

8.1.1.6 包装及标志

盘条包装是盘条质量的一项重要内容,许多老式轧机生产的盘条包装松散,经不起中途倒运,散乱的盘条比条形钢材更难重新整理,遇此情况常常不得不剪断,这不但降低了盘条质量,而且严重影响运输效率。为此有的用户不但损失金属达3%,还要增加大量运输整理费用,更甚者往往使钢种、钢号全混。所以包装要求牢固但不要太紧,太紧往往又会卡伤盘条,或使盘卷失掉应有的弹性,在吊装时造成包装带的断裂。

盘卷的标志应清楚,经得起风吹、日晒、雨淋和长时间放置。

标志的内容应包括:钢号、规格、重量、生产批号、生产厂家等内容。

8.1.2 热轧盘条质量控制

高速线材轧机生产的热轧盘条的质量,通常包含两个方面的内容:一是盘条的尺寸外形,即尺寸精度及外表形貌;二是盘条的内部质量,即化学成分、微观结构和各种性能。前者主要由盘条轧制技术控制,后者则除去轧制技术之外,还严重地受上游工序的影响。过去的老式线材轧机,对产品的尺寸外形注意得较多。现代高速线材轧机则不然,除尺寸外形质量大大优于老式轧机产品之外,钢材的化学成分、微观组织结构及各种性能,均可在一定程度内按用户要求予以控制。

任何质量控制都靠严格的完整的质量保证体系,靠工厂工序的保证能力,靠质量控制系统的科学、准确、及时的测量、分析和反馈。高速线材轧机是高度自动化的现代轧钢设备,其质量控制概念也必须着眼于全系统的各个质量环节。为了准确地判断和控制缺陷,首先要把缺陷产生原因分析清楚,并设法将它控制消灭在最初工序。缺陷的清理或钢材的判废越早,损失越少。

8.1.2.1　外形尺寸

A　盘条的高精度

高速线材轧机精轧机组的精度很高,轧辊质量很好,当速度控制系统灵敏,孔型－轧制制度合理,并且调整技术熟练时,它生产的盘条精度可以大大超过老式轧机的盘条精度。如前所述,高速线材轧机产品精度达到 ±0.15mm 没有什么问题,一般认为软线精度达到 ±0.25mm 即完全可以满足要求。当然高速线材轧机的产品精度是可以达到 ±0.1mm 的,不过这是不经济的。除常换辊外,还要在导卫、孔型、轧机、传动、电控方面做许多工作,也只能使线材在一段短时间之内保持 ±0.1mm 的精度。据此,原冶金部发布的 ZBH 44001—88 标准作了如表 8 - 4 的规定。

表 8 - 4　热轧盘条尺寸精度允许偏差(ZBH 44001—88 标准)

直径 φ/mm	允许偏差/mm					
	A 精度级	B 精度级	C 精度级	A 精度级	B 精度级	C 精度级
5.5 ~ 10.0	±0.30	±0.20	±0.15	≤0.40	≤0.32	≤0.24
10.5 ~ 15.0	±0.40	±0.25	±0.20	≤0.50	≤0.40	≤0.32
15.5 ~ 22.0	±0.50	±0.30	±0.25	≤0.60	≤0.48	≤0.40

B　高精度盘条对后序生产的影响

较高的尺寸精度是节约钢材的最有效的方法之一,用高级钢种盘条作为深加工原料,其尺寸精度尤为重要。如按公称尺寸计算,设计拉丝工艺第一道变形量,若按过去标准规定允许的直径正偏差极限交货,则第一道变形量得超过设计值1/3 以上,对高碳钢来说,这将达到其断裂极限值。对制造非调质高强度标准件来说,将会给冷镦工序造成严重困难,产生大量废品并损坏模具。按过去标准允许的负偏差极限值轧制,同样也会给这些用户带来问题。据此 YB 4027—91 又规定制造标准件的原料必须以 B、C 级精度交货。对此,国际上有些著名厂家则规定盘条的"当量圆"直径的偏差小于公称直径 ±0.15mm,以限制横断面积的波动。尺寸精度的另一指标是不圆度即同一断面最大直径及最小直径之差,一般规定为直径允许的正负偏差的绝对值之和的80%。当不圆度超过一定限度时,对拉丝工序的危害很大。在同一断面的相互垂直方向上变形量不同,将造成"模压差",这不仅会破坏润滑效果,还会引起模内直线段各向磨损不均,这对制品收得率及拉模寿命均有严重影响。

C　轧制工序对尺寸精度的影响

轧制工序是控制尺寸精度的主要环节。而影响精度的主要因素有温度、张力、孔型设计、轧辊及工艺装备的加工精度,孔槽与导卫的磨损、导卫安装和轧机调整及轧机的机座刚度、调整精度、轧辊轴承的可靠性和电传控制水平和精度等。

a　轧件温度的影响

轧件的温度变化将影响变形抗力和宽展,从而造成轧件尺寸的波动。轧件温度变化与轧机工艺设计、平面布置和控冷设备有关。高速线材轧机不像横列式轧机有数量众多的长活套,这些活套温降严重,是造成横列式线材轧机轧件出现头尾温差的主要原因。高速线材轧机为了实现无张力轧制,设置了一些调节活套,这些不大的活套不构成温降。因此高速线材轧机轧件的温度变化主要是操作因素造成的,如加热不均,控冷变化,轧件的停顿等,所以高速线材轧机必须严格控制轧制温度,使同条、同批轧制温度尽可能一致。

b　张力的影响

张力在热轧线材生产中是影响轧件尺寸精度的最主要因素。但在细小轧件的高速连轧中张力又是不可避免的。粗轧中由于轧机间距不大也不可能堆起活套,实现无张力轧制。在轧制线材中尽可能实现微张力或无张力轧制是连续式线材轧制的宗旨。粗轧轧件尺寸的波动到成品一般只能消除 4/5,精轧机的消差能力也只有 50% 。所以控制张力在全轧线的每一个环节都不容忽略。一般一个连轧机组,如粗轧或中轧为一个设计单元,每一单元的设计拉钢值不应大于1% ,为了轧制顺利进行,拉钢又多置于本连轧机组的第一、二架之间。

c 孔型设计的影响

孔型设计与轧件精度也有密切关系,一般讲椭圆—立椭孔型系统消差作用比较显著,小辊径可以减少宽展量,其消差作用比大辊径好;在精轧机组、中轧机组不采用大延伸可增加孔型系统的适应性,从而增大消差作用。孔型设计中应特别注意轧件尺寸变化后的孔型适应性,即变形的稳定性、不扭转不倒钢不改变变形方位。

d 轧辊加工及装备精度的影响

轧辊加工及工艺装备的精度是实现正常生产的基本条件,也是保证轧件精度的基础条件。高速线材轧机的工装精度应保证轧件尺寸波动在 0.05mm 之内。安装导卫,调整设定孔槽都应该使用样棒。轧机调整装置的调整都应该用数字显示,美国摩根公司的最新精轧机的压下调整已经安装了传感器,可以数字显示,可以远距离遥控调整。

e 轧机刚度的影响

轧机刚度的重要性曾一度被一些人过分地强调。其实在线材生产中由于轧制压力不大,轧机的总变形量不大,机架及辊系的弹性变形量在总变形量中并不占重要成分。倒是机座的加工精度、轧辊的轴承质量更为重要。就提高线材精度而言,提高机件加工精度,减少轧制力传递系统的间隙数量和缩小间隙比增加牌坊刚度、比缩短一点应力线更实惠更有效。调整精确,不松动,运行稳定对保证机座使用性能是非常重要的。所以要控制轧件精度必须对这些主要设备注意维护、检测和改进。

f 自动检测和自动控制

在高速线材轧机生产中,另一个影响轧件精度的重要因素是自动检测和自动控制。高速线材轧机的高速连续化生产要求合理控制工艺参数,而控制参数的许多环节不是靠人工干预,而是靠智能仪表的检测和调整。因此仪表的失准、调整的失灵失误都不能保证生产工艺按要求进行。如温度的显示、水量、水压的显示,轧辊转速的显示等无一不直接影响控制程序,又无一不影响轧制中的轧件温度、张力设定等。错误的显示可直接导致错误的程序发生。所以首先要注意仪表的准确可靠,其次是控制执行的准确性,即控制质量(包括传动质量等等)。凡是能造成轧机运转误差或波动的,凡是能造成控轧、控温的诸多控制环节失准的因素都影响张力、温度等,也必然都影响轧件的精度。

8.1.2.2 表面质量

高速轧机生产的线材表面缺陷与普通轧机生产的线材表面缺陷基本相同,表面缺陷一是原料带来的,二是加热轧制或精整过程造成的。

A 坯料质量控制

表面质量的控制首先要严格控制坯料质量,严格检查、正确判定、认真清理修磨。要特别强调的是对坯料的隐形缺陷应引起注意,如针孔、潜伏的皮下气泡等,这些缺陷的检查应按铸造批次进行截面检查,并应对炼钢及浇注工序有严格的工艺限定,凡是炼钢及浇注未达到工序控制要求的坯料都应严格检查,不放过有潜伏缺陷的钢坯。

B　热轧盘条表面质量控制

我国标准规定的表面质量要求又分表面、截面及氧化铁皮三项。

YB 4027—91 和 ZBH 44002、44004、44005—88 对优质碳素钢、普通低碳钢、制绳钢丝用钢及碳素焊条钢四类的高速无扭轧制及控制冷却的热轧盘条表面质量有明确的规定:"表面应光滑,不得有裂纹、折叠、耳子、结疤、分层及夹杂,允许有压痕及局部的凸块、划痕、麻点,其深度或高度(从实际尺寸算起)A 级精度不得大于 0.15mm,B、C 级精度不得大于 0.10mm"。国外有的标准规定麻点深不得超过公称直径的 1%。下面简述缺陷产生原因。

a　耳子

盘条表面沿轧制方向的条状凸起称为耳子,主要是轧槽过充满造成的。轧槽导卫安装不正及放偏过钢,均能使轧件产生耳子。轧制温度的波动或局部不均匀,影响轧件的宽展量,也可能形成耳子。此外,坯料的缺陷,如缩孔、偏析、分层及外来夹杂物,影响轧件的正常变形,因此也是形成耳子的原因。在高速线材轧机(连轧)生产中,最终产品头尾两端很难避免耳子的产生。

b　折叠

盘条表面沿轧制方向平直或弯曲的细线,在横断面上与表面呈小角度交角状的缺陷多为折叠,主要是由前道次的耳子,也可能是其他纵向凸起物折倒轧入本体所造成的,方坯上的缺陷处理不当留下的深沟,轧制时形成折叠,如图 8-1。折叠的两侧伴有脱碳层或部分脱碳层,折缝中间常存在氧化铁夹杂。

c　裂纹

盘条表面沿轧制方向有平直或弯曲、折曲的细线,这种缺陷多为裂纹。有的裂纹内有夹杂物,两侧也有脱碳现象。钢坯上未消除的裂纹(无论纵向或横向),皮下气泡及非金属夹杂物都会在盘条上造成裂纹缺陷。

图 8-1　钢坯处理不当

连铸坯上的针孔如不清除,经轧制被延伸、氧化、熔接就会造成成品的线状发纹。针孔是铸坯常见的重要缺陷之一,不显露时很难检查出来,应特别予以注意。高碳钢盘条或合金含量高的钢坯加热工艺不当(预热速度过快,加热温度过高等),以及盘条轧成后冷却速度过快,也可能造成成品裂纹,后者还可能出现横向裂纹。轧后控冷不当形成的裂纹无脱碳现象伴生,纹缝中一般无氧化铁皮。

d　结疤

在盘条表面与盘条本体部分结合或完全未结合的金属片层称为结疤。前者是由成品以前道次轧件上的凸起物轧入本体形成的,后者则是已脱离轧件的金属碎屑轧在轧件表面上形成的。漏检锭上留有的结疤,钢锭表面未清除干净的翘皮、飞翅也可形成结疤。

e　分层

盘条纵向分成两层或更多层的缺陷称之为分层,漏检的沸腾钢锭上部所轧出的钢坯生产的盘条,以及轧制钢坯切头不净,可使盘条产生分层。钢坯上的分层来自钢锭,当浇注钢锭时,上部形成气泡或大量的非金属夹杂物聚集,轧坯时不能焊合,化学成分严重偏析(如硫等),轧坯时造成金属不连续,也是造成分层的原因。

f　夹杂

盘条表面所见夹杂(这里是指肉眼可见的非金属物质),多为铸钢时耐火材料附在钢锭、钢坯表面,钢坯入炉加热时漏检所致。钢坯加热过程中,炉顶耐火材料或其他异物被轧在盘条表面,也可形成夹杂缺陷。

g　凸起及压痕

凸起、压痕主要是轧槽损坏或磨损造成的,老式轧机生产的盘条,有时出现这类缺陷,高速线材轧机的产品很少遇到,主要是因为高速轧机的轧辊材质坚硬,磨制光洁平滑。

h　麻点

麻点是轧槽磨损严重或吐丝温度过高,冷却速度过慢,盘条表面受到严重氧化造成的,有时盘条轧成后长期贮存在潮湿及腐蚀气氛中,也形成麻点。

i　划痕

划痕主要是成品通过有缺陷的设备,如水冷箱,夹送辊,吐丝机,散卷输送线,集卷器及打捆机等造成的。

对直接用作建筑材料的盘条,其表面缺陷主要影响强度、疲劳极限,若有锈蚀,将沿缺陷向盘条内部延伸。作为拉丝及其他深加工的原料,盘条的表面缺陷则除对拉模及其他工模具有损害之外,重要的是严重影响其中间产品及最终产品的质量。如裂纹在拉丝过程中将会逐步扩大,在退火过程中脱碳层扩大延伸,调质过程在尖端产生新的内应力,裂纹向前延伸。更为严重的是造成设备故障或其他事故招致停车。

j　盘条截面上的缩孔、分层、夹杂

盘条截面中心部位的疏松或空洞称为缩孔,缩孔处存在非金属夹杂,同时某些非铁元素富集。当模铸钢锭或连铸钢坯的钢液冷缩时,在锭坯中心部位出现空洞,正确的锭模设计及铸锭工艺操作使缩孔在钢锭头部形成,轧坯时将相应钢锭头部这一部分切除即可。钢坯切头不净,残留的缩孔将由半成品带入盘条。另外,除去钢锭头部之外,不正确的铸模设计及铸钢工艺还会形成二次甚至三次缩孔深入钢锭中部,这些必须引起注意。连铸方坯按“小钢锭理论”有时出现周期性的缩孔与钢锭缩孔相仿。缩孔与内裂(由内应力产生的锭、坯、材中心部位的裂纹)不同,缩孔伴有严重的非金属夹杂物,内裂是由加工应力或热处理相变应力造成的内部裂纹,两侧及附近没有夹杂物聚集。也有人将锭、坯中心部位的夹杂物聚集称为缩孔。

盘条截面上的分层和表面上的分层一样,来自钢锭浇注所产生的上部气泡或非金属夹杂物的大量聚集,以及某些元素的大量偏析,特别是低碳沸腾钢,如硫在钢液凝固过程中富集于液相,形成低熔点的连续或不连续的网状FeS,轧坯时则会形成分层。

盘条截面上的夹杂和表面上的夹杂一样,是指肉眼可见的夹杂,这样的缺陷一般是铸钢时外来的非金属物质进入钢液,冷凝在钢锭上部,或黏附在钢锭或铸坯某个部位造成的。

截面上的缩孔、分层和夹杂,破坏了金属的连续性,对盘条的直接应用和深加工都极为不利。

k　表面氧化铁皮

YB 4027—91 和 ZBH 44002、44004、44005—88 标准中规定:“盘条表面氧化铁皮重量不大于10kg/t”。国际上一般标准规定不超过8kg/t。过去有的厂家对盘条表面的氧化铁皮未予重视。过多的氧化铁皮严重影响深加工产品的成材率。以前老轧机生产的盘条,由于冷却速度慢,二次氧化铁皮的生成量占 1.6% ~2.0%。控制冷却可以控制二次氧化铁皮的生成数量和成分。在控制冷却的情况下,二次氧化铁皮的生成数量均在 0.3% ~0.9%。当吐丝温度控制在 750~800℃时,二次氧化铁皮生成量为下限值,当吐丝温度高达1000℃时,二次氧化铁皮的生成量为上限值。氧化铁皮中 Fe_2O_3 的数量随着温度的提高而增加,Fe_2O_3 在酸洗中不易溶解。粘在钢表面的少量的 Fe_2O_3 酸洗可以除掉。用机械除鳞法不易除掉 Fe_2O_3,可以比较容易地除掉较厚的 FeO 层。要想得到较厚的 FeO 层,吐丝温度控制在 900~950℃较好,这对于低碳钢线材或高碳钢线材都是一样的。

8.1.2.3　化学成分

钢的化学成分是决定成品金相组织的基础条件。它除了对加工工艺过程有影响(如连铸操作希望钢中 Mn:Si 大于 3:1)之外,还对盘条的各项性能有重要的影响。碳、锰(硅)左右着钢的强度,韧性等基本性能。磷、硫一般被认为是有害元素,其含量越低越好,往往根据磷硫含量评定钢的级别。磷固溶于铁素体,虽能增加强度,但使之脆化。硫则影响热工工艺,其化合物破坏基体的连续性。评价既定钢种钢号"化学成分"质量的着眼点,应是各元素含量的允许波动范围和同一熔炼号实物的波动值,还有不可避免的偏析值。化学成分除与整个生产技术水平有关之外,和分析取样方法有关。随着用户对盘条形形色色的要求日益严格,生产厂对化学成分的允许波动范围也根据情况加以调整,如制造特殊用途的钢绳,制造厂限制了同一根钢绳用钢丝的力学性能波动幅度,规定了制绳用盘条的碳含量(熔炼成分)只允许 5 个"点"的波动(如 $w[C] = 0.70\% \sim 0.75\%$)。锰含量允许波动值均为 20 个"点"。此外,对钢中的残余元素,如对高强度弹簧盘条及制绳钢丝,规定镍、铬含量均不得大于 0.08%,对高质量制绳用钢规定的元素含量的最高限量为: $w[Ni] = 0.12\%$, $w[Cr] = 0.08\%$, $w[Sn] = 0.025\%$, $w[Cu] = 0.1\%$, $w[Mo] = 0.02\%$。

当连铸时残余元素往往造成严重的中心偏析,在拉丝时中心偏析会造成断裂事故。铜、锡含量高,则在钢坯加热的强氧化气氛中沉积于表面,影响盘条质量。钢中的氮可提高拔丝的加工硬化速率,更影响时效硬化,对拉丝不利。因此,应注意控制氮含量不得高于 0.008%。

YB 4027—91 和 ZBH 44002、44004、44005—88 结合我国具体情况对盘条的化学成分作了明确的规定。国际市场用户很重视根据合同在成品上取样,对化学成分加以核验。

A　碳

成品分析 6 个试样平均值及个别试样与熔炼成分之差,必须满足表 8-5 的要求;

表 8-5　成品分析允许碳含量偏差表

碳含量范围/%	平均值与熔炼成分之差不大于/%	任一试样与熔炼成分之差不大于/%
0.25 及以下	0.02	0.03
0.25 以上至 0.50	0.03	0.05
0.50 以上	0.04	0.06

B　硅及锰

成品分析 6 个试样平均值必须符合熔炼成分的要求,硅的任一试样不得比熔炼成分高出0.04%,锰的 6 个试样的波动范围不得大于 0.08%;

C　硫及磷

成品分析 6 个试样各自的平均值须在熔炼成分范围内,硫及磷任一元素其任一单独试样的波动值不得超出熔炼成分 ±0.006%。

8.1.2.4　高倍低倍检验

需要进行高倍低倍检验的项目有元素偏析、表面脱碳、夹杂、晶粒度及微观组织等。

A　偏析

在盘条的断面上存在着元素不均匀的现象,称为偏析,常见的碳、硫、磷偏析最为严重。偏析现象,主要是钢液在冷却凝固过程中,元素在结晶与余液中分配不一致造成的。元素的偏析程度与钢种、锭坯浇注方法,元素成分含量,浇注工艺操作有关。

钢中的碳偏析和锰偏析,对高碳钢丝来说可能是最重要的问题。不同炼钢工艺所产生的偏析位置不同。连铸钢坯的偏析问题,近年来已引起了更多的关注,特别是高碳钢,更要注意偏析这个潜在因素。

偏析程度随钢坯铸造断面的增加而减少,断面尺寸小于100mm×100mm的钢坯比100mm×100mm~125mm×125mm的钢坯偏析程度大。这是由于大等轴晶粒有助于使偏析的元素扩散,降低了偏析程度。目前采用铸造时的二次冷却来控制柱状晶生长,其目的是使钢坯横截面形成最大区域的等轴晶粒。同时在铸流冷却时使用了电磁搅拌,以试图扩散铸造时产生的富碳和富硫区,但成效有限。高碳钢连铸坯的主要问题是碳、硫和锰的偏析峰在控制冷却过程中与输送机边缘局部缓慢冷却部位重合而产生的晶界自由渗碳体和偶然粗大的珠光体晶粒,不能成功地直接拉拔成钢丝。特别是生产大直径线材时,拔丝更为困难。

通过许多试验,发现有效控制偏析的方法是将铸造温度控制低些。把中间包温度控制在固相线以上20~25℃,进行低温连铸,对降低偏析程度有显著的作用。

目前坦普尔巴勒轧钢公司线材厂使用连铸坯已有6年。开始使用时认为控制质量最主要的是控制中心偏析。因此,只有含碳量在0.4%~0.7%之内的钢号用连铸坯。由于进行了很多改进,目前含碳量为0.83%的钢,也可用连铸坯。

通过拔丝试验证明,含碳量在0.75%~0.85%时,偏析程度大,能够造成有纵裂纹的钢丝断裂。断裂与中心晶界两珠光体之间存在的脆性自由渗碳体薄膜有关。而低碳钢的渗碳体问题并不严重,因为低碳钢在有较高的渗碳体偏析的情况下也不产生自由渗碳体。

在中碳钢内有适度的碳和硫偏析是不成问题的,但是对于含碳量为0.70%~0.85%的钢来说,碳和硫的偏析则是造成钢丝断裂的最主要原因,用经过铅淬火的线材拔丝尤其如此。

坦普尔巴勒轧钢公司线材厂在控制冷却方面采用较严格的操作,并进行了改进。对较大直径的线材,为了减少析出二次渗碳体,增加了冷却速度。通过使用较长的带有调整风量装置的控制冷却线,改进不同部位的风量(特别是运输机边缘部位)和变换线材圈与圈接触的位置,使线材得到了更均匀的冷却。这不仅有消除粗大显微组织和减少网状渗碳体的作用,而且提高了每一圈和整卷盘条性能的均匀性。

在钢坯连铸和线材轧制得到改进以后,坦普尔巴勒轧钢公司线材厂目前用连铸坯生产的含碳量高达0.80%,尺寸在φ11.0mm以下(包括φ11.0mm)的线材,可不经铅浴淬火直接拔成钢丝。根据对盘条的使用要求,有严重偏析的钢材应当剔除,例如制绳钢丝用盘条的碳含量中心偏析可以使中部出现渗碳体块,这种线材拉丝时产生中心断裂,当用拔后水冷增加断面减缩率时断裂更严重。钢液中的残余元素偏析富集于连铸方坯的中心,同样也会造成这种损害。硅的偏析也不容疏忽,有的文献说硅的偏析可大到0.10%~0.40%,硅含量过高,也严重降低拉丝性能。此外,H08焊条钢盘条硫偏析发生在沸腾钢锭上部中心,可使该段钢坯截面的硫含量超出熔炼成分一倍以上。我国已公布的高速线材轧机生产的热轧盘条标准对元素偏析未作具体规定。国外有的制绳厂规定进厂C级(最高等级)原料按专门制定的低倍评级图片验收,其碳含量大于及等于0.75%者,碳偏析不得超过1级,硫偏析不得大于3级;其碳含量小于0.75%者,碳偏析不得超过2级,硫偏析不得超过4级。

B 脱碳

用光学显微镜检查没有珠光体的区域,其大小沿圆周的长超过0.2mm,径向深度大于0.02mm者称之为全脱碳。伴随着折叠或裂纹而产生的脱碳称为局部脱碳。在光学显微镜下,盘条表面显示碳含量减少,但其程度较轻,称为部分脱碳。与表面缺陷折叠及裂纹伴随的脱碳区,其总长度的测量方法外国标准中均有明确而详细的规定。高级别盘条(如美国C级)不允许有全脱碳层存在。部分脱碳层最深不得大于盘条公称直径的 1.0%，脱碳影响盘条及其制品的疲劳极限。

C　非金属夹杂

非金属夹杂指高倍显微镜下检查到的非金属夹杂物，通常用夹杂物评级图作对比鉴定其级别。盘条中的非金属夹杂物来源于锭、坯浇注时外界进入脱氧脱硫反应生成的物质。它的存在破坏了金属基体的连续性，金属断裂之前，往往先在夹杂物内或夹杂物与基体金属结合面产生断裂源。硫化物（硫化锰）、硅酸盐在加工时随基体变形，其危害性一般认为小于不能变形的氧化物，尤其是氧化铝，带棱角的氧化铝给拉丝提供应力集中的场所，造成钢丝断裂。所以就单独存在而言，在单独视场中，对氧化物的要求更严。随着拉丝技术的发展，断面减缩率的增加，拉丝速度的提高，对钢的洁净度的要求日趋严格。

D　晶粒度

我国 ZBH 44002—88 及 ZBH 44004—88 对优质碳素钢及制绳钢丝用盘条的实际晶粒度有明确规定：60 ～ 85 号钢及 40Mn ～ 85Mn 钢盘条其实际晶粒度为 6 ～ 8 级。国际市场的合同交货技术条件（若需要）规定的晶粒度较严格，只有一个"级"的波动。避免出现尺寸大小不匀的混合晶粒，以利于深加工。晶粒均匀对拉丝及冷镦甚为有利。控制轧制的发展，将用控制线材金相组织的办法控制线材性能的工作提到了一个更高的阶段。控制轧制在 900℃ 以下，在奥氏体未再结晶区及铁素体和奥氏体双相区进行大变形量的延伸使晶粒得到极大的细化。常规轧制后奥氏体晶粒约 20 ～ 40μm，而控制轧制后的奥氏体晶粒可细化到几 μm。

钢的屈服点及断裂强度与晶粒大小密切相关，强度的增大与晶粒直径的平方根成反比。晶粒越小钢的脆性转变温度越低。因此要想得到高韧性的钢就必须使它的晶粒细化，10 号钢的晶粒直径与屈服点的关系由表 8 – 6 可以看出。

表 8 – 6　10 号钢的铁素体晶粒直径与屈服点的关系

晶粒直径 $d/\mu m$	400	50	10	5	2
屈服点 σ_s/MPa	125	175	280	350	500

E　微观组织（成分）

钢材的微观组织决定了钢材的性能（特别是力学性能及工艺性能）。我国 ZBH 44002—88 及 ZBH 44004—88 对优质碳素钢及制绳钢丝用盘条的显微组织作了"不得有淬火组织（马氏体和屈氏体、马氏体区域）"的规定，高速线材轧机的特点，或者说突出的优势之一，是能够在金属终轧之后，立即在线作控制冷却处理；可以极大程度地按预先设计的目标来调整控冷制度，使成品盘条得到预期的金相组织。如果在低碳钢中含有马氏体组织或者在锰钢中含有较多的奥氏体组织，对进一步拉丝十分不利。对含碳量较高的钢来说，尽量少的铁素体，尽可能薄的珠光体片层间距，这种组织对"直接拉拔率"，即盘条不经热处理一次可以拉缩的最大面缩率，十分有利。国外有的工厂对盘条组织中的可分辨珠光体作了限制，以求得到以索氏体为主的有利于深加工的组织。

8.1.2.5　力学性能

力学性能包括抗拉强度、屈服点、断面收缩率及伸长率。供建筑直接使用的热轧盘条（用来作混凝土加强钢筋）对最低屈服点有明确要求，我国 YB 4027—91 要求，用作深加工原料的热轧盘条，其力学性能必须明确规定，以满足用户进行深加工的需要，如作冷轧冷拔带肋钢筋用的低

碳钢盘条,拔制非调质高强度紧固件用钢丝的低碳微
合金钢盘条等等,这些盘条经过规定的冷拔或冷轧产
生加工硬化,从而使成品的力学性能在原料的基础上
得到调整,达到所需要的力学性能指标(见图8-2)。
又如,对直接拉丝用盘条来说,十分重要的是它应有
较高的断面收缩率。再如,对有些高碳钢要求一定的
碳锰含量达到相应的抗拉强度,即盘条的抗拉强度与
按公式计算所得的碳当量相对应,以核查化学成分与
操作程序控制是否相对应。还有一点是为保证力学
性能的均匀性,有的工厂规定在一圈盘条上等距离
6点取样检验的抗拉强度差不超过±20MPa,同条差
不超过±30MPa。有的工厂严格规定进厂原料碳含
量,无论低、中、高任何级别的同批最高与最低抗拉强
度之差不得超过90MPa。

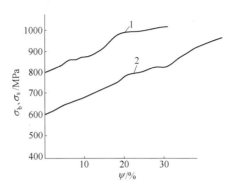

图8-2 非调质钢盘条成品力学
性能对钢丝性能的影响
1—σ_b 值;2—σ_s 值

8.1.2.6 包装及标志

YB 4027—91 和 ZBH 44002、44004、44005—88 规定"盘条应成盘交货,每盘捆扎不少于3处,
每盘应由一根组成,允许每批有5%的盘数由两根组成,每根盘重不少于100kg"。

国外有的厂家要求较严格,规定每盘必须捆扎4道,捆扎牢固,盘卷平整,不松散,无歪扭线
圈,不得挤压过紧,影响化学除鳞。此外,每盘必须拴挂金属标牌,印明制造厂家、规格尺寸,钢的
浇注号,熔炼碳成分,轧制日期,钢种(钢的质量等级)及盘条的质量等级。

8.2 各类产品的生产特点和质量控制

8.2.1 焊线钢

焊线钢是专门供制造电弧焊、气焊、埋弧自动焊、电渣焊和气体保护焊焊条用的钢。钢的成
分随所焊材质不同而不同,大致分为碳素结构钢、合金结构钢和不锈钢三大类。焊线钢大多拔制
成焊丝,作各种焊条的原料,少部分直接使用盘条。

8.2.1.1 焊线钢的生产特点

A 焊线钢的质量要求

主要是化学成分、表面质量和尺寸精度,对力学性能一般不作要求,因而对冶金质量要求较
高,特别是硫、磷有害元素含量的控制。焊线钢的含碳量一般都低于0.15%,少量钢号的含碳量
大于0.15%,最高可达到0.35%,如 H15A、H15Mn、H18CrMoA、H30CrMnSiA、H2Cr13 等。

B 焊线钢的加热要求

碳素结构钢类的焊线钢,大部分属于低碳钢,因而对加热温度控制的要求不严格,可参照低
碳钢的加热工艺。对于添加了锰、硅、铬、钼等合金元素的合结钢和不锈钢类焊线钢,为防止过
热,加热温度不宜过高。

C 对钢坯进行质量检查和清理

根据焊线钢的用途要求,要重视钢坯表面质量的检查,对不合要求的表面缺陷,一般可用火
焰清理,但对合金元素含量高的钢种不得采用火焰清理,以防止产生热裂纹,可以用其他机械修

磨的方法清除缺陷。

　　D　采用大变形量轧制

　　焊线钢的高温塑性一般都较好,变形抗力较小,热轧温度范围宽,一般可采用较大的变形量轧制。

8.2.1.2　焊线钢的质量控制

　　焊线钢的应用范围十分广泛,经拔制后作不同用途和要求的焊丝用,常用于对金属结构件、机械零件、容器罐(板)、机器设备、船用钢板以及特殊用途的焊接,其质量的好坏对焊接件使用中的安全有较大的影响。焊接后的焊缝应满足质量要求,有足够的力学性能和不出气孔。否则,低质量的焊缝将会带来无法弥补的经济损失,因而对钢的化学成分有严格要求。同时,为保证焊丝有均匀一致的性能,不允许有超出标准的成分偏析。这就要求焊线钢必须有高的冶金质量来保证。另外焊线钢的用途决定它还应具有良好的表面质量和拉拔性能。

　　A　要注意工具表面的光洁及检查

　　轧制中应注意强调轧制工具的表面必须光洁,认真做好对导卫、导槽及轧辊(环)轧槽的检查,发现有裂纹的孔槽要及时更换,防止粘钢、毛刺、刮丝、缺冷却水等造成的轧件表面缺陷带到成品线材表面上去。

　　B　冷却工艺采用延迟型冷却工艺

　　由于焊线钢盘条轧制后一般需要拉拔,其性能和组织要求与拉丝用的低碳钢类似。所以冷却工艺通常采用延迟型冷却工艺,按低碳钢要求控制,但对吐丝温度相对控制得较低。一般优质钢 H08A 为 860℃,锰和硅－锰类钢按其钢号不同,控制在 780～820℃。这是因为 H08A 的碳含量低,轧后盘条的强度亦较低,采用较低的吐丝温度对控制线材表面氧化铁皮有利,可以提高线材的表面质量。而锰及硅－锰类的钢则是因为降低吐丝温度,能使细晶奥氏体在较低温度下转变分解得到较细的铁素体＋珠光体组织,可有效地避免马氏体组织的出现,从而达到降低线材抗拉强度的目的,有利于拔制。

　　锰及硅－锰类钢,由于硅、锰合金元素的存在,提高了钢的淬透性,并使转变曲线。在"CCT"曲线图上向右下方移动,推迟并延长了转变的时间。特别是对硅、锰含量较高的钢种,尽管碳量不高,若工艺参数控制不当,转变后也可能产生马氏体等硬组织。

　　C　气体保护焊丝用钢的质量控制

　　CO_2 气体保护焊是成本较低的气体电焊工艺方法之一,近几十年来发展很快,在国外得到较为广泛的应用,CO_2 气体保护焊在原苏联焊接工艺中约占 40%,在日本占的比例也很大,在我国机械行业和造船行业中的应用也较为广泛。该工艺使用 H08Mn2SiA 的丝,即为含碳量低含硅、锰量较高的硅锰钢。对应的同类钢号美国标准是 ER 70S—6,日本标准是 YGW 11。由于其锰、硅含量较高($w(Mn) = 1.80\% \sim 2.10\%$、$w(Si) = 0.65\% \sim 0.95\%$),要求非常缓慢的冷却速度。即使在延迟型冷却的条件下,若工艺参数控制不当,也有可能出现一些不希望有的马氏体组织。因此,在转变前控制奥氏体晶粒的大小是该类钢质量控制的关键。为获得尽可能小的奥氏体晶粒,应将终轧温度和吐丝温度控制得较低,以细化奥氏体晶粒,使奥氏体向铁素体和渗碳体转变最佳化。吐丝温度可低至 760℃。同时采用延迟型冷却工艺,使冷却速度尽可能缓慢。其工艺参数选择:辊道速度 0.05m/s,保温罩盖全关,风机关闭。

　　用该工艺生产的气体保护焊丝用钢,经检验,金相组织为铁素体加珠光体,无马氏体组织。线材的抗拉强度 $\sigma_b \leqslant 600MPa$,伸长率 $\delta_5 \geqslant 20\%$,能满足用户对拉拔性能的要求。

8.2.2 硬线

8.2.2.1 硬线的概念及用途

通常把优质碳素结构钢中含碳量不小于0.45%的中高碳钢轧制的线材称为硬线。变形抗力与硬线相当的低合金钢、合金钢及某些专用钢也可归类为硬线,但通常合金钢线材是按其合金含量及用途分类的。

硬线主要是供给金属制品行业的原料,广泛用于加工低松弛预应力钢丝、钢丝绳、钢绞线、轮胎钢丝及钢帘线、中高强度的紧固件等。硬线过去依靠国外大量进口,耗费大量外汇。随着我国线材生产的发展,特别是高速线材轧机的工艺技术装备的应用,硬线产量和质量不断提高,扭转了硬线生产的被动局面,出现了不断开发硬线产品的好势头。

8.2.2.2 硬线产品的生产特点

硬线产品用途的要求,决定了硬线的生产有以下特点:

(1) 对钢坯探伤,并做低倍检验,表面不合要求的钢坯必须修磨处理,通常在前道工序配置钢坯修磨线,清理钢坯表面。

(2) 对盘条有脱碳层要求,一般脱碳层深度不大于公称直径的2%(对制绳用盘条不大于5%),因而坯料的加热制度应予以控制。

(3) 轧制工艺控制严格,轧机的调整、导卫、轧辊(环)表面的检查都需认真,不得有粘钢、刮丝、错辊现象,以预防出现耳子、折叠、结疤、裂纹等轧制缺陷。

(4) 轧制中变形抗力较大。

(5) 终轧温度和控制冷却的温度控制严格。

8.2.2.3 硬线产品的质量控制

为了保证硬线产品的质量,满足后续工序制品加工用户的需要,在原料、加热、轧制冷却各工序的质量控制上应予以足够的重视。

A 原料、加热的质量控制

在轧制过程中无法清除因钢质带来的缺陷,因而钢坯的内部质量是获得高质量产品的首要保证。由于硬线产品对表面质量有严格要求,因此生产硬线的厂家在前道工序应配备必要的钢坯修磨(清理)设备,通常包括喷丸、荧粉探伤、砂轮修磨等(对硬线坯不宜用火焰清理),对表面不合要求的钢坯进行表面清理,清除表面的局部缺陷。对有特殊要求的钢种,有时需作表面"扒皮"处理。

钢坯加热应防止表面脱碳,是硬线产品的基本要求。为了防止脱碳应根据含碳量合理地控制各段的加热温度和加热速度及炉内气氛,应严格地控制钢坯在高温区的加热时间。钢坯出炉温度控制在1150℃以下为宜,在轧制能力许可的条件下,可把开轧温度控制在950~1000℃。

B 轧制控制

成品的表面质量和几何尺寸的精度是靠轧制中的精心操作、调整和检查来保证的。但轧制中的温度控制,特别是终轧的奥氏体晶粒大小影响转变后的组织性能。对于硬线来说,一般要求较高的吐丝温度,因而相应的终轧温度亦较高,一般控制在950~1050℃;这可通过精轧前水箱及精轧导卫的冷却水量调节来实现。

C　控制冷却

控制冷却对线材的组织、力学性能有重要影响，硬线产品的最终用途是通过拉拔，深加工成各种规格的、不同用途的金属制品。这要求硬线具有一定的拉拔强度和较好的延伸性能，通常制品厂家需要通过铅浴淬火使硬线获得这种性能。在线材厂进行控制冷却的目的就是要模拟一个铅浴淬火的过程。经控冷的硬线在金属制品厂至少可省掉一次铅浴淬火，简化了工艺并大大减少了氧化铁皮量，有较好的社会经济效益。

为使高碳钢线材获得接近铅浴处理的性能，根据 C 曲线的要求，需要较高的吐丝温度和较快的冷却速度，因此采用标准型冷却工艺。吐丝温度一般在 850～950℃，为减少二次氧化，控制它不超过 900℃，以控制在 850～870℃为宜。风冷区供给 100% 风量，运输辊道速度选择 1.10～1.30m/s。该工艺控制的冷却速度可使奥氏体分解的过冷度增大，连续冷却转变曲线向右下方移动，使较粗大的奥氏体晶粒转变为珠光体的相变在更低的温度下进行，以使转变后的珠光体片间距减小，使线材的抗拉强度增加。在相同冷却条件下，线材吐丝温度越高，抗拉强度越高，吐丝温度越低，抗拉强度越低。当吐丝温度相同时，小规格线材的抗拉强度较高。

标准型斯太尔摩工艺处理的 SWRH67A（宝钢坯）线材从 $\phi5.5mm$ 拉拔至 $\phi1.25mm$，其面缩率极限值为 94.8%，与铅浴淬火处理后的钢丝冷拉面缩率极限值 96% 已十分接近，可取代铅浴淬火工艺。对 $\phi11mm$ 3CD82（欧洲牌号）高碳钢线材，不经铅浴淬火，直接拉拔 8 道，总面缩率为 79%，可生产出符合美国标准 ASTMA 416—80 的 250 级预应力钢绞线制品。

8.2.3　软线

8.2.3.1　软线产品的特点

软线生产除常规的生产工艺要求外，无什么特殊要求。在质量控制上因用途不同而有所差异。根据软线产品的用途一般分为拉拔用线材和建筑用线材两大类，二者的性能和组织要求均不相同。拉拔用线材要经受很大的拉拔变形，要求线材的强度低，塑性好。其金相组织中珠光体含量越少越好，要求铁素体晶粒粗大一些。而建筑用线材则要求有较高的抗拉强度和一定的塑性，其组织要求晶粒细小，尽可能提高珠光体含量。鉴于上述不同要求，在选择控制冷却工艺和终轧温度时要区别对待（见表 8-7）。

表 8-7　软钢线材冷却工艺参数

工艺参数	拔　丝　用	建　筑　用	备　　　注
吐丝温度/℃	900	850	
运输辊道速度/m·s⁻¹	0.08	0.15～0.25	速度分 8 段控制，各段设定不同
保温罩盖	全　　关	前部分关闭	
风机风量	0	0	风量分四挡控制，"0"为风机关闭

8.2.3.2　冷却工艺制度的制定

标准型冷却工艺对软线的性能控制是不理想的。因其冷却速度快，过饱和固溶体中的碳作为间隙原子出现，并且部分聚集在点阵缺陷（位错）处，在形变过程中产生强烈的应变时效，导致硬度、强度增大，塑性、韧性下降，使软线的使用性能下降。

选用延迟型冷却工艺，在提高终轧温度和吐丝温度的情况下，能获得较粗大的奥氏体晶粒，可减少随后冷却相变时的铁素体形核率。同时,在相变区进行缓慢冷却,不同的冷却速度可得到满足不同使用要求的性能。

拉拔用线材的吐丝温度较高,而冷却速度较慢,可使奥氏体分解在高温区进行,并且分解转变的时间较长。据低碳钢 C 曲线可知,这是有利于先共析铁素体的充分析出和长大的,粗大的奥氏体转变为粗大的铁素体和少量的碳化物组织。而建筑用线材吐丝温度相对较低,但冷却速度相对较快,该工艺控制的目的是为了降低奥氏体分解温度和缩短分解转变时间,以便得到较多的珠光体组织和较细的铁素体晶粒。

实践表明,用上述工艺生产的低碳钢线材,其性能明显优于标准型冷却工艺生产的同类产品。以拉丝用 Q215F 线材为例,其抗拉强度低于 390MPa,伸长率 δ_5 达 40% 以上,优于原专业标准 ZBH 44003—88 规定的要求,而标准型冷却工艺生产的 Q215F 却难以达到这一水平,其抗拉强度在 410MPa 左右,高于专业标准的规定。

8.2.4 低合金钢线材

8.2.4.1 低合金钢线材的概念及用途

按合金的含量分类:钢中合金总含量小于 3.5% 的线材统称为低合金钢线材,而与碳含量的高低关系不大。如 FM07Mn2SiV 双相钢、09CrPV(D)耐候钢、ML15MnVB、L20MnTiB、20CrMnMo 冷镦钢、65Mn 弹簧钢、GCr15 轴承钢等,虽含碳量不同,其合金总含量均小于 3.5%,所以均归类为低合金钢线材。该类线材由于合金元素的存在,一般具有较高的淬透性,较高的强度和较好的韧性,即较好的综合力学性能,可用于制作铆螺用紧固件、标准件、承受强度的结构件以及耐磨件等。

8.2.4.2 低合金钢线材的生产特点

低合金钢线材的生产有以下特点:

(1)该类钢的用途决定了对坯料表面要求较严,它的坯料必须经检查、清理后方可入炉。

(2)该类钢大多有脱碳要求,加热时除考虑脱碳影响外,还应注意合金含量对加热制度的影响,才能合理地制定加热工艺。

(3)充分做好轧制前的准备工作,检查轧线导卫、轧辊(环),针对不同钢种的特性,合理地调整孔型、冷却水量。

(4)在制定轧制、控冷工艺时,对合金元素的存在应予以足够的重视。

8.2.4.3 低合金钢线材的质量控制

该类钢除考虑碳含量因素外,质量控制的重点是合金元素的含量、种类及其性质,针对不同的用途选择合适的工艺参数。该类钢大多数要求有较好的综合力学性能(适当的强度和良好的塑性和韧性),通常采用延迟型冷却来达到目的。现仅以 20CrMnMo、GCr15 为例介绍该类钢的线材质量控制。

A 20CrMnMo 钢的质量控制

20CrMnMo 钢常用来制造链条用销轴,要求具有良好的综合力学性能和良好的低温冲击韧性,即对线材的强度和塑性均有一定要求。该钢含铬(Cr)、锰(Mn)、钼(Mo)量较高,淬透性较好,其成分为:$w(Cr) = 1.10\% \sim 1.40\%$、$w(Mn) = 0.9\% \sim 1.20\%$、$w(Mo) = 0.20\% \sim 0.30\%$,从 20CrMnMo 钢的 C 曲线可知,在冷却速度稍快的情况下,可以得到一定量的贝氏体组织,因而宜采用延迟型缓慢冷却的控制工艺。为了避免产生较多的贝氏体组织，吐丝温度应设定较低，防止晶粒粗大，以便奥氏体较早地进行珠光体分解转变。在较低的冷却速度下，盘条在高于贝氏体相变区温度有足够的时间完成相变，获得片层间距较小的珠光体或索氏体组织。

终轧温度控制在不大于980℃，吐丝温度选择在760～780℃，辊道速度0.05～0.15m/s（辊速由前向后递增），保温罩盖全部关闭，风机全部关闭。在此工艺控制下得到的组织为珠光体、索氏体加少量铁素体。其抗拉强度为950～1045MPa，伸长率δ_5为13%～15%。该钢种由于锰、铬合金的固溶强化作用，在轧制时变形抗力较大，相当于高碳钢轧制时的变形抗力。

B　GCr15钢的质量控制

GCr15线材主要用于制造各类轴承中的滚珠、滚柱、滚针。对钢质要求严格，如对钢的化学成分和内部组织的均匀性、钢的纯净度和表面脱碳都有较高的要求。轴承钢标准除规定化学成分外，还要求检查低倍组织、非金属夹杂物、碳化物不均匀性（网状碳化物、带状碳化物和碳化物偏析）和表面脱碳等等。由于轴承钢对冶炼要求十分严格，能生产高质量轴承钢的厂家不多，仅有少数几家，因而目前国内GCr15线材的生产量很低，相当一部分还依赖进口，但具备生产轴承钢线材的线材厂家在日益增多。相信不久，这种依赖进口的局面，将随着我国轴承钢质量的改善和提高而彻底扭转。

GCr15是高碳低铬钢，在质量控制中如何抑制网状碳化物的形成是问题的关键。资料表明，终轧温度控制在800～850℃能够控制网状碳化物的形成，但高速线材轧机其变形量和变形速度都很大，轧制中变形热也大，如此低的终轧温度对线材冷却和电机负荷来说是难以实现的。为此只能尽可能地控制合适的终轧温度，轧后立即强制快速水冷至800℃以下，以减少或抑制碳化物沿晶界析出，并减少氧化铁皮的生成量。吐丝温度控制在780℃左右，随后采用延迟型缓慢冷却，以尽可能地控制网状碳化物的形成和长大。辊道速度选择0.08～0.12m/s，保温罩盖全关闭，风机全部关闭。采用该控冷工艺得到的组织为细珠光体加断续薄网状碳化物，网状碳化物级别为0～1.5级，大多数为0.5级，能满足用户的要求和标准规定。用该控冷工艺生产的$\phi5.5$mm的GCr15线材，其抗拉强度达到1230MPa，断面收缩率为18%。

综上所述，制定低合金钢线材的延迟冷却工艺，必须根据用途等条件综合考虑。由于合金元素的作用，采用标准型控冷工艺是不适宜的。

8.2.5　合金钢线材

8.2.5.1　合金钢线材的概念及用途

相对于低合金钢线材而言，钢中合金元素的总含量不小于3.5%的线材称为合金钢线材。

合金钢线材因其合金元素含量高，冶炼、浇注技术要求严格，成分难以控制。目前国内的生产厂家不多，仅在合金钢厂有小批量的生产。因原料供应困难，在高速线材轧机上采用控轧、控冷工艺生产合金钢线材的厂家甚少。马鞍山钢铁公司的高速线材轧机，生产过$\phi6.5$mm的1Cr18Ni9Ti不锈钢盘条。这种属奥氏体－铁素体类的不锈钢，具有较好的耐腐蚀性，通常这种盘条用于制造有特殊用途的钢球、医疗用针、骨架支撑及生活用品等。

8.2.5.2　1Cr18NiTi线材的生产特点

该钢种为高铬、镍钢，具有高强度，高耐蚀性、高塑性（无磁性），是一种具有少量碳化物和铁素体相的奥氏体类钢，其生产特点如下：

（1）钢坯表面应严格检查，表面缺陷用机械方法清除。

（2）钢的导热性差，导热系数相当于低碳钢的27%，预热段加热速度不易过快。这种钢无组织应力，可冷态装炉。

（3）该钢种高温塑性好，加热温度可以适当高些，但温度过高将引起钢中第二相（铁素体相）数量增加，降低高温塑性，因此不宜超过1200℃。

（4）该钢种的变形抗力大，较碳钢的大1.3～1.5倍。当轧制温度较低时，变形抗力急剧增加，因此，终轧温度不应过低。

（5）轧制中轧辊、导卫的冷却水量应予以控制，防止表面因急剧冷却导致裂纹，并保证有较高的终轧温度。

（6）该钢种不产生组织应力，所以轧后不需缓冷。为避免碳化物析出，以获得高的抗晶间腐蚀能力，轧后需经固溶处理。

（7）该钢种的氧化铁皮难以清除，需用硫酸、硝酸、盐酸及氢氟酸溶液去除氧化铁皮。

8.2.5.3　1Cr18Ni9Ti 线材的质量控制

1Cr18Ni9Ti 线材的使用要求是应具有较高的拉拔性能、良好的晶间抗腐能力，良好的冷镦性能以及高的屈服点。考虑到该钢种自身的性能特点，在质量控制中对轧制、控制冷却应予以足够的重视。

为改善轧制条件，该钢种应在较高的温度下轧制变形，轧制温度和终轧温度都要求控制高些。为防止在高温下因第二相（铁素体相）的增加而带来的塑性降低，加热的极限温度要求低于1250℃，开轧温度控制在1150～1180℃。为了尽可能减少轧制中的温降损失，粗、中轧机组的冷却水量至少减少50%。轧后要求粗大的奥氏体组织，终轧温度控制得较高，一般控制在1050～1100℃之内。轧后为使钢中碳化物或其他化合物能在较高温度下有足够的时间固溶于粗大的奥氏体晶粒中，相应选择950℃的吐丝温度。随后采用标准型控制冷却工艺，在风冷区以100%的风量快速冷却，辊道速度选择0.90～1.05m/s，保温罩盖全部打开。盘条经快速冷却后可避免碳化物在晶界处沉淀，可有效地提高线材抗晶间腐蚀的能力，提高线材的耐腐蚀性。经该控冷工艺控制的线材性能，其抗拉强度达到580～650MPa，伸长率大于20%，改善了线材的塑性和韧性，具有良好的加工和使用性能，为热轧后继续进行冷加工准备了条件。

8.2.6　冷镦钢线材

8.2.6.1　冷镦钢线材的用途及要求

冷镦钢线材一般用低、中碳优质碳素结构钢和合金结构钢生产，主要用于制造螺栓、螺母、螺钉、铆钉、自攻螺钉等紧固件和各种冷镦成形的零配件，其用途十分广泛，需求量也较大。据资料统计，目前国内年需求量约100多万t，市场供不应求。

这种线材的制品在各个领域都得到广泛应用，其产品质量的重要性尤为突出。在诸多钢种中，冷镦钢检验项目最多而且严格。对线材的表面质量、内在质量、成分的均匀性、冷加工性能及尺寸精度均有较高的要求。

目前我国冷镦钢线材质量和国外实物质量相比，仍有一定的差距，其力学性能和工艺性能不够稳定、材质硬度不均，表现在冷冲压加工过程中，表面开裂现象较为严重（部分品种镦裂率有时高达20%，日本同类材质的镦裂率低于2%）。在品种上，10级、9级以上的高强度紧固件尚依赖进口。在产品标准上，我国含碳量组距为7个碳量，国外为5个碳量，较我国控制得严。我国标准的锰含量为 $w(Mn) = 0.20\% \sim 0.50\%$，而国外的标准分三个档次，$w(Mn) = 0.30\% \sim 0.60\%$；

$w(\mathrm{Mn}) = 0.60\% \sim 0.90\%$；$w(\mathrm{Mn}) = 0.90\% \sim 1.00\%$。Mn含量的提高，扩大了低碳冷镦钢的锰含量范围，改善了线材的综合力学性能。

为适应国民经济的发展，冷镦钢线材的质量（特别是冶金质量）尚有待进一步提高。

8.2.6.2　冷镦钢线材的生产特点

冷镦钢线材的生产特点有：

（1）冷镦钢要求有高的冶金质量。其化学成分、夹杂、偏析直接影响成材后的冷镦加工性能。在国外，该钢种均采用炉外精炼等二次冶炼技术。

（2）对原料的表面质量检查严格，不合格钢坯必须经修磨后方可入炉。

（3）加热制度和低、中碳钢相同。但对表面有脱碳要求的钢种，加热、控冷中应予以注意。

（4）轧制中变形抗力不大，轧前对轧制工具表面及导槽均要严格检查、清理，精心调整。

（5）为减少后续工序模具的消耗和不必要的空拉拔，对线材的尺寸精度要求较严。

（6）尽可能减少氧化铁皮。

8.2.6.3　冷镦钢线材的质量控制

冷镦钢线材质量控制的特点不同于对应的低、中碳素结构钢线材，其最终的性能要保证有足够的强度和良好的韧性和塑性，一般没有拉拔性能的要求。因而质量控制的重点是使冷镦钢线材具有较好的综合力学性能，其金相组织为铁素体加珠光体，采用延迟型冷却较合适。对于不同钢号的冷镦钢，在控冷工艺上大同小异，风机和保温罩盖都是全部关闭的，而在终轧温度、吐丝温度及辊道运输速度的控制上略有区别。

A　ML10 ~ ML45 线材的质量控制

ML10 ~ ML45 线材与低、中碳钢线材相比，吐丝温度选择适中的 820 ~ 840℃，可减少氧化铁皮的生产量。辊道速度控制在 0.1 ~ 0.20m/s 较低的冷却速度上。该工艺参数控制的目的是使奥氏体相变在适中的温度下进行，并且相转变的时间较长，以便得到适中的铁素体晶粒和少量的珠光体，从而提高线材的强度，并且塑性指标不下降。这就保证了冷镦钢线材能获得较好的综合力学性能。吐丝温度和辊道速度的选择与含碳量和成品性能要求有关，作高强度紧固件用的钢可选择温度和速度的下限控制。

B　ML15MnVB 线材的质量控制

ML15MnVB 线材为低碳合金结构钢线材，可制作高强度螺栓、螺母、螺钉等紧固件。表面脱碳要求不大于 1.5% 线材直径。合金元素锰含量较高（$w(\mathrm{Mn}) = 1.20\% \sim 1.60\%$），且含有微量合金元素硼、钒，可有效地提高过冷奥氏体的稳定性，延缓并降低先共析铁素体的生成速度。选择较低的吐丝温度（约780℃左右），可在转变前获得细小的奥氏体晶粒。在 0.15m/s 的辊道速度下缓慢冷却，能使合金元素的碳化物起到强化组织的作用。采用该工艺控制，得到的组织是细铁素体加少量珠光体。抗拉强度为 500 ~ 600MPa，能满足综合性能高的要求。

C　G10180 线材的质量控制

该钢种 G10180 线材是含碳量较低（$w(\mathrm{C}) = 0.15\% \sim 0.20\%$），但锰含量（$w(\mathrm{Mn}) = 0.60\% \sim 0.90\%$）高于我国类似钢号的线材。合金元素锰的固溶强化作用，可提高材质的强度。控冷工艺选择 860℃ 的吐丝温度，0.10m/s 的辊道运输速度，可使该线材获得适中的抗拉强度和良好的韧性。其组织为晶粒适中（6 ~ 8 级）的铁素体加少量珠光体，抗拉强度达到 460 ~ 480MPa，伸长率 δ_5 为 41% ~ 44%。

复习思考题

8－1　了解软线和硬线的概念,软线和硬线的钢种牌号有哪些?

8－2　简述线材的用途?

8－3　了解线材质量的内容。

8－4　线材产品的精度是否越高越好? 说明原因。

8－5　了解氧化铁皮的结构及减少氧化铁皮的措施。

参 考 文 献

1　赵志业主编.金属塑性变形与轧制理论.北京:冶金工业出版社,1961

2　高速轧机线材生产编写组编著.高速轧机线材生产.北京:冶金工业出版社,1995

3　刘文,王兴珍编著.轧钢生产基础知识问答.北京:冶金工业出版社,1994

4　王有铭主编.型钢生产理论与工艺.北京:冶金工业出版社,1995

5　李生智主编.金属压力加工概论.北京:冶金工业出版社,1983

6　线材生产编写组编.线材生产.北京:冶金工业出版社,1986

7　李曼云,孙本荣主编.钢的控制轧制和控制冷却技术手册.北京:冶金工业出版社,1989

8　赵松筠,唐文林编著.型钢孔型设计.北京:冶金工业出版社,2000

9　曲克主编.轧钢工艺学.北京:冶金工业出版社,1997

10　傅德武主编.轧钢学.北京:冶金工业出版社,1985

11　宋维锡.金属学.北京:冶金工业出版社,1979

冶金工业出版社部分图书推荐

书　名	作　者	定价(元)
冶金专业英语(第3版)	侯向东	49.00
电弧炉炼钢生产(第2版)	董中奇　王　杨　张保玉	49.00
转炉炼钢操作与控制(第2版)	李　荣　史学红	58.00
金属塑性变形技术应用	孙　颖　张慧云　郑留伟　赵晓青	49.00
自动检测和过程控制(第5版)	刘玉长　黄学章　宋彦坡	59.00
新编金工实习(数字资源版)	韦健毫	36.00
化学分析技术(第2版)	乔仙蓉	46.00
冶金工程专业英语	孙立根	36.00
连铸设计原理	孙立根	39.00
金属塑性成形理论(第2版)	徐　春　阳　辉　张　弛	49.00
金属压力加工原理(第2版)	魏立群	48.00
现代冶金工艺学——有色金属冶金卷	王兆文　谢　锋	68.00
有色金属冶金实验	王　伟　谢　锋	28.00
轧钢生产典型案例——热轧与冷轧带钢生产	杨卫东	39.00
Introduction of Metallurgy 冶金概论	宫　娜	59.00
The Technology of Secondary Refining 炉外精炼技术	张志超	56.00
Steelmaking Technology 炼钢生产技术	李秀娟	49.00
Continuous Casting Technology 连铸生产技术	于万松	58.00
CNC Machining Technology 数控加工技术	王晓霞	59.00
烧结生产与操作	刘燕霞　冯二莲	48.00
钢铁厂实用安全技术	吕国成　包丽明	43.00
炉外精炼技术(第2版)	张士宪　赵晓萍　关　昕	56.00
湿法冶金设备	黄　卉　张凤霞	31.00
炼钢设备维护(第2版)	时彦林	39.00
炼钢生产技术	韩立浩　黄伟青　李跃华	42.00
轧钢加热技术	戚翠芬　张树海　张志旺	48.00
金属矿地下开采(第3版)	陈国山　刘洪学	59.00
矿山地质技术(第2版)	刘洪学　陈国山	59.00
智能生产线技术及应用	尹凌鹏　刘俊杰　李雨健	49.00
机械制图	孙如军　李　泽　孙　莉　张维友	49.00
SolidWorks 实用教程30例	陈智琴	29.00
机械工程安装与管理——BIM 技术应用	邓祥伟　张德操	39.00
化工设计课程设计	郭文瑶　朱　晟	39.00
化工原理实验	辛志玲　朱　晟　张　萍	33.00
能源化工专业生产实习教程	张　萍　辛志玲　朱　晟	46.00
物理性污染控制实验	张　庆	29.00